TATJANA KREIDLER · ULRIKE EICHIN

Der Hund an meiner Seite

TATJANA KREIDLER · ULRIKE EICHIN

Der Hund an meiner Seite

Wie VITA-Assistenzhunde
helfen und Lebensfreude schenken

KOSMOS

Für Mighty

Seelenhunde hat sie jemand genannt ...
Jene Hunde,
die es nur einmal gibt im Leben;
die man begleiten darf
und die einen auf andere Wege führen;
die wie Schatten sind
und wie die Luft zum Atmen.

Inhalt

Bilanz und Ausblick   277

Vorwort von Dunja Hayali

Wer Brücken bauen will, der muss kein Ingenieur sein. Denn die Brücken, von denen ich rede, sind die zwischen dir und mir. Und für diese zwischenmenschliche Brücke braucht man ein feines Gespür, Hingabe und eine Vision. All das hat Tatjana Kreidler. Sie will die Welt ein Stück besser machen – für Fußgänger, Rollstuhlfahrer und Hunde. Aber wie das? Und wieso mit Hunden?

Für uns Fußgänger ist es einfach, ins Gespräch zu kommen. Es ist ein Leichtes, Türen zu öffnen, Gegenstände aufzuheben, Nähe zu finden. Doch für Menschen im Rollstuhl sieht die Welt anders aus. Nicht nur, weil niemand mit ihnen auf Augenhöhe kommuniziert.

Doch das, was mich an VITA am meisten beeindruckt hat, ist, welche seelischen Wunder die Methode von Tatjana Kreidler bewirkt. Verschlossene, ängstliche Menschen, Kinder wie Erwachsene, sehen plötzlich einen Sinn, sie erkennen ihre eigene Stärke, sie fühlen sich gebraucht und werden geliebt. Bedingungslos – und das von ihrem Buddy, von ihrem Wegbegleiter, von jemandem, der ihnen mehr gibt, als viele andere in ihrem Umfeld ihnen geben können: von ihrem Hund.

Hunde sind natürlich nicht nur für körperlich behinderte Menschen eine Hilfe und Stütze. Sie verhelfen jedem zu Lebensfreude, sind Tröster, Retter, Brückenbauer. Doch ein Hund an der Seite eines Nicht-Fußgängers hat noch mal eine andere Bedeutung, eine andere Qualität, die allerdings ohne eine fundierte Ausbildung keinen (Mehr-)Wert hätte.

Aber wissen Sie was? Machen Sie sich ein eigenes Bild. Vielleicht sind Sie am Ende genauso überzeugt und beeindruckt wie ich. Ich bin jedenfalls dankbar, dass ich mich für VITA einsetzen darf, und werde es weiter tun. Denn jedes neu gegründete und zusammengewachsene Team macht das Leben für Mensch und Hund lebenswerter.

Und damit viel Spaß beim Lesen!

Herzliche Grüße,
Dunja Hayali und Emma

VITA – eine Vision erleben

Wir glauben an das Schicksal und daran, dass alles in dieser Welt aus gutem Grund geschieht. Deshalb schätzen wir uns sehr glücklich, dass wir VITA mit seinen Menschen und Hunden kennenlernen durften.

Im Jahr 2003 erhielten wir den Anruf eines Bekannten aus der Jagd-hund-Szene. Er fragte uns, ob wir ihn als Juroren bei einem Charity Working Test (CWT) in Deutschland unterstützen könnten. Ohne weitere Informationen machten wir uns auf den Weg in der Annahme, diese Veranstaltung würde so ähnlich ablaufen wie all die anderen, denen wir über viele Jahre hinweg in ganz Europa beigewohnt hatten. Im Grunde genommen waren wir fest davon überzeugt, fast alles, was mit Jagdhunden zu tun hat, zu kennen. Prinzipiell war das richtig.

Aber obwohl wir schon so lange in diese Arbeit involviert sind, hatten wir bis dahin keine Veranstaltung erlebt, an der so viele Hundeführer im Rollstuhl teilnahmen. Trotz ihrer Handicaps war es ein Wettbewerb auf Augenhöhe. Die Rollifahrer zeigten die gleiche zielgerichtete Entschlossenheit wie die »Fußgänger«.

Wir waren fasziniert von der Konzentration, dem Durchhaltevermögen, vor allem aber von ihrer Fähigkeit, ihre Hunde zu einer solch enormen Leistung zu ermuntern. Das ganze Wochenende war für uns ein einziges Aha-Erlebnis, eine echte Offenbarung. Wir sahen, hörten und erlebten etwas komplett Neues und erfuhren, wie sehr ein gut ausgebildeter Hund das Leben eines Menschen mit Behinderung bereichern kann.

Ohne es sie merken zu lassen, beobachteten wir, wie Tatjana jede sich ihr bietende Möglichkeit nutzte, um einen Hund mit Situationen vertraut zu machen, die ihn in Versuchung bringen könnten Fehler zu machen – beispielsweise seinem Jagdinstinkt zu folgen. Das geschah fast unmerklich, nur mit einem Flüstern. Dem Hund war nicht einmal bewusst, dass er gerade etwas gelernt hatte.

Gleichzeitig schlüpfte sie in den Kopf des Hundes, sah die Welt mit seinen Augen, um ihn zu »verstehen« und zu ergründen, wie sie ihn beim

Training dort abholen kann, wo er gerade steht. Auch wir haben immer versucht, unsere Hunde mit dieser Methode auszubilden. Denn das, was Hund und Hundeführer auf diese Weise lernen, ruht auf sicherem Fundament.

Nach diesem Wochenende kehrten wir voll Demut nach Hause zurück, erfüllt von der Begegnung mit den VITAs, ihrer Entschlossenheit und ihrer unumstößlichen Botschaft, dass ein Assistenzhund kein Gebrauchsgegenstand ist, sondern ein gleichberechtigter Teampartner und ein Familienmitglied.

Wir schätzen uns glücklich, dass wir VITA seither auf unterschiedliche Art und Weise unterstützen durften, so bei der Suche nach Welpen mit geeigneten Anlagen, mit Tipps und Ratschlägen und vielem anderen mehr.

Am meisten fasziniert uns, dass Tatjana die Fähigkeit besitzt, die sehr »robuste« Art der Jagdhund-Ausbildung so zu variieren, dass sie einen Vierbeiner in die Lage versetzt, sich als Assistenzhund notwendigerweise strengen Regeln zu unterwerfen. Dafür gibt es keine Zauberformel – jeder Hund ist ein Individuum. Jeder Hund wird mit sehr viel Sensibilität und Einfühlungsvermögen angeleitet und ausgebildet, damit er seine Stärken entwickeln und seine Schwächen ausgleichen kann. Das Ziel ist dabei, Teams zusammenzuführen, die sich mit Respekt und absolutem Vertrauen begegnen. Bei diesem Prozess wird der Hund niemals gebremst oder eingeschüchtert. Er ist glücklich und entspannt, weiß aber immer, wann er »im Dienst« ist und wann nicht.

Der Erfolg dieses Ansatzes und das immense Engagement aller Beteiligten ist ein ausdrucksstarkes Beispiel für alle, die Hunde für unterschiedliche Aufgaben ausbilden.

Manchmal treffen wir Menschen, die von VITA gehört haben, und wir werden gefragt: »Oh, die trainieren Begleithunde, nicht wahr?« In gewisser Weise können wir verstehen, dass jemand, der das Konzept nicht kennt und auch nicht die dahinterstehende Vision, den Verein auf diese Aufgabe reduziert. Wir hingegen wissen, wie einzigartig VITA ist, und sehen, wie viel Freude und welch neue Qualität diese Hunde in das

Leben von Menschen mit Behinderung bringen. Das ist ein Erlebnis von besonderer Intensität.

Wir haben VITA durch Zufall kennengelernt – ein Geschenk, durch das wir uns geehrt und privilegiert fühlen. Wir wünschen uns, dass diese Verbindung noch viele Jahre Bestand haben möge.

Mit den allerbesten Wünschen,
Lynn und Malcolm Stringer

Eine Einführung von Tatjana Kreidler

Dieses Buch ist meiner Hündin Mighty gewidmet, denn ohne sie würde es VITA nicht geben. Sie gab mir die Kraft, den Mut und die Inspiration, mich auf dieses Abenteuer einzulassen. Sie stand mir zur Seite, zwölfeinhalb Jahre lang.

Heute befindet sich der Verein an einem Scheideweg. Aus dem kleinen Steckling ist ein kräftiger junger Baum geworden, der weiterwachsen will. Das ist der richtige Zeitpunkt, um innezuhalten und sich auf das Wesentliche zu besinnen. Um zurückzublicken und gleichzeitig in die Zukunft zu schauen.

Dieses Buch zieht Bilanz. 17 Jahre Erfahrung stecken darin; es spiegelt meine Überzeugungen wider, gibt Einblick in meine Ausbildungsmethode, erzählt von den Menschen, die mich unterstützten, und von den Teams, die mir ihr Vertrauen schenkten. Vor allem aber berichtet es von meiner Einstellung und meiner Beziehung zu Hunden.

Noch vor zwölf Jahren hätte jeder bei dem Gedanken die Hände über dem Kopf zusammengeschlagen, in die Ausbildung eines Hundes Intuition einfließen zu lassen, auf die »Persönlichkeit« des Tieres Rücksicht zu nehmen, die Methode bei Bedarf zu variieren, Kommandos »gemeinsam« mit dem Hund zu erarbeiten und nach kreativen Lösungen für Probleme zu suchen. Doch das war von Anfang an Teil meines Konzepts.

Selbstredend sind profunde kynologische, pädagogische und psychologische Kenntnisse und das Wissen um Lerntheorien und deren Anwendung unabdingbar. Natürlich gibt es Regeln, Strukturen und einen klar skizzierten Weg der Ausbildung bis hin zum zertifizierten VITA-Assistenzhund. Doch all das wird flexibel gehandhabt. Es gibt immer wieder Dinge, die revidiert werden müssen. Jeder Hund ist ein Individuum. Was für zehn Vierbeiner gilt, kann beim elften völlig falsch sein.

Manche Lehrmeinung stelle ich infrage. Ein kleines Beispiel: Seit jeher bekommen die Hunde im Ausbildungszentrum Hümmerich ihr Futter schon aus organisatorischen Gründen zuerst – bevor sich der »Rudelführer Mensch« zum Essen an den Tisch setzt. In der gängigen Fachliteratur ein Unding. Günther Bloch spricht mir jedoch aus der Seele, wenn er in seinem Buch »Wölfisch für Hundehalter« schreibt, dass es zwischen Mensch und Hund keine strikt hierarchischen Rangordnungen gibt. Deshalb müsse der Mensch auch nicht ständig versuchen, den Hund in seine Schranken zu weisen.

Im Ausbildungszentrum Hümmerich verbringe ich viel Zeit damit, die Hunde zu beobachten und jeden einzelnen in seiner facettenreichen Persönlichkeit zu würdigen. Der eine lernt stark durch Vorbilder, der nächste wird durch die Anwesenheit anderer Hunde eher abgelenkt, ein dritter lässt sich anfangs am besten durch Leckerli leiten, der vierte reagiert besonders sensibel auf verbale Motivation. Mit jedem erarbeite ich die Dinge, die er ganz individuell können soll. Dabei sind es nicht nur die Hunde, die stetig hinzulernen; ich tue es auch.

Eine berühmte Opernsängerin sagte einmal, sicher müsse man die Theorie beherrschen, die sei aber im Hinterkopf gut aufgehoben. Singen, das komme aus dem Bauch. Um gut zu sein, dürfe man nicht nachdenken, wenn man auf der Bühne stehe. Das beschreibt, glaube ich, mein Vorgehen sehr gut. Das Wissen ist immer präsent. Doch wenn ich mit den Hunden arbeite, bin ich ganz ich selbst und verlasse mich auf mein Gefühl und meine Intuition.

Ich bin mir in jedem Augenblick der Verantwortung bewusst, die ich für Mensch und Tier trage. Immer wieder stelle ich mir die Frage, ob ich dabei manchmal, ohne es zu wollen, eine unsichtbare Grenze überschreite. Es gibt Nächte, in denen vor meinem geistigen Auge ein Film abläuft: Einer der Hunde zieht beispielsweise seinen Rollifahrer auf eine verkehrsreiche Straße, weil er auf der anderen Straßenseite einen geliebten Menschen sieht. Oder einem Hund, den ich vorübergehend ins Rudel aufgenommen habe, weil sein Teampartner für ein paar Tage im Krankenhaus ist, stößt etwas zu. Das könnte ich mir nie verzeihen.

Oft genug überlege ich auch, ob ich einen zukünftigen »Assistenzhund-Besitzer« bei der Zusammenführung nicht überfordere. Sie kann nicht nur zu einer physischen, sondern auch zu einer psychischen Strapaze werden, je nachdem, mit welchem persönlichen Päckchen der Bewerber angereist ist. Da heißt es, hellwach und offen zu sein für alle Signale, von Mensch und Hund.

Manchmal scheint mir die Last zentnerschwer. Doch wir müssen mit dieser Verantwortung leben und unser Bestes geben, um Dingen vorzubeugen, die schiefgehen könnten. Das fängt bei der Auswahl der Hunde an und setzt sich tagtäglich in der Ausbildung, der intensiven Zusammenführung und der Nachbetreuung fort.

Wenn ich dann wieder einmal ein Team in sein gemeinsames Leben entlasse und sehe, dass die beiden dafür gut gerüstet sind und ein harmonisches Duo bilden, das sich auf die Zukunft freut, dann empfinde ich große Erleichterung, Zufriedenheit und Stolz. Stolz auf all die tollen Teams – und Dankbarkeit für das Vertrauen, das sie mir geschenkt haben.

Ja, es ist an der Zeit mich zu bedanken – bei vielen Menschen und natürlich auch bei Mighty, bei Flint und all den anderen Hunden, die mich immer wieder auffangen, ablenken, meinen Fokus auf das Wesentliche richten, wenn ich vor lauter Bäumen den Wald nicht mehr sehe.

Dank all jenen Menschen, die mich auf meinem Weg begleitet haben und immer noch begleiten, die an mich geglaubt und mir geholfen haben, meine Träume zu verwirklichen, und die VITA zu dem gemacht haben, was es heute ist. Denn am Anfang stand nur ein Idee.

Ohne Euer und Ihr Engagement, ohne die tollen, aktiven Ehrenamtler und Mitarbeiter, die Freunde, Förderer, Spender und Sponsoren wäre dieses Mammutprojekt nicht zu stemmen gewesen und wird es auch in Zukunft nicht sein.

Tatjana Kreidler

Zu diesem Buch

Ein Hund ist ohne Zweifel der beste Freund des Menschen, er tut alles für uns, wenn wir ihn gut behandeln. Der Hund kann sich leider nicht schützen, auch nicht vor unseren Launen, die wir manchmal an ihm auslassen. Trotzdem versucht er zu verstehen und ist immer bereit zu verzeihen. Dabei hat er es verdient, mit tiefem Respekt, Wertschätzung und größtmöglicher Achtung behandelt zu werden. Menschen zu lehren, wie sie mit ihm eine liebevolle Beziehung eingehen und eine tiefe Bindung aufbauen können, ist das wichtigste Ziel von VITA.

Dieses Buch ist eine Mischung aus Biografie, Ratgeber, Reportage und Sachbuch. Es macht die »Handschrift« von Tatjana Kreidler publik, ihre Arbeit transparent, ihre Methode öffentlich, und liefert eine gute Portion Hintergrundwissen und »Theorie«. Gleichzeitig verdeutlicht es, wie anspruchsvoll die Arbeit mit vierbeinigen Therapeuten ist, wie viel Wissen und Erfahrung sie voraussetzt, wie nötig das Formulieren bindender Qualitätsstandards wäre – und dass guter Wille allein bei Weitem nicht ausreicht, um auf diesem Gebiet tätig zu werden.

Es ist für Menschen gedacht, die Hunde mögen und mehr über sie wissen wollen, für Menschen, die sich für ungewöhnliche Lebenswege und die Arbeit von VITA interessieren, sowie für Menschen, die sich dem therapeutischen Einsatz von Hunden fachlich fundiert nähern wollen. Es wurde für Eltern von Kindern mit Behinderung geschrieben, denen es Hoffnung machen und neue Wege aufzeigen will, und für alle mit Handicap, die sich sehnlichst einen Assistenzhund wünschen. Gleichzeitig soll das Buch eine Philosophie transportieren: Ein Hund ist kein Gebrauchsgegenstand, er darf nicht instrumentalisiert werden. Er hat Wertschätzung, Respekt, Geduld, Fürsorge und liebevolle Zuwendung verdient. Jeder Hund ist einzigartig, hat seine ganz speziellen Stärken und Schwächen, die es zu erkennen gilt. Hunde lernen freudig und gern, wenn man sie entsprechend motiviert. Mit Druck und Strafe bewirkt man das Gegenteil. Nur wer sich ehrlich bemüht, seinen Hund zu verstehen, ihm mit freundlicher Konsequenz begegnet und seinen Bedürfnissen Rechnung trägt, schafft die Basis für ein harmonisches Miteinander.

Dieses Buch ist kein wissenschaftliches Werk. Es wechselt zwischen langen authentischen Passagen, die in Ich-Form geschrieben sind und auf Interviews mit Tatjana Kreidler beruhen, und reportageartigen Anteilen, die eine Außensicht widerspiegeln. Hinzu kommen die Fallbeispiele, die einerseits die Hochs und Tiefs bei Ausbildung, Matching und Zusammenführung aus der Perspektive von Tatjana Kreidler schildern und andererseits das Erleben der Betroffen, der Teampartner »Mensch«.

Einen Anspruch auf Vollständigkeit erhebt das Buch nicht. Vieles, von dem hier die Rede ist, basiert auf Tatsachen, die im streng wissenschaftlichen Sinn nur schwer zu »beweisen« sind.

Manches mag übertrieben euphorisch klingen, vor allem dann, wenn von den »kleinen Wundern« die Rede ist. Wunder können die Hunde nicht vollbringen, wohl aber Dinge, die weit über das hinausgehen, was wir normalerweise von Vierbeinern gewohnt sind. Stets ist es die ganz besondere Bindung und Beziehung zwischen Mensch und Tier, die das ermöglicht.

Keinesfalls soll der Eindruck entstehen, Hunde als eine Art »Allheilmittel« zu betrachten, wie das manchmal propagiert wird. Aber eine »Medizin«, die ein Leben lang »nie zu Ende geht«, wie die sechsjährige Pauline es formulierte, sind sie allemal.

Wir, die Autorinnen, wünschen allen Lesern, Interessierten, Betroffenen, Hundeliebhabern, Unterstützern, dass ihnen dieses Buch die Welt

von VITA nicht nur eröffnet, sondern Ihnen auch hilft, gute und zufrie-
denstellende Antworten auf ihre Fragen zu erhalten.

Viel Spaß bei der Lektüre!

Tatjana Kreidler
Ulrike Eichin

Ein Leben für Hunde und »ihre« Menschen

Wie alles begann

Frühe Erinnerungen

Ich stehe vor der Wohnzimmertür meiner Großeltern und habe Angst. Drinnen lauert Susi. Für mich ein dickes, schwarzes Ungeheuer. Wir mögen uns beide nicht, der Cocker Spaniel und ich.

Komm schon, sagt meine Mutter, und geht voraus. Susi knurrt warnend; sie hat schon oft nach mir geschnappt. Ich bin fünf Jahre alt und nicht besonders mutig. Erst als meine Mutter das Monster beruhigt und zum Bravsein ermahnt, rette ich mich auf den nächstbesten Stuhl. Solange ich stocksteif sitzenbleibe, ist alles gut. Aufstehen darf ich allerdings nicht. Susi beobachtet mich aus den Augenwinkeln. Trotz ihrer Leibesfülle ist sie sehr behende.

Susi hat meine frühe Kindheit mitgeprägt. Erstaunlicherweise nicht negativ. Zwar war da auf der einen Seite die Furcht, andererseits aber auch Faszination und Verwunderung, weil Hunde im Leben meiner Großeltern eine so wichtige Rolle spielten. Ich verbrachte viel Zeit bei ihnen in Wiesbaden, und es war mein Großvater, der mich den respektvollen Umgang mit der Natur und allen Lebewesen lehrte. Spaziergänge mit ihm steckten voller Überraschungen. Jede Ameise, jeder Käfer, den er mir zeigte, erzählte eine eigene Geschichte.

Als ich sechs Jahre bin, tritt Maik in mein Leben. Pünktlich zur Einschulung – ein Geburtstagsgeschenk. Auch Maik ist ein Cocker. Er hat ein seidenweiches Fell und Augen, in denen ich versinke. Ein Freund und Seelentröster, denn ich bin viel allein. Meine Eltern sind beide berufstätig.

Maik stammt von einem guten Züchter, der meinen Vater bei der Ausbildung unterstützt. Der Hund soll hören, wenn man ihn ruft, brav an der Leine gehen, die Futterschüssel ohne Knurren hergeben, nicht auf der Couch liegen und freundlich sein – vor allem zu mir. Ich beobachte meinen Vater aufmerksam, wenn er mit Maik trainiert. Schon damals begreife ich unbewusst, dass man die Welt mit den Augen des Hundes sehen muss, um ihm etwas beizubringen.

Ich erinnere mich an eine Episode: Maik ist noch klein, und ich will mit ihm spazieren gehen. Doch nach ein paar Metern tritt er abrupt in Sitzstreik. Wortlos geht mein Vater zum Haus zurück und holt einen Besen. Ich bin starr vor Schreck. Wird er meinen Hund schlagen? Doch mein Vater geht an Maik vorbei und zieht den Besen hinter sich her. Augenblicklich folgt der Welpe der Bewegung und freut sich über das herrliche Spiel. Das hat mich damals sehr beeindruckt.

Mein erster eigener Hund macht mich sehr glücklich, doch er überfordert mich auch. Ich bin wie andere Kinder in diesem Alter: Bald sind es meine Eltern, die ihn füttern und mit ihm spazieren gehen.

Das ändert sich, als wir aufs Land ziehen. Ich bin jetzt zehn und kann mehr Verantwortung übernehmen. Die neue Schule mag ich nicht, nachmittags muss ich allein zurechtkommen. Mein Trost ist Maik. Schon an der Haustür begrüßt er mich stürmisch, und für den Rest des Tages sind wir unzertrennlich. Gemeinsam spielen wir am Bach, stromern im Wald umher und verbringen die Regentage auf dem Wohnzimmerteppich. Wenn ich traurig bin, kuschele ich mich an ihn und erzähle ihm von meinem Kummer. Meine Stimmungen und Gefühle erfasst er intuitiv. Er ist für mich da – ohne Wenn und Aber. Ein Hund als Rezept gegen Einsamkeit.

Schon damals sah ich Hunde so wie heute: als Wesen, die unerschütterlich lieben können und absolut loyal sind.

Maik begleitet mich durch das Auf und Ab der Pubertät und hilft mir beim Erwachsenwerden. An meinem 18. Geburtstag hat er Zahnprobleme. Ich weiß von seinem schwachen Herzen und bitte den Tierarzt um eine sanfte Betäubung. Vielleicht hat mir der Mann nicht zugehört – Maik wacht aus der Narkose nicht mehr auf.

Es ist ein furchtbarer Tag. Nie wieder ein Hund. So etwas will ich nicht mehr erleben.

Auf Wunsch meiner Eltern habe ich in der Zwischenzeit die Schule gewechselt. Ein Wirtschaftsgymnasium, das mir viele berufliche Möglichkeiten eröffnen soll. Doch auch dort bin ich todunglücklich. Zahlen, Fakten, Gewinnoptimierung – das ist überhaupt nichts für mich. Immer häufiger flüchte ich mich zu den Eckelmanns, eine Nachbarsfamilie mit drei kleinen Kindern. Wolfgang und Christiane Eckelmann haben mich viele Jahre lang auf meinem Lebensweg begleitet, und mir damals – ohne es zu ahnen – den Schubs in die richtige Richtung gegeben. Denn im Spiel mit der kleinen Svenia und ihren Geschwistern Steffie und Oliver entdecke ich, wie gerne ich mich mit Kindern beschäftige und wie leicht es mir fällt, ihnen die Welt zu erklären. Zum Leidwesen meiner Eltern beende ich das Kapitel »Wirtschaft« und wechsle an eine Fachschule für Erziehungswissenschaften. Wie leicht mir das Lernen plötzlich fällt und wie gern ich jetzt morgens aufstehe! Meine Lieblingsfächer sind Psychologie, Pädagogik und Didaktik. In Christa Lindemann finde ich eine hervorragende Tutorin, die mich sehr unterstützt. An dieser Schule mache ich meine Ausbildung als Erzieherin und – parallel – mein Fachabitur. Note 1,1. Ich bin sehr stolz.

Ihre Praktika absolviert Tatjana Kreidler unter anderem in einem »Kinderheim«. Dort baut sie in den 1980er-Jahren eine der ersten Außenwohngruppen für Kinder aus schwierigen sozialen Verhältnissen mit auf, die das Jugendamt aus ihren Familien geholt hat. Jetzt steht ihr Entschluss fest: Sie will später mit Kindern arbeiten. Traurigen Kindern Halt zu geben, das ist ihr Thema. Deshalb studiert sie Sozialpädagogik und beschäftigt sich intensiv mit systemischer Familientherapie. Aber das ist nicht alles.

Mit 21 wird mir bewusst, dass ich jedem Hund nachschaue, und ich gestehe mir meine Sehnsucht ein. In einem Bildband finde ich ihn schließlich, meinen Traumhund. Dieser sanfte Blick, mein Herz geht auf. Es ist ein Golden Retriever …

Meine Eltern haben Maik von einem seriösen Züchter gekauft, wohl wissend, wie sehr die ersten acht Lebenswochen einen Welpen prägen. Ich bin damals nicht so schlau und werde in einer Zeitungsannonce fündig. Mit einer Freundin fahre ich zur angegebenen Adresse und bin entsetzt über das, was ich vorfinde.

Es ist ein heruntergekommener Hof, direkt an der Autobahn. Eine Massenzucht; der Gestank ist unerträglich. Die Welpen werden in Ställen gehalten, sie sind völlig verdreckt, viele ganz offensichtlich krank. Keiner ist geimpft oder entwurmt.

Der Händler, ein vierschrötiger Mann, öffnet eine Klappe. Kleine Hunde purzeln mir entgegen – er tritt sie brutal zurück, so, wie man Lehmklumpen wegkickt. Ohne jede Emotion. Ich bin fassungslos.

Mein Verstand sagt mir, dass ich hier schnellstmöglich weg muss. Doch dort, in der hintersten Ecke des Stalls, sitzt ein zitterndes Wesen und schaut mich mit spitzem Mäulchen an. Verängstigt und unglaublich dünn, ein erbärmliches Häufchen Hund. »Der kommt eh nicht durch«, sagt der Mann gleichgültig und will mir einen anderen Welpen aufdrängen. Diese herzlose Bemerkung gibt den Ausschlag. Ich nehme Cindy mit. Obwohl ich weiß, dass das – rational gesehen – ein Fehler ist, denn die Probleme sind programmiert.

Tatsächlich investiere ich im ersten Jahr mein ganzes Geld in Tierarztbesuche. Gleichzeitig versuche ich, Cindy zu erziehen. Ich besuche mit ihr Welpen- und Junghundgruppen und trete dem Retriever-Club bei.

Doch Cindy ist ein schwieriger Hund. Sie hört nicht, tut alles, was sie nicht tun soll, ist störrisch und manchmal unberechenbar. Kurz, sie tanzt mir auf dem Kopf herum.

Als sie neun Monate alt ist, nimmt mich eine Ausbilderin zur Seite. »Dein Hund ist gefährlich«, sagt sie zu mir. »Ein Angstbeisser. Entweder du tust etwas, oder du lässt ihn einschläfern.«

Ich erinnere mich genau an diese Situation. Sie ist ein Wendepunkt in meinem Leben. Ich bin wütend und verstört. Euch werde ich's beweisen, sage ich mir. Ich lese Bücher über Bücher, besuche Seminare und übe viele Stunden täglich mit meiner Hündin. Obwohl es mir schwerfällt, lasse ich ihr nichts, absolut gar nichts mehr durchgehen. Es ist eine harte Zeit. Doch meine Konsequenz trägt Früchte. Nach ein paar Monaten hört Cindy aufs Wort, und im Nachhinein bin ich dankbar, dass mir die Ausbilderin diesen Anstoß gegeben hat.

Als Cindy anderthalb Jahre alt ist, haben wir ein gemeinsames Schlüsselerlebnis.

Bei der Retriever-Ausbildung gehört die Dummy-Arbeit dazu. Retriever sind Jagdhunde, Apportierhunde für die Aufgabe nach dem Schuss. Mit dem kleinen, gefüllten Leinensäckchen wird so eine Situation simuliert. Statt einer Ente oder einem Fasan bringen sie »ihrem Menschen« eben das Dummy zurück.

Normalerweise apportieren Retriever für ihr Leben gern. Cindy aber schaut dem fliegenden Dummy gelangweilt nach und lässt es fast angewidert links liegen. »Dein Hund ist aus der Art geschlagen«, wird mir gesagt, »er kann nicht apportieren und wird es nie lernen.«

So war das damals. Mit Problemtieren gibt man sich ungern ab. Bei der Ausbildung geht es auf fast allen Hundeplätzen laut und streng zu. Mensch und Tier sollen funktionieren, der Hund hat sich zu unterwerfen, und wenn er es nicht tut, wird nachgeholfen. Oft genug – zum Glück nicht beim Retrieverclub – ist das Stachelhalsband ein gängiges Erziehungsmittel.

Ich gelte unter den Ausbildern als Weichei, weil ich mit meinen Kursteilnehmern und deren Hunden so viel Geduld habe. Meine eigene Geschichte hat mir bewusst gemacht, dass es nicht der Hund ist, der Fehler macht, sondern die Menschen, die nicht gelernt haben, ihn zu verstehen. Ihre Einstellung gilt es zu verändern. Die Teilnehmer meiner Kurse sagen mir amüsiert: Du erziehst uns, nicht den Hund! Ja, gebe ich zurück, genau das will ich auch! Das war damals sehr ungewöhnlich.

Ich denke oft an meinen Großvater und seine respektvolle Art, mit allen Lebewesen umzugehen. Mittlerweile weiß ich so viel über Retriever und Hundeerziehung, dass ich selbst Kurse gebe, und vieles von dem, was mich in meiner Kindheit geprägt hat, fließt dort mit ein.

Was die Dummy-Arbeit betrifft, so ist mein Ehrgeiz geweckt. Cindy – ein hoffnungsloser Fall? Von wegen. Ich erinnere mich an meinen Vater und die Situation mit dem Besen. Hunden kann man nichts gegen ihren Willen beibringen. Man muss sie für das interessieren, was sie tun sollen.

Cindy liebt das nasse Element. Da ist sie ganz Retriever. Sie schwimmt wie ein Fisch und holt halbe Baumstämme aus dem Wasser. Das will ich nutzen und werfe Dummys ins Wasser. Cindy springt furchtlos hinterher. Ich lobe sie überschwänglich, nutze ihre Begeisterung und verlagere langsam, ganz langsam die Übung an Land. Nach ein paar Wochen ist sie in meinen Augen der beste Apportierhund der Welt. Für mich würde sie die kleinen Leinensäckchen sogar aus dem Feuer holen. Die anderen Ausbilder sind sprachlos, und ich platze fast vor Stolz.

Zu diesem Zeitpunkt arbeite ich – parallel zum Studium – noch immer im Heim. Die Kinder dort stammen aus problematischen Verhältnissen und leben mit ihren Betreuern in kleinen familiären Gruppen zusammen. Ab und zu bringe ich Cindy mit. Das wird von den Betreuern nicht gern gesehen. Doch die Kinder sind begeistert. Sie spielen mit dem Hund, kuscheln mit ihm auf dem Boden und streicheln sanft sein weiches Fell. Bald sind sie enttäuscht, wenn ich allein komme.

Durch Cindy ändert sich die Atmosphäre in der Wohngruppe. Der Hund mag keine lauten Stimmen und keinen Streit, und plötzlich unterhalten sich selbst die größten Rabauken im Flüsterton. Jugendliche, die sonst am liebsten nur cool rumhängen, reißen sich darum, mit mir und Cindy spazieren zu gehen. Gemeinsam entdecken wir die Natur, wandern querfeldein, klettern auf Bäume und trainieren mit dem Hund.

Ich bin elektrisiert und gleichzeitig beinahe erschlagen von der Wirkung, die dieser Hund auf die Kinder hat. Auf hochgradig verhaltensgestörte Kinder wohlgemerkt, die schon Bekanntschaft mit Drogen gemacht haben und es gewohnt sind, Konflikte gewaltsam zu lösen. Auf Kinder, die in ihrem Leben schon so oft enttäuscht wurden, dass sie niemandem mehr trauen.

Um ein Mädchen habe ich mich besonders bemüht. Ein schwieriges Kind. Sie ist distanzlos, aggressiv und lehnt alle Angebote, die ich ihr mache, brüsk ab. Auch Cindy kann das Eis nicht brechen. Das Mädchen zuckt zurück, wenn ihr der Hund zu nahe kommt.

An einem Nachmittag betrete ich nichtsahnend das Wohnzimmer, und mein Blick fällt auf genau dieses Kind. Sie liegt mit dem Hund auf dem Boden und heult Rotz und Wasser in sein Fell. Cindy hält ganz still, als wüsste sie um die Bedeutung des Augenblicks. Die beiden bemerken mich nicht. Ich gehe auf Zehenspitzen wieder hinaus und schließe leise die Tür hinter mir.

In diesem Moment, der mir ewig in Erinnerung bleiben wird, denke ich erstmals daran, meine Arbeit mit Hunden und meinen Beruf miteinander zu verknüpfen.

Tatjana Kreidler beginnt, sich systematisch mit der therapeutischen Wirkung von Hunden auf Menschen zu beschäftigen und betritt damit Neuland. Es gibt so gut wie keine deutschsprachige Literatur. Im Gegensatz zu den angloamerikanischen Ländern scheint sich hierzulande niemand für dieses Thema zu interessieren.

Doch die junge Frau beschafft sich, was sie braucht: Sie korrespondiert mit Wissenschaftlern im Ausland, vor allem in den USA, die sie mit Fachliteratur versorgen, dringt mit ihrer Diplomarbeit »Der Hund als Helfer und Heiler« tief ein in die Materie und stellt endgültig die Weichen für ihre persönliche und berufliche Zukunft.

Gleichzeitig tritt Mighty in ihr Leben. Jene Hündin, die sie zwölfeinhalb Jahre lang begleiten wird und wie kein anderes lebendes Wesen ihre Seele berührt. Als Freundin, Vertraute und Lehrmeisterin. Ohne Mighty würde es VITA nicht geben. Sie schenkt Tatjana tiefe Glücksmomente, Kraft, Zuversicht, Demut und Augenmaß.

Wenig später lernt sie Henny Markussen kennen. Er ist ein herausragender Hundeführer, Leistungrichter und Dummyspezialist. »Er war mein Lehrmeister, was die Dummyarbeit anbelangt,« erzählt sie, »und bestätigte mich in meiner Überzeugung, dass man einem Hund nur dann etwas beibringen kann, wenn man sich in ihn hineindenkt. Wenn man ihm Freude an der Aufgabe vermittelt und ihn so motiviert. Henny beobachtet seine Hunde genau, weiß sie präzise einzuschätzen und holt sie immer exakt dort ab, wo sie sich befinden. Jeder Hund ist anders, das hat er mir immer wieder gezeigt, und er fördert jeden einfühlsam und ganz individuell. Henny spricht nicht viel, doch es macht Gänsehaut, ihm bei der Arbeit zuzuschauen.«

Ausbildung in England

Langsam konkretisieren sich die beruflichen Ziele. Tatjana Kreidler ist klar, dass sie für die Arbeit mit Mensch und Hund neue Konzepte entwickeln muss.

Deshalb geht sie nach dem Studium im Spätsommer 1999 nach England, um sich mit den Ausbildungsmethoden der renommierten Organisationen »Guide Dogs for the Blind« und »Dogs for the Disabled« vertraut zu machen.

Die beiden Zentren finanzieren sich ausschließlich durch Spenden und arbeiten eng zusammen. »Guide Dogs for the Blind« wurde schon 1931 gegründet. Der Verein hat eine eigene Zuchtstation, in der jährlich rund 1000 Welpen geboren werden. 750 der wuscheligen Kerlchen gehen später in den Einsatz und schenken blinden Menschen Unabhängigkeit.

Tatjana Kreidler beobachtet fasziniert, wie respektvoll die Hunde in England behandelt werden. Zwang und Strafen gibt es keine, die Erziehung beruht ausschließlich auf positiven Methoden. Es geht also doch, denkt sie und sieht sich in ihren Überzeugungen bestätigt.

Bei der Planung meines England-Aufenthalts waren mir immer wieder Bedenken gekommen. Kann ein Hund, der tagaus, tagein an der Seite eines Menschen mit Behinderung seine Pflichten erfüllen muss, tatsächlich glücklich sein? Wird ihm nicht zu viel abverlangt? Ist er nicht nur ein Hilfsmittel, das funktionieren muß, benutzt wird und kein artgerechtes Leben führen darf? Muß er nicht auf alles verzichten, was für einen Vierbeiner Glück und Lebensfreude bedeutet?

Doch dann begegnete ich in Großbritannien den ersten Teams. Ausgeglichene Hunde sahen ihre Menschen schwanzwedelnd an, so als wollten sie sagen »Hey, hast du nicht noch einen Job für mich?« Ich war völlig fasziniert. Nie zuvor hatte ich so eine Einheit von Mensch und Hund erlebt. Sie hatten etwas, das die meisten Menschen ohne Behinderung ihrem Hund nicht bieten können: Sie waren Teil eines Teams. Partner, die völlig aufeinander angewiesen sind und eine überaus enge, positive und vertrauensvolle Beziehung zueinander haben. Ihren Anlagen entsprechend bedeutet die tägliche »Arbeit« für diese mit viel Fachkompetenz und ohne Druck und Strafe ausgebildeten Hunde eine erfüllende Lebensaufgabe. Das funktioniert natürlich nur, weil auch die Menschen entsprechend ausgewählt wurden und für ihre Partner Respekt, Wertschätzung und Dankbarkeit empfinden, weil sie sie als Individuen sehen; mit Eigenheiten, speziellen Bedürfnissen, Stärken und Schwächen.

Die Ausbildung hält für Tatjana Kreidler ständig neue Überraschungen bereit. Sie lernt, wie man einem Hund die erstaunlichsten Dinge beibringt. Beispielsweise darauf zu achten, dass sich der sehbehinderte Mensch nirgends den Kopf stößt.

Wie kann ein Hund wissen, dass seinem blinden Partner in 1,70 Meter Höhe Gefahr droht? Ich habe keine, aber auch gar keine Idee, bis ich den Ausbilder Ian Young bei der Arbeit beobachte. Er geht mit dem Hund unter einem Baum durch, die Blätter streifen seinen Kopf. »Au«, sagt er leise und lenkt den Blick des Hundes nach oben. Viele Male wiederholt er die Übung, bleibt immer freundlich und lobt das Tier, das schließlich versteht und einen Bogen um das Hindernis macht.

Ich bin beeindruckt. Der Hund ist tatsächlich so stark sensibilisiert, dass er den fremden Schmerz mit empfindet. Wenn sich »sein« Mensch den Kopf stößt oder stolpert, tut es einem Blindenführhund anscheinend ebenfalls weh.

Es ist wunderbar zu erleben, wie so ein Assistenzhund allmählich mit seinem Partner verschmilzt. So ein Helfer auf vier Pfoten unterstützt seinen Menschen nicht nur im Alltag, er ist auch Labsal für die Seele und führt ihn zurück in ein soziales Leben.

Eine Episode dieser Zeit ist für mich beinahe so etwas wie eine Offenbarung. Es geht um Leo, einen wunderschönen Golden-Labrador-Mix, den ich sehr mag. Leo soll seinen künftigen Partner kennenlernen, einen älteren Mann, der auf den Rollstuhl angewiesen ist. Beim sogenannten Matching weisen die Profile der beiden viele Übereinstimmungen auf. Wir fahren zu ihm nach Hause. Der Mann ist überglücklich. »Sie schenken mir ein zweites Leben«, sagt er und erzählt uns, wie sehr er sich auf seinen Hund freut. Leo bleibt reserviert. Er will sich nicht streicheln lassen und verschmäht sogar die angebotenen Leckerlis. Das wird schon, denke ich, schließlich haben sich die beiden eben erst kennengelernt.

Nach einer Weile nimmt mich die Ausbilderin Helen McCain zur Seite. »Das klappt nicht, wir brechen die Sache ab«, erklärt sie mir. Ich bin entsetzt und werfe einen Blick auf den strahlenden Mann. »Aber wir können ihn doch jetzt nicht so enttäuschen. Sehen Sie doch, wie sehr er sich freut.« »Wir müssen«, sagt die Ausbilderin. »Der Mann würde mit Leo nicht glücklich werden.« »Woher wissen Sie das?«, protestiere ich. »Weil der Hund nicht glücklich ist. Leo hat sich gegen ihn entschieden.«

Ein Hund, der sich gegen einen Menschen entscheidet, und eine Organisation, die darauf Rücksicht nimmt? Tief beeindruckt und voller Zukunftspläne kehrt Tatjana Kreidler nach Hause zurück.

Die VITA-Story

Das Juwel an unserer Seite
Die VITA-Hunde sind Juwelen, die unser Leben bereichern.
Jeder Hund hat andere Facetten,
die ein unterschiedliches, farbenfrohes Licht
in das Leben eines behinderten Menschen schicken.
Wir als Teampartner bilden die Fassung um das Juwel.
Die Fassung sieht bei jedem Team etwas anders aus,
aber sie umschließt den Edelstein fest und sicher.
Würden wir die Ausformung der Fassung vernachlässigen,
verlieren wir unser Juwel.
Durch die richtige Bindung wird dies verhindert
und der Halt immer stärker.

Thorsten mit Louis

Das Jahr 2000 – die Geburtsstunde von VITA

Tatjana Kreidler hat ihre Entscheidung getroffen: Sie will in Deutschland einen ähnlichen Verein gründen; will nach englischem Vorbild Menschen mit körperlicher Behinderung vierbeinige Partner zur Seite stellen und ihnen so zu mehr Lebensqualität und Unabhängigkeit verhelfen.

Nur glückliche Hunde haben eine positive Wirkung auf Menschen, das hat sich für sie in England bestätigt. Diese Überzeugung wird zur Grundlage ihrer Arbeit.

Ihr Enthusiasmus steckt an. Eine kleine Gruppe engagierter Mitstreiter schart sich um sie: Dagmar Winter, eine Züchterin, die ihr mit der Hündin Fay den ersten Golden Retriever zur Ausbildung anvertraut und ihr mit ihren Erfahrungen zu Seite steht, und Ian Young aus England, ein erfahrener »Senior Instructor«, der bei »Guide Dogs for the Blind« 15 Jahre lang Blindenführhunde geschult hat. Er ist bereit, für einige Zeit nach Deutschland zu kommen und den Aufbau des Vereins zu begleiten.

Tatjana Kreidler nimmt sein Angebot dankbar an und wagt den Sprung ins kalte Wasser. Es ist eine aufregende Zeit, in der viele weitreichende Entscheidungen getroffen werden müssen. Vor allem finanziell ist dies ein Abenteuer mit ungewissem Ausgang.

Im Westerwald-Ort Hümmerich wird ein Haus gefunden, das sich als Ausbildungszentrum eignet; Markus Roos, ein Unternehmer aus Pforzheim und leidenschaftlicher Retrieverbesitzer, der schon während ihres Englandaufenthalts Interesse an der Arbeit der jungen Sozialpädagogin bekundet hatte, stellt den Kontakt zu seinem Rotary Club her. Mit Herzklopfen präsentiert Tatjana Kreidler dort ihre Idee, und wenig später kommt die Zusage: Der Club will sie und ihr Projekt unterstützen und übernimmt die Kosten für das erste Team. Viel schneller als ihr lieb ist, kommt der Stein ins Rollen. Die Ereignisse überschlagen sich. Sie, die in aller Ruhe planen wollte, muss plötzlich viele Entscheidungen gleichzeitig treffen.

»Wenn ich zurückblicke«, sagt Tatjana Kreidler heute, »hat sich daran nichts geändert. Ich hatte keine Zeit mehr, das Karussell anzuhalten, es dreht sich bis heute und oft in atemberaubendem Tempo. An Freizeit war und ist nicht mehr zu denken. Meine Hobbys sind ebenso auf der Strecke geblieben wie viele Freundschaften. Ja, ich gebe es zu, manchmal denke ich mit Wehmut an all die wirklich guten, engen Freunde, zu denen der Kontakt abbrach, an eigene Wünsche und Bedürfnisse, die immer zurückstehen müssen, und sehne mich nach ein klein wenig Eigenleben. Doch ganz schnell werde ich von den Teams aus diesen Gedanken gerissen, denn schon wieder müssen Entscheidungen getroffen werden, gibt es Probleme, Termine, Aufgaben. Doch es sind die schönen Momente, die mich für vieles entschädigen. Die glücklichen Menschen mit ihren glücklichen Hunden. Das gab und gibt mir immer wieder von Neuem die Kraft, an VITA und an meiner Vision festzuhalten.«

Am 28. März 2000 wird VITA e. V. mit neun Mitgliedern gegründet. Alle haben selbst einen Retriever und sind begeistert von der Idee. Sybille und Bruno Baumgarten kümmern sich um die juristischen Fragen des gemeinnützigen Vereins.

Tatjana Kreidler ist 32, als sie in den Vereinsstatuten das Ziel ihrer Arbeit formuliert: Mensch und Hund sollen zu Partnern werden. Wirkliche Partner, die, freiwillig und getragen von gegenseitiger Zuneigung, Verantwortung füreinander übernehmen.

Die Menschen mit Behinderung lernen mithilfe der Ausbilder, die Signale ihres vierbeinigen Gefährten zu deuten, seine Bedürfnisse wahrzunehmen und die Welt mit seinen Augen zu sehen. Umgekehrt lernt der Hund, für und mit dem Menschen zu fühlen. »Sensibilisierung« nennt Tatjana Kreidler diesen Schritt. Es ist der Kern der Ausbildung.

Im Frühsommer kauft Tatjana Kreidler das Landhaus in Hümmerich. Ihr Vater unterstützt sie dabei und richtet sich zusammen mit Ian Young und Dagmar Winter im Westerwald häuslich ein. Das Anwesen war lange unbewohnt, es stehen viele Renovierungs- und Umbauarbeiten an und das 2000 Quadratmeter große Grundstück muss erst wieder nutzbar gemacht werden.

Ohne die finanzielle und praktische Hilfe der Eltern wäre dieser Start nicht gelungen. Vor allem ihr Vater hilft ihr mit hohem persönlichem Einsatz. Anfang 2003 stirbt er ganz plötzlich und viel zu früh – ein schier unerträglicher Verlust. Die Welt steht still. Doch nach langem Ringen mit sich selbst schöpft Tatjana Kreidler daraus auch Kraft: »Mein Vater hatte mich so sehr unterstützt, ich konnte und wollte ihn nicht enttäuschen. Mein Motto war und ist: Jetzt erst recht. Fortan stand mir meine Mutter zur Seite und sie tut es bis heute – mit unglaublicher Energie und aufopfernder Liebe zu den Hunden. Danke dafür, Mutsch, ich hätte das alles ohne Dich nicht geschafft.«

Fay, die erste VITA-Hündin, ist zwölf Monate alt, als Tatjana Kreidler mit ihrer Ausbildung beginnt. Per Zeitungsannonce sucht der Rotary Club nach einem menschlichen Partner für diesen klugen, fröhlichen und äußerst sensiblen Hund. Bewerber melden sich zu Dutzenden. Unter ihnen ist Thomas Riehl, ein junger Mann mit Querschnittlähmung, der sich nach einem vierbeinigen Gefährten sehnt. Nach sorgfältiger Prüfung aller Anfragen entscheidet sich Tatjana Kreidler für Tom.

Die Geschichte von Tom & Fay

Es ist ein sonniger Tag im Juli 1999. Auf dem Sportflugplatz in Straßburg überprüft Thomas Riehl seine Ausrüstung. Wie immer hat der 28-Jährige den Fallschirm selbst gepackt. Er ist einer, der nichts dem Zufall überlässt und gleichzeitig den Nervenkitzel liebt. Stets lotet er seine Grenzen aus – beim Fallschirmspringen, Motorradfahren oder Snowboarden.

Alles ist wie sonst, als er das Flugzeug besteigt. Die Cessna schraubt sich elegant auf dreieinhalbtausend Meter empor und fliegt dann eine große Kurve. Thomas, den später bei VITA alle nur Tom nennen werden, schaltet die Helmkamera ein, mit der er diesen Sprung dokumentieren will. Ein letztes Mal prüft er die Gurte.

Dann wird es ernst. Das Adrenalin schießt ihm in die Adern. Über 300 Mal hat er diesen köstlichen Augenblick schon erlebt, über 300 Mal ging alles gut. Raus aus dem Flugzeug, auf das kleine Trittbrett unter der Tragfläche, Felder, Häuser der Flugplatz – alles spielzeugklein, Arme ausbreiten – ein Schritt zurück. Die Erde stürzt ihm entgegen. Die Luft ist greifbar, ist Materie, umgibt ihn wie Wasser. Skydiving – Himmelstauchen – der Ausdruck beschreibt das Gefühl perfekt. Der freie Fall – ein Rausch, eine Droge. Wer einmal vom Himmel gefallen ist, weiß warum. 60 Sekunden Freiheit. 60 Sekunden pures Glück. Ein Blick auf den Höhenmesser. Er muss sich zwingen, die Reißleine zu ziehen. Raschelnd öffnet sich der Fallschirm, der Ruck holt ihn in die Realität zurück. Er sieht die Wiese unter sich, den Landeplatz, 500 Meter, 200, 100, Anflug mit dem Wind, Kehrtwende, landen gegen den Wind. Tom hat es drauf, das sichere Landen, hat es hundertfach geübt – im Kopf und real, doch dieses Mal macht er einen folgenschweren Fehler. Er bietet den Windböen nicht die Stirn, damit sie seinen Flug bremsen, der Boden kommt näher – viel zu schnell. An den Aufprall kann sich Tom später nicht mehr erinnern. Die Kamera filmt, wie er sich mehrfach überschlägt.

Dunkelheit.

Als Tom wieder erwacht, begreift er sofort. Seine Beine gehören nicht mehr zu ihm, auch die Finger kann er kaum noch bewegen. Thomas Riehl ist querschnittgelähmt. Er hat sich den fünften Halswirbel gebrochen.

Über die Zeit danach spricht er nicht gern. Krankenhaus, Reha, zurück nach Hause im Rollstuhl. Die Wohnung im Dachgeschoss – ohne fremde Hilfe unerreichbar. Er, der durchtrainierte Sportler, der Abenteurer, für den Freiheit so wichtig war, ein Pflegefall.

Zunächst sei er erstaunlich gut mit seinem Schicksal zurechtgekommen, sagt er. Seine Frau ist Physiotherapeutin, er wird ihr wichtigster Patient. Doch die Beziehung verträgt so viel Nähe nicht, so viel Abhängigkeit und so viele Probleme. Ein Jahr später: die Trennung. Gleichzeitig erkrankt sein Vater an Krebs. Es ist der Tiefpunkt im Leben von Thomas Riehl.

Eines Morgens Anfang 2001 schlägt er die Zeitung auf. Dort wird von einem Verein berichtet, der Assistenzhunde trainiert. Für Menschen mit Behinderung – für Menschen wie ihn. Der erste Hund, der die Ausbildung durchlief, heißt Fay. Jetzt wird für die bildschöne Golden-Retriever-Dame der passende Mensch gesucht. Rotarier wollen das Team finanzieren. Tom meldet sich sofort.

Tatjana Kreidler erinnert sich noch sehr genau an ihren ersten Eindruck: »Bei Tom hatte ich sofort das Gefühl, das passt. Er war mir sympathisch, von Anfang an, er hat mich begeistert, weil er Tiere so innig liebt und ihnen mit so viel Respekt begegnet, weil er so viel Wertschätzung hat für unsere Arbeit, so dankbar war für alles, und so bescheiden. Ich spürte, dass er viele Probleme hatte. Er schien anfangs sehr abgeklärt, aber das war nur Fassade. Ich glaube, er stand kurz davor, sich etwas anzutun.«

Sieben Bewerber kommen in die engere Wahl, das VITA-Team entscheidet sich für Thomas Riehl. Das erste Treffen findet bei Tom zu Hause statt. Er ist sehr aufgeregt, Fay hingegen spaziert unbefangen in die fremde Wohnung – und neugierig auf ihn zu. Bei beiden ist es Liebe auf den ersten Blick.

Die Zusammenführung beginnt im April 2001. Sieben Wochen lebt Tom im Trainingszentrum Hümmerich und in dieser Zeit erschließt sich ihm ein neues Universum. Als er sich bei VITA um einen Hund bewarb, dachte er an praktische Hilfe. Heruntergefallene Gegenstände aufheben, Türen öffnen, Lichtschalter betätigen, Telefon bringen. Jetzt begreift er Stück für Stück, dass ihm ein Hund wie Fay unendlich viel mehr geben kann. Freiwillig, und ohne dass er darum bitten muss. »Ich habe mit ihr ein neues Leben begonnen«, sagt er heute.

Als er im Trainingszentrum Hümmerich zum ersten Mal aufwacht, blickt er direkt in funkelnde Hundeaugen. Na endlich, scheint Fay zu sagen, ein wedelnder Schweif, eine nasse Schnauze, die ihn vorsichtig stupst. »Beeil Dich, der Tag ist viel zu kurz!« Und Tom beeilt sich.

Er, für den die Welt nur noch sinnlose Mühsal bedeutete, freut sich auf einen neuen Tag. Er, der zuvor in Depressionen versank, lacht plötzlich aus vollem Hals über die Kapriolen eines Hundes. Er, der sich vor Menschen zurückzog und Anteilnahme brüsk zurückwies, ist im Innersten berührt von diesem Wesen, das seine Stimmungen erspürt, bevor er sie in Worte fassen kann.

Ganz langsam lernt er Fay kennen – in ihrer facettenreichen Persönlichkeit. Die sanfte Golden-Retriever-Hündin ist blitzgescheit, flexibel, anpassungsfähig, menschenbezogen, unglaublich sensibel und sie himmelt Tom an. Gleichzeitig ist sie ein Temperamentsbündel. Tom bewundert die Inbrunst und Begeisterung, mit der sie sich ins Leben stürzt.

Er mag ihr Selbstbewusstsein, ihre Furchtlosigkeit und ihren Schalk. »Wenn sie meint, ich merke es nicht, versucht sie mir ein Schnippchen zu schlagen,« lacht er. »Ich amüsiere mich köstlich, denn ich weiss genau, was sie gleich vorhat. Ihre Ohren verraten es mir, sie sprechen ihre eigene Sprache, das ist unglaublich lustig!«

Und er liebt ihre Unbestechlichkeit und ihren Eigensinn. »Wenn sie etwas nicht mag, dann beiße ich auf Granit. Sie ist gnadenlos konsequent und zieht ihren Stiefel durch«.

»Es stimmt«, Tatjana Kreidler lächelt, »Fay hat ihren eigenen Kopf. Und sie hatte ganz schnell raus, wie sie Tom um den Finger wickelt. Ich erinnere mich an eine Begebenheit bei einer Nachbetreuung. Als sie seinen Pfiff wieder einmal ignorierte, ging ich auf sie zu, um sie zur Ordnung zu rufen, drehte mich aber noch einmal um, und da sah ich es, das Grinsen in Toms Mundwinkeln. Er ärgert sich zwar, wenn sie nicht hört, aber er bewundert gleichzeitig ihre Charakterstärke, ihre Unbeugsamkeit und ihre Unabhängigkeit und bestätigt sie damit in ihrem Verhalten, ohne dass ihm das bewusst ist. Bei der sensiblen Fay kommt diese Botschaft an. Sie lebt für ihn ein Stück von seinem früheren Leben weiter, tut all das, was er nicht mehr kann. Deshalb lässt er sie gewähren, ist so gutmütig, so nachgiebig mit ihr, sie schaut ihn nur an, und schon schmilzt er dahin!«

Tatjana Kreidler akzeptiert dieses besondere Verhältnis zwischen den beiden. Gehorsam um jeden Preis ist nicht das Ziel der Ausbildung. Es bleibt Raum für Individualität und Persönlichkeit – bei Mensch und Hund. Und wenn es darauf ankommt, steht Fay wie ein Fels an Toms Seite. Das hat sie oft genug bewiesen. Die beiden sind wie füreinander geschaffen.

»Ich weiss noch genau, wie Fay das erste Mal so richtig für mich gearbeitet hat«, erinnert sich Tom. »Es war in der zweiten Trainingswoche. Mir fiel eine Medikamentenpackung aus der Hand. Zehn einzelne Briefchen mit Tabletten verteilten sich auf dem Boden. Fay hat alle brav aufgehoben. Eines nach dem anderen hat sie mir vorsichtig in die Hand gelegt. Ich kann das Gefühl kaum beschreiben, das ich da hatte. Freude, Stolz, Dankbarkeit, ein tiefes Gefühl von Glück. Dieser tolle Hund hat das allein für mich getan.«

Aber nicht nur für Tom und Fay ist die Zeit in Hümmerich ein Lernprozess – auch für Tatjana Kreidler. Für sie ist diese Zusammenführung der erste enge Kontakt mit einem Rollstuhlfahrer. Sie wollte ja ursprünglich mit Kindern aus schwierigem sozialem Umfeld arbeiten – nicht mit Menschen mit Handicap. »Durch Tom hat sich mein Lebensplan völlig geändert«, sagt sie, »er hat mir die Augen dafür geöffnet, was es heißt, ein körperliches Handicap zu haben. Behindert sein bedeutet viel mehr, als im Rollstuhl zu sitzen. So vieles ist dann nicht mehr möglich. Mit seiner offenen, unkomplizierten Art hat Tom mir geholfen zu begreifen. Er war ein guter Lehrer, er hat es mir einfach gemacht, weil er immer nachsichtig war, wenn ich etwas nicht verstand oder aus Unwissenheit falsch reagierte. Und er hat mir auch ganz praktische Dinge beigebracht.

Einmal bat er mich, ihn auf einer abschüssigen Holper-Strasse zu schieben. Er wurde gehörig durchgerüttelt, rutschte immer weiter nach vorn und fiel schließlich zu meinem Entsetzen fast aus dem Rolli. Ich war einfach unaufmerksam, habe nicht bedacht, dass er sich ja nicht festhalten kann. Meinen Schrecken werde ich nicht vergessen. Ähnliches ist mir nie wieder passiert.«

Und noch etwas lernt Tatjana Kreidler durch Tom: Sie lernt das Warten. Sie, die Spontane, die am liebsten zwei Dinge gleichzeitig und drei Schritte auf einmal macht, muss plötzlich geduldig sein. »Ein Rollstuhlfahrer kann sich nicht eben mal auf die Schnelle ›fertig machen‹ und rausgehen, sondern das dauert. Das Aufstehen, das Anziehen, das Verlassen des Hauses, das Einsteigen ins Auto – als Nicht-Behinderter macht man sich davon keine Vorstellung. All meine schönen Zeitpläne fielen in sich zusammen. Ich musste lernen, dass seine Uhr anders tickt, und hatte plötzlich sehr viel Muße, die Dinge zu durchdenken.« Sie lacht, »geschadet hat mir das ganz sicher nicht. Auch für die Hunde war diese zunächst erzwungene, später dann selbstverständliche Ruhe ein Segen. Sie brauchen ausgeglichene Menschen um sich herum. Jede Form von Hektik macht sie nervös.«

Als Tom und Fay nach sieben Wochen das Trainingszentrum verlassen, sind sie ein Team. Und was für eines. Fay hängt hingebungsvoll an seinen Lippen, erfüllt ihm freudig jeden Wunsch und Tom möchte sie keine Sekunde mehr missen. Längst hat er wieder Lebensmut. Schließlich ist da jetzt jemand, für den er Verantwortung trägt. »Sie gab mir einen Grund zu leben«, sagt er heute »aufzustehen, rauszugehen, bei Wind und Wetter. Ich konnte es mir gar nicht erlauben, mich hängenzulassen.«

Auch beruflich blickt er wieder nach vorn. Schon vor seinem Unfall saß er als Konstrukteur in einem Ingenieurbüro den ganzen Tag am PC. Das tut er jetzt wieder – und zu seinen Füßen liegt Fay. Sein Chef hieß den Assistenzhund im Büro willkommen, und auch die Kollegen freuen sich über die blondgelockte »Neue«. Durch Fay verändert sich peu à peu Toms Blick auf die Welt. »Früher war ich viel oberflächlicher«,

sagt er »ich war dauernd auf der Suche nach dem ultimativen Kick, größer, toller, weiter; ich war immer draußen, ständig unterwegs, bin viel
gereist, war rastlos und oft unzufrieden. Heute gucke ich genauer hin,
bin dankbar für Kleinigkeiten, kann Dinge wertschätzen, die ich früher
für selbstverständlich gehalten habe. Ich bin leiser und bescheidener
geworden – ja, ich kann sagen, dass Fay einen besseren Menschen aus
mir gemacht hat.« Ganz selbstverständlich engagiert sich Tom bei VITA,
nimmt Anteil an den Schicksalen der Bewerber und gibt seine Erfahrungen an sie weiter. Schon bald investiert er seinen gesamten Jahresurlaub
in die ehrenamtliche Arbeit für den Verein. Er erlebt, wie VITA wächst,
und findet in der Gemeinschaft so etwas wie eine Familie.

»Für mich ist es ein wunderbarer Ausgleich,« sagt er, »etwas ganz
anderes als die Arbeit in der freien Wirtschaft. Dort muss man immer
tough sein, ganz gradlinig auf die beste Form, die kostengünstigste Va-
riante zusteuern. Bei VITA geht es um Menschen, um Wärme, um das
Füreinander-da-sein. Um das, was im Leben wirklich wichtig ist. Ich
lerne hier Leute kennen, die ich sonst nie getroffen hätte, und ich kann
helfen, kann etwas weitergeben. Jedes Team hat ähnliche Probleme und
so von Rollstuhl zu Rollstuhl redet es sich einfach leichter. Ich kann viele
Tipps geben – ›Probier es doch einfach mal so‹, kann ich sagen, wenn
etwas nicht auf Anhieb klappt. Ich will dazu beitragen, dass andere, die
sich auch einen Hund wünschen, ein ähnliches Glück erfahren wie ich,
das ist meine Motivation.

Nina zum Beispiel habe ich zum ersten Mal auf einer Messe getroffen.
Sie war mit ihrer Mutter da. Ich glaube, damals saß sie noch nicht im
Rollstuhl. Ich habe ihr von meinen Erfahrungen erzählt, was Fay bei mir
bewirkt, und dass sie mir so gut tut. Nina hat wie gebannt zugehört. Sie
wirkte auf mich damals sehr traurig, verschlossen, deprimiert. Sie hat
gemerkt, dass es ihr körperlich immer schlechter geht, das hat sie ganz
schön fertiggemacht. Und wenn ich die beiden heute sehe, dann strahlen
sie miteinander um die Wette.

Auch heute noch reden wir oft miteinander, wenn wir uns in Hümmerich treffen. Wir sind auf einer Wellenlänge und ticken in vielem

ähnlich. Auch sie ist so dankbar, für Emily und all die Erfahrungen, die sie bei VITA macht.«

Zu Hause in Pforzheim erlebt Tom, wie Fay alles durcheinanderwirbelt. Gemeinsam mit ihr entdeckt er die Umgebung neu, seine Eltern freuen sich über den Familienzuwachs und auch im Büro verändert der Hund die gesamte Atmosphäre. Seine nüchternen Ingenieurskollegen wetteifern plötzlich um die Gunst der hübschen jungen Dame, ihr gilt auch der erste neugierige Blick der Kunden, bevor sie sich in die Konstruktionspläne vertiefen. Der Umgangston ist viel lockerer und unkomplizierter als früher, vor allem wenn Fay schnarchend auf dem Rücken liegt, die Beine in die Luft streckt und ab und zu im Schlaf bellt. »Ich glaube, wer keine Hunde mag, würde bei uns mittlerweile gar nicht mehr eingestellt«, lacht Tom.

Fay hat ihr Körbchen und beobachtet ihren Menschen mit Argusaugen. Sobald etwas runterfällt, hebt sie den Kopf. »Darf ich?«, scheint sie zu fragen, und sie darf. Läßt ein Kollege etwas fallen, interessiert sie das nicht. Sie macht nur ab und zu eine Runde und holt sich ein paar Streicheleinheiten ab, oder sie geht nachsehen, wenn etwas raschelt. Es könnte ja ein Brötchen sein. So eines, wie das, das sich jeden Morgen in Toms Rollcontainer versteckt. Fay setzt sich daneben und wartet. Wenn Tom gerade ein schwieriges Kundengespräch führt, auch mal eine Stunde. Ihr Blick wird zwar immer vorwurfsvoller, ansonsten gibt sie aber keinen Laut von sich. Wenn sie dann ihren Leckerbissen bekommt, trägt sie ihn stolz ins Körbchen.

Nur ein einziges Mal trennt sich Tom von Fay – 2002 –, als er seinen besten Freund in Amerika besucht. »Es war nur eine Woche, doch für mich dehnte sie sich ins Unermeßliche. Ich ohne Fay, das war echt hart. Jeden Tag rief ich in Hümmerich an, obwohl ich doch wusste, dass sie dort gut aufgehoben ist. Kurz vor meiner Rückkehr nahm Tatjana Fay mit zu einem Training in die Schweiz, und als ich wieder da war, hätte ich noch zwei Tage auf die beiden warten müssen. Das konnte ich unmöglich aushalten. Also habe ich mich ins Auto gesetzt und bin nach Luzern gefahren. Fay zeigte mir erst mal die kalte Schulter und ließ mich spüren, daß ich sie allein gelassen hatte. Aber lange hielt sie das nicht durch.« Von da an ist für Tom klar: nie wieder ohne seine Fay.

Die Bindung zwischen den beiden wird immer enger, vielleicht auch, weil Tom seiner Hündin die Freiheit lässt, die sie so liebt. Wenn es darauf ankommt, das weiß er, ist sie wie ein Blitz an seiner Seite.

Ein Beispiel: Die beiden wollen spazieren gehen. Als Tom endlich das Auto verlassen hat und losrollern will, klingelt das Mobiltelefon. Er hat es auf dem Rücksitz vergessen. »Fay Apport Handy«, sagt er, und deutet mit dem Finger auf das Auto. Fay kommt fröhlich angehopst und bringt ihm alles, was auf der Rückbank liegt. Eine Tasche, den Hut, die Wasserflasche, ein Notizbuch, ein Kissen, einen Schirm und ganz zum Schluß das Handy, das dann natürlich nicht mehr klingelt. Ein tolles Spiel. Tom betrachtet sich den bunten Haufen auf seinem Schoß und muss lachen.

Die gleiche Situation drei Wochen später: Tom ist unachtsam. Als er die Rampe hochrollert, gerät er mit einem Rad über die Kante und kippt samt Rollstuhl nach hinten um. Wieder liegt das Handy auf der Rückbank. Keine zehn Sekunden später hält es Tom in seiner Hand und kann Hilfe holen. Die besorgte Fay dicht neben sich.

»Die Hunde spüren, wenn es sich um eine Notsituation handelt, da kann man sich hundertprozentig darauf verlassen«, sagt er. »Mir gibt das so viel Sicherheit!«

Mit Fay an seiner Seite wagt Tom Dinge, die er sich sonst nie zuge-traut hätte. Ein Vortrag auf einem Ärztekongress vor 250 Zuhörern zum Beispiel, wo er für die VITA-Tierärzin Ariane Volpert einspringen muss. Auch mit zwei gesunden Beinen hätte er das früher nicht geschafft.

»Jeder einzelne Tag war schön mit Fay«, sagt Tom. »Sie war jeden Morgen der Grund für mich, aufzustehen und rauszugehen, auch bei 20 Grad minus. In all den Jahren hatte ich kein einziges Mal eine Erkältung. Zum Schluss brauchten wir keine Worte mehr, um uns zu verständigen, Fay und ich. Eine kleine Kopfbewegung reichte, und sie erfasste, was ich will. Umgekehrt musste ich ihr nur in die Augen sehen, um zu wissen, was sie denkt, braucht und möchte.«

Fast zehn Jahre gehen die beiden gemeinsam durchs Leben. Zehn Jahre, die gespickt sind mit kleinen Abenteuern, innigen Augenblicken, konzentriertem Training, ausgelassenem Spiel, lustigen Begebenheiten und leisen Momenten des Glücks.

»Dass ich irgendwann einmal Abschied nehmen muss von ihr, hab ich lange verdrängt. Dann aber kam der Moment viel früher, als ich dachte.«

Fay war elfeinhalb und immer noch total verspielt. Sie schien kerngesund. Sie und Tom hatten gerade Dreharbeiten in Berlin hinter sich gebracht und absolvierten morgens ihre gewohnte Runde. Mittags mochte sie dann plötzlich nicht mehr aufstehen. »Ich dachte an einen Bandscheibenvorfall«, erzählt Tom, »und telefonierte voller Sorge mit Ariane und Tatjana. Wir brachten Fay dann in die Tierklinik nach Hofheim. Drei Monate zuvor hatte ich sie röntgen lassen, da war alles in Ordnung.

Jetzt aber wartete eine niederschmetternde Diagnose auf mich: Fay hatte einen großen Tumor an der Wirbelsäule, der in den Bauchraum blutete. Man könnte zwar die Flüssigkeit punktieren, die sich dort angesammelt hatte, aber in wenigen Tagen wäre die Lage wieder die gleiche. Ich war wie vom Donner gerührt. Niemand konnte mir die Entscheidung abnehmen, aber ich wollte sie auf keinen Fall quälen. Und so ist Fay nicht mehr aus der Narkose aufgewacht.

Die nächsten Tage waren schrecklich – der Schicksalsschlag hatte mich völlig unvorbereitet getroffen. Am meisten litt ich darunter, dass ich mich von Fay nicht hatte verabschieden können. Andererseits wusste ich, dass ich mir für sie genau diesen Tod gewünscht hatte, einen Tod, der sie mitten in ihrem prallen, erfüllten, glücklichen Leben trifft, ohne langes Leiden. Trotzdem fiel ich in ein tiefes Loch. Tatjana schaute sich das genau eine Woche an. Dann sagte sie, ›So geht das nicht weiter, du nimmst jetzt den Charly mit!‹«

Charly ist ein lieber, schwarzer Labrador, der bei der alten Dame, der er zur Seite stand, nicht mehr bleiben konnte. Als Tatjana, die Charly kannte, den Hund bei sich aufnahm, war er in einem schlechten Zustand. Er wog 40 Kilo, war kugelrund und kam bei der kleinsten Anstrengung aus der Puste. Da mussten erst einmal 15 Kilo runter.

Als Charly zu Tom kommt, ist er schon wieder gut in Form und hat das Dummy-Training für sich neu entdeckt. In Pforzheim soll er nur vorübergehend bleiben, denn wie alle VITA-Teams, die sich das wünschen, wird für Tom nach Fays Tod ein neuer Hund ausgebildet. Aber Charly wieder hergeben? Tom wirft einen Blick auf den glücklich schnaufenden schwarzen Kerl neben sich, der ihn mit seinen Kulleraugen anhimmelt. Das geht auf keinen Fall…

Warum soll er also künftig nicht für zwei Hunde sorgen? Im Büro ist auch noch für ein weiteres Körbchen Platz. Sein Chef hat nichts dagegen. Tatjana Kreidler hat große Bedenken, weiß aber, wie sehr Tom und Charly mittlerweile aneinander hängen, und stimmt deshalb schließlich zu.

Demnächst soll Toms Zusammenführung mit Kate beginnen. Auch sie hat sofort Toms Herz berührt, obwohl ihn Tatjana etwas bremst. Denn Kate ist ein sehr selbstbewusster Hund, der gerne auch mal eigene Wege geht. »Überleg Dir das gut,« hat sie zu ihm gesagt, »es kann sehr anstrengend werden!« Doch Tom fühlt sich an Fay erinnert. »Sie hat das gleiche, liebenswerte freche Gesicht«, sagt er. »Ersetzen wird sie Fay natürlich nie, aber wir werden trotzdem ein prima Team, da bin ich ganz sicher. Ein Dreierteam – mit Charly. Das wird schon klappen.«

»Schauen wir mal«, sagt Tatjana Kreidler. Und wird wie immer ihr Bestes tun, damit die drei miteinander glücklich werden.

2001 bis 2006 – Jahre des Aufbaus

Damals, Anfang des neuen Jahrtausends, sind Assistenzhunde in Deutschland weitgehend unbekannt. Doch mit dem Wissen, das sie sich im Studium angeeignet hat, ihren praktischen Erfahrungen aus England und Ian Young an ihrer Seite verfügt Tatjana Kreidler über eine solide Grundlage, die ihr beim Einstieg in das fremde Terrain hilft. Und sie hat Mighty. Ihre wundervolle Hündin, die ihr jeden Tag von Neuem zeigt, wie intensiv und bereichernd eine Mensch-Hund-Beziehung sein kann, wenn sie von gegenseitigem Respekt, Vertrauen und Verantwortung getragen wird.

Die ehrenamtlichen Helfer, die VITA mit viel Idealismus unterstützen, werden immer zahlreicher. Unter anderem beteiligt sich die österreichische Hundetrainerin und Leistungsrichterin Helene Leimer an der Aufbauarbeit des Vereins. Sie hilft nicht nur bei der Ausbildung der Hunde, sondern ist auch bei der Suche nach finanzieller Unterstützung aktiv. Durch sie wird der Charity Working Test (CWT) ins Leben gerufen, eine Veranstaltung, die jedes Jahr am Wiesbadener Jagdschloss Platte stattfindet und die für sportliche Fairness und die Freude an der Arbeit mit Hunden steht. Zudem ist sie ein Beispiel für gelungene Integration. Gemeinsam mit »Fußgängern« zeigen die Rollifahrer und ihre Hunde, was sie bei der Dummy-Arbeit leisten können. Der Erlös der Veranstaltung geht in vollem Umfang an VITA.

Die ersten Hunde aus sogenannten »Arbeitslinien« – zwei schwarze Labradore – bekommt VITA von Rupert Hill, einem erfahrenen Hundeführer und Labrador-Züchter. Der international bekannte Leistungsrichter ist skeptisch: Er fürchtet, dass diese energiegeladenen Hunde am Rollstuhl nicht ausgelastet sind, und lässt sich nur zögernd auf das Experiment ein. Doch er revidiert seine Meinung schnell, als er sieht, was die Teams leisten. Seither begegnet er der Arbeit des Vereins mit größter Wertschätzung und ist bei jedem CWT als Richter dabei.

Auch die Züchterin Uschi Plank, den erfahrenen Leistungsrichter Robert Kaserer und dessen Frau Sylvia aus Tirol lernt Tatjana Kreidler bei einem CWT kennen. »Ich fand es großartig«, erinnert sie sich, »dass sie so einen weiten Weg auf sich nahmen, um bei diesem Ereignis dabei zu sein. 2004, beim letzten CWT in Hümmerich, kam Robert Kaserer auf mich zu. Ich hatte einen Heidenrespekt vor diesem großartigen Hundeführer, dem gut gekleideten, charmanten Gentleman, der jedes Wort wohl überlegt und besonnen platziert. Mein Herz klopfte bis zum Hals, und ich wusste nicht, was ich denken sollte.

Doch dann richtete er warme und sehr motivierende Worte an mich: ›Du machst eine tolle Arbeit‹, sagte er, ›und wir sehen, dass du Unterstützung brauchst. Sylvia und ich werden dir helfen.‹ Das haben sie getan und sie tun es bis heute. Ohne ihre Unterstützung, das weiß ich rückblickend, wäre das Projekt VITA damals gescheitert. Sie gehören zu den Menschen, zu denen ich grenzenloses Vertrauen haben kann. Dafür bin ich mehr als dankbar.«

Zur selben Zeit lernt Tatjana Kreidler Malcolm und Lynn Stringer kennen. Auch sie wohnen jenem CWT als internationale Richter bei und haben seither keine Veranstaltung ausgelassen. »Was ich damals nicht ahnte: Diese Begegnung sollte sich zu einer tiefen Freundschaft entwickeln. Stringers gehören mittlerweile zu meinen engsten Vertrauten. Sie lieben das Beisammensein in der großen VITA-Family. Von Stringers haben wir unsere wundervollen Golden-Retriever aus reiner Arbeitslinie.«

Mighty, der Hund an Tatjanas Seite

Ohne Mighty würde es VITA nicht geben, soviel steht schon einmal fest.

Mighty gab Tatjana Kreidler die Kraft, den Mut und die Inspiration, sich auf dieses Abenteuer einzulassen. Wie ein tröstlicher Schatten hat sie dieser souveräne, kluge, mutige Hund zwölfeinhalb Jahre lang begleitet. Wo Tatjana war, war auch Mighty. Ein Blick genügte den beiden, um sich zu verständigen. Sie vertrauten einander bedingungslos.

»Tatjana hat sich VITA zu ihrer Lebensaufgabe gemacht,« schreibt die 16-jährige Kim, die seit Herbst 2008 mit ihrer Hündin Birdie durchs Leben rollert, »indem sie die Liebe zu Mighty auf ihre Arbeit für VITA übertragen hat; das, was die beiden verband, ist in jedem einzelnen VITA-Team zu spüren. Danke an Mighty dafür, dass sie uns unser größtes Glück ermöglicht hat. Sie lebt weiter: in jedem einzelnen VITA-Team«.

Mighty war die unangefochtene Chefin der VITA-Hunde. Alle hatten vor ihr Respekt. An ihr konnten sich die Jungspunde orientieren, die Schnösel, wie sie Günther Bloch in seinem Buch »Wölfisch für Hundehalter« liebevoll nennt. Beim Training zeigte sie den Assistenzhund-Azubis, wo es lang geht. Und selbst im größten Stress zauberte ihre Anwesenheit ein Lächeln auf Tatjanas Gesicht. Als Mighty im Mai 2010 stirbt, stirbt auch ein Stück von ihr ...

Es kann kein Zufall sein. Mighty hat sich unsere gemeinsame Lieblingsver-anstaltung ausgesucht, um uns zu verlassen. An einem sonnigen Morgen im Jahre 2010, als VITA sein zehnjähriges Bestehen feierte und sich alle Teams auf der Platte im Jagdschloss Wiesbaden zum Charity Working Tests versammelten, ging meine stolze Ma'am über die Regenbogenbrü-cke. Sie hat damit einen sehr würdevollen, einen denkwürdigen Abschied gewählt. Mighty mit ihrem großen Herzen, ihrem unerschöpflichen »will to please« und ihrer ansteckenden Begeisterung für die Dummy- und Assistenzhunde-Arbeit.

Mighty zu charakterisieren, ihre Rolle zu definieren, unsere Bezie-hung zu beschreiben oder die Bedeutung, die sie für mich hat, fällt mir sehr schwer. Jedes Wort klingt flach und ihrer nicht würdig, doch dieser außergewöhnliche Hund hat es mehr als verdient, dass ich es zumindest versuche. Mighty war der »weiße Fleck« an meiner Seite. Sie war mein Sonnenschein, mein kleiner Therapeut auf vier Pfoten.

Wenn wir zusammen draußen waren, konnten wir die Welt um uns herum vergessen. Am liebsten sind wir, bepackt mit ihren geliebten Dum-mys, losgezogen, haben uns zunächst gründlich umgesehen, das Gelände taxiert, und meist wusste sie dann schon, was ich vorhabe. Sie schaute mich an, als wollte sie sagen »Ich wäre jetzt so weit, könnten wir starten?« Unzählige Male hat sie mich so zum Lachen gebracht.

Ich konnte Mighty exakt auf Dummys einweisen; auch noch auf große Distanz nahm sie es wahr, wenn ihr meine Hand eine minimale Rich-tungsänderung wies. Versperrte ihr das hohe Gras die Sicht, sprang sie einfach hoch, um mein Signal zu sehen. Rupert Hill sagte einmal über sie: »That's a fantastic little dog, natural hunting skills and a wonderful marker.«

Hing ein Dummy im Baum, nahm sie Anlauf und holte es mir mit einem Sprung aus den Zweigen. Sie war dann so stolz! Sanft und voller Hingabe legte sie es mir in die Hände. Konnte sie das Dummy nicht errei-chen, schaute sie mich mit ihren großen, rehbraunen Augen an und bat um Hilfe. Leichtfüßig sprang sie mir dann auf den Arm, reckte sich vor-sichtig, um das Gleichgewicht nicht zu verlieren, nach oben und erhasch-

te das kleine Säckchen, das ihr so viel bedeutete. Wir hatten unzählige Glücksmomente bei unserem gemeinsamen Hobby. Es bedeutete für uns Entspannung, Auftanken, Freude und Freiheit.

Wir genossen unsere wortlose Kommunikation, das Beisammensein, das gemeinsame Spiel, die kleinen Rituale, die nur uns beiden gehörten. Zu Hause in Hümmerich zum Beispiel. Ich saß am Tisch, sie lag auf dem großen Teppich im Wohnraum, und unsere Blicke trafen sich. Mit jeder Faser ihres Körpers wollte sie etwas für mich tun. Eine kaum merkliche Geste genügte, und sie brachte mir den Gegenstand, zu dem ich sie mit den Augen wies. Jedesmal empfand ich das als Geschenk.

Mighty hat mir grenzenlos vertraut. Für mich bedeutete das eine große Verantwortung, denn mir war bewusst, dass ich ihren Glauben an mich nicht durch Unachtsamkeit erschüttern durfte. Und doch gab es Situationen, die mir das Adrenalin in die Adern schießen ließen. Als sie ungestüme zehn Monate alt war, entdeckte sie im Wald einen umgestürzten Baum und begann, den schräg nach oben ragenden Stamm hinauf zu klettern. Mir stockte der Atem. Sie war so schnell, dass ich sie erst in knapp zwei Metern Höhe stoppen konnte. Ein Albtraum. Umdrehen ging nicht, und aus Angst, das wusste ich, würde sie gleich weiterklettern. Also sprang ich hoch, um ihre Pfoten zu erreichen, und gab ihr einen kleinen Schubs. Sie fiel in meine Arme – für uns beide ein Augenblick der Glückseligkeit.

Unvergesslich auch ein weiteres Erlebnis mit Mighty: Es war ein wundervoller Wintertag, die Wälder von Tirol waren tief verschneit, und wir beschlossen, einen langen Spaziergang zu machen. Wir stiegen bergan, das Vorwärtskommen war mühsam, die Aussicht aber atemberaubend schön. Irgendwann schlug das Wetter um, es wurde merklich kühler und wir kehrten um. Der steile Weg war jetzt völlig vereist und erwies sich als kaum noch begehbar. Die einzige Chance, so dachte ich, war Hinsetzen und Hinunterrutschen. Doch plötzlich stand Mighty vor mir, schaute mich an und ich erfasste ihre Idee. Sie stellte sich quer vor mich hin, und ich konnte mich an ihr festhalten und um sie herumrutschen. Danach nahm sie die gleiche Position ein paar Meter tiefer ein, krallte sich mit ihren Pfoten ins Eis, und wir hangelten uns gemeinsam den steilen Berg hinunter.

Das kann doch nicht sein, dachte ich mir, ein Hund, der die Problematik erkennt und Lösungen anbietet? Doch eine andere Interpretationsmöglichkeit sah ich nicht. Solche Situationen gab es viele. Kleine Wunder, Gefühle des Glücks, der Nähe und des Verschmelzens.

Mighty hat mir gezeigt, dass Hunde, wenn Bindung und Beziehung »stimmen«, ihren Menschen in extremen Situationen eine große Hilfe sein und manchmal sogar Leben retten können. Die Voraussetzung allerdings ist, dass sie sich ihre Kreativität und Flexibilität bewahren dürfen. Die Ausbildung muss darauf Rücksicht nehmen. Jeder einzelne Hund ist ein Individuum, und das Training darf nicht alle in das gleiche, starre Korsett zwängen.

Viele kannten sie und viele liebten sie! Mighty, eine ganz besondere Golden-Dame. Die Chemie zwischen uns war perfekt. Sie hatte alles, was ich mir von einem Hund wünsche: Vielseitigkeit, Will to please, Passion, Sensibilität, Power, Kampfgeist. Nur eines nicht, ein längeres Leben.

Wir waren eins! Tatjana und Mighty, Mighty und Tatjana, wo ich war, war auch sie. Wenn wir uns – selten zwar, aber es kam vor – ein paar Tage trennen mussten, so zerriss es mir fast das Herz. Sie war dann meist mit ihrem Rudel bei meiner Mutter. Sie wusste, dass ich meine Rückkehr telefonisch ankündigen würde. Also rannte sie jedesmal, wenn das Telefon klingelte, zur Tür, wartete ungeduldig, bis meine Mutter ihr öffnete und lief dann zur Gartenpforte, um zu sehen, ob ich denn endlich käme. Wenn es dann tatsächlich so weit war, ging uns beiden das Herz auf und wir eilten uns voller Glück entgegen. Zum Ende ihres Lebens war das ein Gefühl des Schmerzes und der Freude zugleich. Sie gab mir bis zum Schluss so viel Kraft, auch wenn ich mein Leben umorganisieren musste, weil sie zu diesem Zeitpunkt viel Zeit, Sorge, Pflege und Aufmerksamkeit brauchte.

Ich möchte mich bei ihr für die zwölfeinhalb Jahre bedanken, in denen sie mein Leben bereichert hat. Ohne sie hätte ich nie erfahren, wie tief die Bindung zwischen Mensch und Hund sein kann, wie viel gegenseitiges Verstehen möglich ist, wenn man diese ganz besondere Ebene erreicht. Ohne sie würde es VITA in dieser Form nicht geben. Ohne sie hätte ich nicht dieses Gefühl und das Gespür für Hunde entwickeln können, das mich heute wohl auszeichnet, das in meine Arbeit fließt und VITA so erfolgreich macht. Sie war mein kleines, großes Helferlein. Mighty hat mich in ihre Seele hineinschauen lassen, und sie hat meine zutiefst berührt. Jeder nahm die kleinste Regung des anderen wahr und reagierte darauf. Unser Gleichklang war manchmal beinahe unheimlich.

Mighty hat ihr ganzes Leben kein lautes Wort von mir gehört. Ein Räuspern genügte, oder ein »Oh je«, und sie korrigierte sogleich ihr Verhalten. Alles, was ich ihr beibrachte, hat sie durch Lob und Motivation gelernt, durch Beobachten, Wiederholen und freundliche Konsequenz. Immer habe ich mein Verhalten der Situation angepasst. Sie setzte alles schnell, äußerst exakt und voller Freude um. Mighty war es, die mich immer wieder in meiner Überzeugung bestätigte, dass eine echte Beziehung zwischen Hund und Mensch nur ohne Druck und Strafe wachsen kann.

Wenn neue Hunde ins Rudel kamen, was alle sechs bis acht Monate der Fall ist, so hat ihnen Mighty auf der Stelle klargemacht, welche Regeln in Hümmerich gelten. Sie schnappte sich zum Beispiel irgendeinen Gegenstand und legte sich auf den Teppich mitten im Wohnzimmer, das Spielzeug vor sich. Kam ihr ein Jungspund zu nahe oder wollte ihr die »Beute« gar abnehmen, so genügte ein kurzer Blick – und die Situation war geklärt.

Genauso schützte sie ihr Rudel draußen vor Eindringlingen. Kam ein fremder Hund des Weges, schlenderte sie ohne Eile nach vorne, schnupperte ein wenig am Gras und blickte dem »Fremdling« gelassen entgegen. Der tat gut daran, zügig vorbeizugehen, sonst stellte sie sich mit erhobener Rute vor ihr Rudel und fixierte den Eindringling kurz. Wenn sie sich zur Seite wandte, war die Sache geklärt und wir konnten entspannt weitergehen. Ich habe nie erlebt, dass ein fremder Hund ihre souveräne Warnung nicht beherzigt hätte.

Stellten sich Neulinge im Assistenzhund-Rudel ungeschickt an, schritt sie sofort ein, frei nach dem Motto »Meine Güte, das ist doch ganz einfach, so geht's, habt ihr das nun verstanden, oder soll ich's euch noch einmal zeigen?« Damit stand sie mir bei meinen Trainingseinheiten mit angehenden Assistenzhunden immer sehr charmant und überaus hilfreich zur Seite.

All die Jahre gab mir Mighty Rückhalt, Kraft und Sicherheit. Wir verständigten uns nur über Blicke. Sie unterstützte mich bei meiner Arbeit, Tag für Tag. Sie wusste immer, was passend und angebracht war und wie sie furchtsamen Kindern die Angst vor Hunden nehmen konnte.

Meine Ma'am war eine Kämpferin bis zum Schluss. Auf allen Spaziergängen lief sie noch tapfer mit und trug stolz ihre Ente im Maul. Bis fast zum letzten Tag wollte sie dieses Lieblings-Dummy geworfen haben. Dann rannte sie los, um es zu holen, griff es sich mit Entschlossenheit und brachte es stolz zurück. Mighty, die Stammhündin, die Chefin, mein Ein und Alles.

Nun, sie wird immer Chefin bleiben, solange es VITA und mich gibt. Sie hat die Philosophie meiner Arbeit entscheidend geprägt, und ich bemühe mich immer wieder von Neuem, diese kostbaren Hunde, die »Juwelen«, wie Thorsten Kutsche-Droß schreibt, wohlbehütet weiterzugeben. Was nicht einfach ist.

Vielen Menschen ist meine Einstellung zu Hunden schlicht fremd. Sie ist ja auch so schwer zu vermitteln. Man muss sie fühlen und erspüren. Abweichen werde ich von meinen Überzeugungen nie. Bei der Arbeit mit Hund und Mensch kann es immer nur um Qualität gehen, nicht um Quantität. Dem Menschen und vor allem dem Hund zuliebe, der uns so viel gibt und der sein Wohlergehen freudig in unsere Hände legt. Es ist an uns, dieses Vertrauen zu rechtfertigen.

Das alles und noch viel mehr hat mich meine Hündin gelehrt. Mighty und die Erfahrungen, die ich in dieser ganz besonderen Beziehung machen durfte, sind mir das Kostbarste in meinem Leben. Danke, Mighty!

Kims Nachruf auf Mighty

»Ich erinnere mich noch genau an unsere erste Begegnung. Mighty sah mich mit ihren dunklen Kulleraugen an und in ihrem Blick lag so viel – Neugier, Klugheit, Warmherzigkeit und vor allem eines: Stärke. Ich hatte nicht die Möglichkeit, sie kennenzulernen, als sie jünger war, aber ihre Augen schienen zu sagen: ›Ich mag schon etwas betagter sein, aber unterschätz mich deshalb nicht.‹

Mighty und unterschätzen – das passt überhaupt nicht zusammen, das hat sie uns gezeigt. Sie hat nie aufgegeben, wenn sich ihr irgendetwas in den Weg gestellt hat. Auch wenn das Alter versuchte, ihr Steine in den Weg zu legen, hat sie ihren Stolz und ihre Willenskraft nie verloren. Wenn es darum ging, die Müdigkeit zu bekämpfen, um ihrer Ente nachzuschwimmen oder so schnell wie möglich zu ihrer Tatjana zu kommen, gewann sie so viel Energie zurück – ich bin dankbar, dass ich diese Momente miterleben durfte; und ich denke, wir alle sind das. Es machte einfach glücklich, ihr dabei zuzusehen.

Würde ich aber behaupten: ›Mighty *war* eine wundervolle Hündin.‹, dann wäre das gelogen. Denn auch wenn sie im Mai 2010 von uns gegangen ist, lebt sie in uns und in VITA weiter. Sie ist der Grund, warum wir hier stehen, mit unseren Hunden an der Seite. Ohne sie hätte es VITA nie gegeben. Sie hat Tatjana mit ihrer außergewöhnlichen Persönlichkeit zu einem Projekt inspiriert, ja einen Funken gezündet, der ein großes Feuer entfacht hat. Ihr Zusammenspiel war unglaublich. Es war oft nicht mehr als ein kurzer Blick oder eine winzige Geste seitens Tatjana nötig, um Mighty deutlich zu machen, was sie zu tun hatte, gleichzeitig kannte Tatjana Mighty in- und auswendig.

Das Team Mighty und Tatjana war für uns immer ein großes Vorbild, denn ihre Beziehung hat unsere Hunde und unsere Bindung zu ihnen geprägt. Sensibilität und das Wissen um bedingungsloses Vertrauen und Unterstützung auf beiden Seiten. Tatjana hat sich VITA zu ihrer Lebensaufgabe gemacht, indem sie die Liebe zu Mighty auf ihre Arbeit für VITA übertragen hat; das, was die beiden verband und immer noch verbindet, ist in jedem einzelnen VITA-Team zu spüren. Danke an Mighty dafür, dass sie uns unser größtes Glück ermöglicht hat. Sie war und bleibt ganz klar die Chefin aller VITA-Hunde.«

Auch Kim und ihre Hündin Birdie sind ein VITA-Team. Als Kim diese erstaunlichen Zeilen zu Papier bringt, ist sie noch keine sechzehn Jahre alt. Niemand hätte die Beziehung zwischen Tatjana und Mighty besser beschreiben können. Danke, Kim.

VITA bildet Kinder-Teams aus

Seit Gründung des Vereins hat VITA über 30 glückliche Mensch-Hund-Teams auf einen gemeinsamen Lebensweg geschickt. Die Hälfte davon sind Kinder-Teams. Noch immer ist VITA in Deutschland der einzige nach internationalen Qualitätsstandards arbeitende Verein, der pädagogisch-psychologisch fundiert auch Kindern einen Assistenzhund anvertraut. Als Tatjana Kreidler das erstmals in Erwägung zog, bekam sie nur Skepsis zu spüren. Man sprach Kindern die nötige Reife ab, war davon überzeugt, dass sie keine Verantwortung übernehmen können und deshalb als Partner für einen Assistenzhund nicht in Frage kommen.

Auch die englischen Organisationen lehnten damals die Arbeit mit Kindern rundheraus ab. Ian Young, der erfahrene Senior Instructor aus England, der VITA zweieinhalb Jahre mit aufgebaut hat, war strikt dagegen. »Ein Hund wird nie auf ein Kind hören und sich ihm schon gar nicht unterordnen«, warnte er Tatjana. »Schlag dir das bloß aus dem Kopf.«

Doch die Erfahrungen, die Tatjana Kreidler als Sozialpädagogin in Kinder- und Jugendheimen gesammelt hatte, ließen sie an diesen negativen Prognosen zweifeln. Hatte sie nicht erlebt, wie Hunde Kinder im Alltag unterstützen, und können diese Kinder an den Aufgaben, die sie mit Pflege und Betreuung ihres vierbeinigen Freundes übernehmen, nicht wachsen?

Trotzdem zögerte sie. Sollte sie sich wirklich zu einem so frühen Zeitpunkt auf dieses Wagnis einlassen, und wäre ein Scheitern nicht auch das Aus für VITA? Doch schließlich folgte sie ihrem Herzen und führte 2002 die damals sechsjährige Pauline und die Golden-Hündin Eve zusammen.

Die Geschichte von Pauline & Eve

»Eve, Du bist die beste Medizin auf der ganzen Welt, weil du nie zu Ende gehst!«
Pauline, 2003

Diese Augen. Kugelrund und bernsteinfarben. Ihr Blick lässt das Mädchen nicht los, das da am Schreibtisch sitzt und Hausaufgaben macht. Der Radiergummi rutscht ihr aus den Fingern und fällt zu Boden.

»Eve, apport Radierer!« sagt Pauline leise, und deutet auf den Gegenstand. Die Golden-Retriever-Hündin scheint nur darauf gewartet zu haben, dass es endlich wieder etwas zu tun gibt. Sie springt auf, klaubt den erdnußgroßen Gummi vom Teppich und legt ihn vorsichtig in Paulines Hände.

»Dankeschön«, flüstert das zierliche Mädchen aus dem hessischen Wehrheim und krault ihre Freundin hinterm Ohr.

Pauline braucht Eves Hilfe. Seit ihrer Geburt leidet sie an Morbus Farber, einer Stoffwechselstörung, die die Gelenke angreift und Paulines Bewegungsfähigkeit immer mehr einschränkt. Eine seltene Krankheit. Nur ein paar Dutzend Fälle sind weltweit dokumentiert.

Als Eve in ihr Leben trat, war Pauline sechs Jahre alt. Ein schüchternes Mädchen, misstrauisch, unsicher und voller Ängste. Ihr ist schmerzlich bewusst, dass es ihr immer schlechter geht. Mit drei konnte sie noch laufen, jetzt sitzt sie im Rollstuhl. Infolge der Krankheit zieht sich Pauline immer mehr in sich zurück. Die Eltern sind ratlos. Der erste Versuch, ihr einen vierbeinigen Gefährten zur Seite zu stellen, schlägt fehl. Der quirlige Welpe, der da wie eine Sternschnuppe durchs Wohnzimmer zischt, macht Pauline Angst. Sie ist seinem stürmischen Wesen nicht gewachsen, will nichts von ihm wissen.

Damit scheint das Thema »Hund« erledigt. Doch dann, im Jahr 2002, sehen Paulines Eltern zufällig einen Fernsehbericht über einen Jungen aus Amerika, der sein Leben mithilfe eines Behindertenbegleithundes meistert. Maria Wolfgruber, Paulines Mutter, ist als Ärztin mit der Rolle vertraut, die die Psyche bei Krankheiten spielen kann. Gegen alle Vernunft hält sie an der Idee fest, ihrer ängstlichen kleinen Tochter einen Hund zur Seite zu stellen. Denn sie hat gehört und gelesen, wie segensreich sich so ein Tier auf Kinderseelen auswirken kann. Beim Stöbern im Internet stößt sie auf VITA.

Und die Dinge fügen sich. Die Familie lernt Tatjana Kreidler genau im richtigen Moment kennen, denn die hat gerade entschieden, sich auf das Abenteuer »Kinder-Team« einzulassen. Das hat in Deutschland bislang noch niemand gewagt.

»Als Paulines Mutter an mich herantrat, war das wie ein Fingerzeig«, erinnert sie sich. Und doch – ein sechsjähriges Kind? Ist dieses Experiment nicht von vornherein zum Scheitern verurteilt? Tatjana Kreidler verabredet mit Paulines Eltern einen Besuch. Es ist ihre erste Begegnung mit einem behinderten Kind und seiner Familie. Wie immer hat sie ihre Hündin Mighty dabei. Es wird ein denkwürdiges Treffen.

»Pauline reagierte panisch auf den Hund, obwohl sich der gar nicht für sie interessierte. Ein einsames Kind, dachte ich voller Mitgefühl, das von seiner Traurigkeit beinahe erdrückt wird. Während ich mit ihrer Mutter spreche, umkreist uns Pauline mit ihrem Bobby Car und beobachtet alles genau. Schließlich klettert sie auf den Schoß ihrer Mutter – dabei fällt ein Päckchen Taschentücher zu Boden. Ich sehe die Chance, verständige mich wortlos mit Paulines Mutter und reagiere schnell. »Apport Taschentücher Mighty«. Ich könnte schwören, meine Hündin weiß, worum es geht. Sie hebt das Päckchen auf und legt es diesem abweisenden Kind mit ihrer samtweichen Schnauze ganz vorsichtig in den Schoß. Anschließend setzt sie sich hin und schaut Pauline an. Niemand spricht – das Eis ist gebrochen.

Ich habe das kurze Blitzen in Paulines Augen gesehen, als Mighty ihr die Taschentücher gab. Plötzlich bin ich sicher: Bei diesem Kind lässt sich vieles bewegen. Meine Entscheidung ist damit gefallen, und die der Familie sowieso.

Ich ahne auch schon, welcher Hund der richtige ist, für Pauline: die zweijährige Golden-Hündin Eve.«

Die beiden scheinen füreinander bestimmt. Auch Eve ist – wie ihr zukünftiges Frauchen – zurückhaltend und äußerst sensibel. Und sie schmust für ihr Leben gern. Beim ersten Kontakt reagiert zumindest Eve sehr positiv, Pauline findet den plüschigen Vierbeiner »lieb«. Immerhin. Die vorsichtige Annäherung hat begonnen.

Die therapeutischen Ziele sind klar: Pauline soll mit Eves Hilfe ihre Ängste verlieren, Selbstvertrauen aufbauen, selbständiger werden. Durch Eve sollen ihre sozialen Kompetenzen gestärkt, mit und durch den Hund soll sie offener werden, mehr Kontakt zu ihrem Umfeld aufnehmen und nicht mehr bei jeder Kleinigkeit nach ihrer Mutter rufen. Eve, da ist Tatjana Kreidler sicher, wird ihr Halt geben, sie damit unabhängiger von fremder Hilfe machen.

Schon während der Zusammenführung in Hümmerich blühte Pauline auf. Sie sitzt plötzlich viel gerader im Rollstuhl, wird von Tag zu Tag fröhlicher und schaut mir beim Sprechen in die Augen.

So mancher Knoten platzt in dieser Zeit – auch bei Paulines Eltern. Über eine Begebenheit muss ich immer noch lachen: Beim Rollstuhltraining im Freien ist Paulines Mutter sehr ungeduldig mit ihrer Tochter. Als diese Eves Part beim Gelingen einer Übung nicht deutlich genug würdigt, bekommt sie einen heftigen Rüffel: »Du weißt doch, dass du den Hund loben musst!« und Pauline gibt den Druck auf der Stelle weiter. »Gut so!« schnauzt sie die verdutzte Eve an und ist ganz verwundert, als alle um sie herum in Gelächter ausbrechen.

Im August 2002 wird das erste Vita-Kinder-Team ins Leben entlassen. Für Pauline und Eve beginnt der gemeinsame Alltag.

Pauline ist nach wenigen Wochen kaum noch wiederzuerkennen – die Eltern sind überglücklich: »Es ist so gut, dass Pauline jetzt eine neue Bezugsperson hat.« »Person«, sagt die Mutter, und sie meint es so. Ein Familienmitglied, das auch ein Recht hat auf Pausen, Spielzeit und das Privileg, einfach mal in Ruhe gelassen zu werden.

Die Mutter schreibt am 10. Januar 2003 unter anderem: »Pauline ist selbständiger geworden und viel offener, bewegt sich mehr, und körperlich geht es ihr besser als im letzten Jahr, obwohl die Krankheit voranschreitet. Unsere Tochter hat abends öfters Angst, dass sie tot ist. Sie wollte dann immer zu uns ins Bett. Gestern hat sie sich stattdessen zu Eve ins Hundekörbchen gelegt und ging dann zurück in ihr eigenes Bett.«

Es gibt viele denkwürdige Episoden aus dieser Zeit: Pauline ist im Zahnwechsel und übernachtet bei einer Freundin. Abends ruft sie ganz aufgelöst zu Hause an. »Mein Zahn wackelt«, weint sie ins Telefon. »Brauchst du mich?«, fragt ihre Mutter besorgt. »Nein«, das Weinen verstärkt sich. »Brauchst du deinen Vater?«, »Neiiin!« Es klingt ganz verzwei-felt. »Ja wie kann ich dir denn dann helfen?« »Eve brauche ich!!«, schluchzt Pauline. Eine Viertelstunde später steht ihre Mutter mit der Hündin vor der Tür …

Pauline genießt Eves sanftes Wesen, und die beiden schmusen stun-denlang. Ein Mittel gegen Einsamkeit, denn Pauline darf wegen ihrer Krankheit oft keinen Besuch von anderen Kindern bekommen. Trotz vieler Stolpersteine und obwohl Pauline so jung ist, werden die beiden innerhalb eines Jahres zum Dream-Team.

»Die Veränderungen, die Pauline in kürzester Zeit durchmachte, wa-ren unglaublich und viel gravierender, als ich erhoffen konnte«, berichtet Tatjana Kreidler, »Sie wurde buchstäblich ein anderer Mensch. Dieses kleine Mädchen, das noch vor wenigen Monaten einen großen Bogen um Hunde machte, lernte ganz schnell, mit ihnen umzugehen, und verlor jede Angst. Wenn ich sie da sitzen sah, mitten im Rudel, acht und mehr Hunde um sich herum, traute ich manchmal meinen Augen nicht. Kam ihr einer in die Quere, sagte sie lachend, »Du verrücktes Huhn, geh mal zur Seite«… Ich war völlig fasziniert von dem Feeling, das das Mädchen unter meiner Anleitung entwickelte.«

Als Pauline ein wenig älter ist, fährt sie oft und gern mit ihrem Elek-trorolli und Eve spazieren. Wenn sie anderen Kinder begegnet und die sich neugierig um Eve scharen, erklärt sie ihnen geduldig, dass sie einen Hund nicht bedrängen dürfen und zeigt, wo und wie Eve am liebsten gestreichelt wird. Sie, die früher doch so schüchtern war, geht plötzlich auf andere Menschen zu und genießt ihr »Anderssein«, das sie jedoch nicht auf ihren Rolli, sondern auf Eve bezieht: Wer sonst hat einen so tollen Hund?

Pauline im April 2007: »Aber als es so weit war, dass ich Eve mit nach Hause nehmen durfte, war das ein Gefühl, das man nicht beschreiben kann. Die erste Nacht habe ich sogar neben Eve in ihrem Körbchen ge-schlafen. Von da an hat sich mein Leben verändert. Ich bin viel selbstän-diger geworden. Ich kann jetzt auch mal sagen, dass ich alleine bleibe, wenn meine Eltern später kommen. Denn ich habe ja Eve. Sie hilft mir

beim Jacke und Handschuhe ausziehen, das habe ich ihr selber beigebracht. Sie zieht mir auch die Socken aus und holt Hilfe, wenn ich hinge-
fallen bin. Und sie kann Schubladen aufmachen. Ich finde es gut, wenn
auch andere Kinder so einen Hund haben können, damit sie genauso
glücklich werden wie ich mit Eve.«

Eve begleitet Pauline durch alle Höhen und Tiefen ihres jungen Lebens – und ihrer Krankheit. Wenn es Zeit ist, die Tabletten zu nehmen, die sich so schlecht schlucken lassen, und die Tropfen, die so eklig
schmecken, ruft das Mädchen nach Eve und klammert sich an ihr Ohr.
Die Hündin sitzt ganz still. Sie scheint zu wissen, dass sie ihrer kleinen
Freundin jetzt beistehen muss.

»Ich erinnere mich noch genau an den Tag, an dem Pauline erfuhr,
dass sie wieder mal ins Krankenhaus muss«, erzählt die Mutter. »Eigentlich jammert und klagt sie nie, diesmal aber kamen ihr die Tränen. Eve,
die in einer Zimmerecke vor sich hindöste, war sofort hellwach, lief zu
Pauline und kuschelte sich an sie. Es ist unglaublich, wie viel Sensibilität
dieser Hund besitzt!«

2005, als Pauline eine Rückenmarktransplantation über sich ergehen
lassen muss, gibt ihr das Wissen Kraft, das Eve zu Hause auf sie wartet.
Ihr Krankenzimmer auf der Isolierstation ist tapeziert mit Fotos ihrer
Hündin, alle sauber in Folie eingeschweißt und sterilisiert. Die VITA-
Mitarbeiter alias Eve schreiben ihr fast täglich Briefe, und einmal fährt
Tatjana Kreidler nach Frankfurt, postiert sich mit der aufgeregten Re-
triever-Hündin im Krankenhausgarten und winkt dem kleinen Mäd-
chen zu, das oben ebenso aufgeregt am Fenster steht.

Die Sehnsucht nach dem Hund beschleunigt den Heilungsprozess
und verkürzt den Krankenhausaufenthalt. Da ist sich Paulines Mutter
sicher. Auch die Ärzte staunen.

Doch die enge Bindung zu Eve schafft zumindest aus Sicht der Mediziner auch Probleme. Denn nach der Transplantation muss Pauline
zu Hause sehr vorsichtig sein. Ihr geschwächtes Immunsystem erholt
sich nur langsam. Sie soll sich unbedingt fernhalten von Bakterien und
Viren, mindestens 100 Tage lang. Das ist die Regel. Eine Infektion könnte

tödlich sein. Und dann ein Hund, der Pauline zur Begrüßung vielleicht mal eben die Nase leckt? Können die Erwachsenen das riskieren? Müssen sie die beiden nicht noch eine Weile voneinander trennen?

Nein, sagt Pauline, und Eltern und Ärzte riskieren die Begegnung mit angehaltenem Atem. Und Eve, die damals, im Jahr 2005, noch jung und stürmisch ist und die normalerweise sofort auf Paulines Schoß drängt, verhält sich ganz anders als sonst, als sie das Mädchen nach langer Abwesenheit erstmals wiedersieht. Trotz ihrer überschäumender Freude begrüßt sie ihre kleine Freundin vorsichtig, leise und zurückhaltend, drückt sich nur ganz zart an ihre Beine. »Ich werde den Anblick nie vergessen«, sagt Paulines Mutter. Das Bild der beiden, die minutenlang völlig ineinander versunken sind und die Welt um sich vergessen, treibt den Umstehenden Tränen in die Augen.

Bei der zweiten Transplantation, zwei Jahre später, ist der Kontakt zum Hund kein großes Thema mehr. Paulines Mutter: »Auch die Ärzte hatten dazu gelernt und wussten jetzt, wie wichtig das Tier für Pauline ist. ›Wir betrachten Eve einfach als Familienmitglied‹, sagte dieser tolle Oberarzt damals zu mir. Damit fiel die Quarantäne weg.«

Heute geht es Pauline gesundheitlich viel besser. Sie hat sich mittlerweile in einen lebhaften Teenager verwandelt, und Eve in eine würdevolle alte Dame. Sie liegt am liebsten im Körbchen, das neben dem Bett ihres Frauchens steht, und beobachtet mit nach wie vor hellwachen Augen, was um sie herum vorgeht. »Ihr Alter merkt man ihr überhaupt nicht an«, sagt Pauline. »Manchmal springt sie noch rum wie ein junger Hund.« Auch bei Veranstaltungen, zum Beispiel bei der VITA Charity Gala, die jeden Herbst in Wiesbaden stattfindet, zeigt die Golden Retriever Hündin nach wie vor gerne und mit Bravour, was sie für ihr Frauchen tun kann.

»Zieh«, sagt Pauline mit leiser Stimme bei der VITA-Charity Gala 2011, und deutet auf ihren Schuh. Eve packt sacht die Ferse, und Sekunden später gleitet der Sneaker vom Fuß. Beim Strumpf geht die Hündin noch eine Spur zarter ans Werk. »Super, Eve, super!« lobt das Mädchen ihre Freundin. Und dann steht Pauline auf. Unter dem Beifall der Zuschauer läßt sie den Rollstuhl stehen und geht ein paar Schritte.

»Das habe ich Eve zu verdanken«, erzählt sie im Anschluss einer Journalistin. »Niemand hat geglaubt, dass ich es kann. Auch meine Eltern nicht. Aber irgendwann hatte ich die Idee aufzustehen, und es ging! Ich habe meine Hand auf Eves Kopf gelegt. Sie war mein Ansporn und gab mir Sicherheit. Heute kann ich mich in unserem Haus auf kurzen Strecken auch ohne Rollstuhl bewegen. Vom Wohnzimmer in die Küche zum Beispiel.«

Seit 2002 begleitet Tatjana Kreidler Paulines Entwicklung. Durch viele Gespräche mit ihr und ihren Eltern, bei den Nachbetreuungen, dem Team-Qualifikations-Test, den Lehrgängen und Trainingseinheiten. Kein anderes Team hat die Sozialpädagogin bei so vielen Veranstaltungen und Vorführungen begleitet wie dieses. Mit wachsendem Selbstvertrauen hat Pauline zahllosen Zeitungs-, Radio- und Fernsehjournalisten Interviews gegeben, und auch die sanfte Retriever-Hündin weiß längst, dass ein Reporter-Mikrofon kein Dummy ist.

Es gab viele Höhen und Tiefen in dieser Zeit, und auch die Beziehung zwischen Pauline und Eve hat sich immer wieder verändert. Sie ist stetig gewachsen, aber es gab auch Konflikte. Anfangs war es Paulines Mutter, die die Hundebetreuung hauptsächlich übernahm. Dann gab es eine Phase, in der es Pauline gesundheitlich besonders schlecht ging und Eve für sie der Mittelpunkt des Universums war. Als das Mädchen in die Pubertät kam und eine neue Welt entdeckte, musste die Hündin manchmal ein wenig zurückstecken.

Seit aber das Alter seinen Tribut fordert und es jetzt Eve ist, die manchmal Unterstützung braucht, ist Pauline wieder ohne Wenn und Aber an ihrer Seite. »Du, ich glaube, der Eve reicht das jetzt«, sagt sie jetzt manchmal beim Training zu Tatjana, und man spürt die leichte Sorge in der Stimme: »Ich muss ein bisschen mehr auf sie aufpassen, damit sie sich nicht übernimmt«, erklärt Pauline dann. Sie weiß, dass ihre Freundin mittlerweile ein stolzes Lebensalter erreicht hat.

Darauf angesprochen, zuckt sie ein wenig ratlos mit den Schultern. Dieser Hund hat sie ein ganzes Jahrzehnt lang begleitet, hat ihr durch kleine und großen Krisen geholfen. Was, wenn er nicht mehr da ist? Eve schaut auf. Sie spürt den Anflug von Traurigkeit, der plötzlich in der Luft liegt, und geht zu Pauline. Sacht legt sie ihren Kopf auf das Bein ihrer Freundin, und Pauline krault sie ganz sanft hinterm Ohr. Diese Szene bedarf keiner Worte. Die beiden sind füreinander da. Ganz klar.

Ariane Volpert findet zu VITA

Mitte 2003 stößt Dr. Ariane Volpert zum Team. Eigentlich will sie nur das 10-jährige Bestehen ihrer Tierarztpraxis in Bad Soden am Taunus feiern. Da sie von VITA gehört hat, beschließt sie, die Festivität zugunsten dieses noch jungen Vereins stattfinden zu lassen. Statt Geschenken Spenden für VITA.

Doch es kommt anders. Ein einziges Gespräch mit Tatjana Kreidler im Wartezimmer ihrer Praxis genügt, um die Tierärztin mit dem »VITA-Virus« zu infizieren. Sie erkennt sofort das Potenzial, das in den Ideen dieser jungen Sozialpädagogin steckt, und sie sieht die Ernsthaftigkeit und den Idealismus, mit dem Tatjana Kreidler ihre Vision verfolgt.

»Ihre Methode der positiven Verstärkung, die Ruhe, die sie ausstrahlte, der Respekt und die Wertschätzung, mit denen sie den Tieren begegnete«, erzählt Ariane Volpert, »das alles deckte sich zu hundert Prozent mit meinen Überzeugungen. Es geht also doch, dachte ich mir, Hunde ganz ohne Druck zu erziehen, wenn man sich in sie hineindenkt, sie als Partner betrachtet, sich für sie öffnet, und sie gleichzeitig mit freundlicher Autorität und der nötigen Konsequenz lenkt. Und die Ergebnisse, das weiß ich heute, sind viel fantastischer, als ich sie mir damals vorstellen konnte.«

Nach dem Motto »ganz oder gar nicht«, steigt Ariane Volpert auf der Stelle mit so viel Engagement in die Arbeit mit den Begleithunden ein, dass für die geplante Jubiläumsfeier schlicht keine Zeit mehr bleibt. Seither ist sie tagtäglich in irgendeiner Form mit VITA beschäftigt. Als Tierärztin, als Welpenpatin, als Ausbilderin, als Organisatorin von Events, als Gesprächspartnerin für Sponsoren, Bewerber, Paten, Teams und Mitarbeiter, als Mit-Denkerin, als Rat-Geberin, als Hunde-Hotel, als planende und strukturierende Kraft im Hintergrund, kurz, als

Tatjanas rechte Hand. Es ist ein kleines Wunder, dass sie seit nunmehr fast zehn Jahren den ständigen Spagat zwischen ihrer gutgehenden Praxis im Rhein-Main-Gebiet und dem Ausbildungszentrum im Westerwald schafft.

Zur Zeit betreut sie nebenbei sieben Hunde: drei eigene, einen VITA-Patenhund, der sein erstes Lebensjahr bei ihr verbringt, einen Labrador, den sie zum Assistenzhund ausgebildet hat und jetzt auf die Zusammenführung vorbereitet, und zwei weitere quietschfidele VITA-Hunde in unterschiedlichen Ausbildungsphasen. Bei der Auswahl aller VITA-Welpen steuert sie ihren tierärztlichen Rat bei und holt die knuffigen Winzlinge im Alter von acht Wochen beim Züchter ab. »Meistens bleiben sie noch vierzehn Tage bei mir, damit ich sie ›patenfertig‹ machen kann«, erzählt sie. »In dieser Zeit lerne ich sie kennen, weiß, wie sie ticken, und kann ihre zukünftigen Paten bei ihren Schnupperbesuchen anleiten.

Wenn ich die Kleinen ihrer Familie auf Zeit übergebe, sind sie, wie wir das scherzhaft nennen, ›kennelfertig‹. Das heißt, sie haben die große Box, in der sie anfangs schlafen, als Rückzugsort schätzen und lieben gelernt. Sie wissen, dass sie dort geborgen sind und ihre Ruhe haben und nehmen ihr vertrautes ›Häuschen‹ in die neue Wohnung mit. Damit gestaltet sich der Übergang ganz unproblematisch. Für mich ist das immer ein emotionaler Moment, und ich bin dankbar, dass ich die kleinen, tapsigen Wesen bei ihren ersten Schritten in ein eigenes Leben begleiten darf.«

Eine besonders beglückende Erfahrung war für Ariane Volpert die Geburt von fünf schwarzen Labradorwelpen aus eigener Zucht. Mit ihrer Amy, der Mutterhündin, verbindet sie eine überaus enge Beziehung, der Vater, VITA-Hund Watson, hat seine Paten- und Ausbildungszeit bei ihr verbracht. Zwei ihrer Welpen – August und Abbigaile – machen dem Zwingernamen VITAs Hope alle Ehre und befinden sich zurzeit in der Ausbildung zum Assistenzhund.

»Warum ich so viel Zeit und Energie in meine Mitarbeit bei VITA investiere?« Ariane Volpert überlegt ein paar Sekunden. »Nun, ich verwirkliche damit einen Traum, weil ich diese ganz besonderen Hunde, die unter optimalen Bedingungen zur Welt kommen, aufwachsen und erzogen werden, als Tierärztin kontinuierlich und in so vielerlei Hinsicht betreuen und fördern darf. Ich habe die Möglichkeit, mich um sie zu kümmern, *bevor* etwas schiefläuft. Ganz untypisch für meinen Berufsstand. Angehende Veterinäre richten an der Uni ihren Blick fast ausschließlich auf kranke Tiere und werden rein fachlich auf ihren Job vorbereitet. Zu lernen, wie ein Vierbeiner denkt oder fühlt, wie man seine Anlagen erkennt und seinem Wesen gerecht wird? So etwas war bisher im Studium kein Thema.«

Meistens begleitet Ariane Volpert die vierpfotigen VITAs ein Leben lang. Die Richtlinien des Vereins legen nämlich fest, dass alle Hunde einmal im Jahr gründlich durchgecheckt werden müssen. Natürlich kann das auch ein anderer Tierarzt tun, aber fast alle Teams sind dankbar für die freundliche, umfassende und kompetente Betreuung, nehmen für die jährlichen Checks lange Anfahrten in Kauf und verbinden sie mit einem Besuch in Hümmerich.

Auch bei der Zusammenführung sind zwei Tierarztbesuche Pflicht, für die sich Ariane Volpert viel Zeit nimmt. Denn es geht dabei nicht nur um medizinische Fragen, sondern auch um das Handling der Hunde, um die Fähigkeit, ihr Befinden richtig einzuschätzen. An entspannten Vierbeinern auf dem Praxistisch – kein VITA-Hund hat Tierarzt-Angst, weil die Konfrontation mit tierärztlichen Untersuchungssituationen Teil der Ausbildung ist – demonstriert sie, wie man Fieber misst, Zecken entfernt, Ohren kontrolliert, Zähne pflegt, Pfoten untersucht.

Fast überflüssig zu sagen, dass Ariane Volpert auch telefonisch immer für Fragen zur Verfügung steht. Wenn nötig, werden dringende Probleme auch mal mitten in der Nacht besprochen.

»Mein Engagement für VITA hat sich herumgesprochen. Fremde Leute kommen zu mir in die Praxis und holen sich Rat, weil sie sich einen Hund anschaffen wollen und nicht wissen, was sie alles beachten müssen. Auch die Besitzer meiner ›ganz normalen‹ Patienten interessieren sich für den Verein. Im Wartezimmer liegen Broschüren aus, und immer wieder bekommen meine Mädels am Empfang einen Umschlag in die Hand gedrückt mit einer Geldspende darin.«

Alle Mitarbeiter der Praxis stehen mit Überzeugung hinter der VITA-Philosophie. »Wenn Rollifahrer mit ihren Hunden im Wartezimmer sitzen«, erzählt Ariane Volpert, »werden sie von anderen Patientenbesitzern oft mit bewundernden Blicken bedacht. Zum einen, weil die VITA-Hunde selbst in dieser vermeintlichen Stress-Situation (Tierarzt!) so ausgeglichen und freundlich sind. Zum anderen, weil die oft noch sehr jungen Rollifahrer so geschickt und souverän mit ihren vierbeinigen Gefährten umgehen. Die Freude und die innige Verbundenheit, die die Teams ausstrahlen, ist augenfällig.«

Gerade weil Ariane Volpert bei VITA so engagiert mitmischt, trägt sie manchmal schwer an der Verantwortung. Als Tierärztin muss sie häufig Dinge tun, die über Leben und Tod entscheiden können. Bei VITA-Hunden ist das noch belastender als sonst, weiss sie doch um die enge Bindung zwischen den Teampartnern. Zudem kennt sie jeden einzelnen Hund und jeder ist ihr auf seine Weise ans Herz gewachsen.

Doch sie ist natürlich für sie alle da – in sämtlichen Lebenslagen und erst recht, wenn es um medizinische Fragestellungen geht. Hilfreich zur Seite steht ihr dabei ihr Doktorvater Prof. Dr. Nolte, Chef der Kleintierklinik an der Tierärztlichen Hochschule Hannover, der VITA ebenfalls sehr verbunden ist und ihrem »speziellen Fachgebiet« große Wertschätzung entgegenbringt.

Ariane Volpert erzählt: »Von Anfang an haben Tatjana und ich hervorragend harmoniert, vielleicht weil wir sehr verschieden sind. Sie: hochemotional, ich: komplett durchstrukturiert. Ich schätze ihre kompromisslose Gradlinigkeit, die Tatsache, dass sie absolut unbestechlich ist und sich wegen nichts und niemandem verbiegt, obwohl ich ihr immer wieder sage, »Wer Eier legt, muss auch gackern«. Doch das ist ganz und gar nicht ihr Ding. Die Hunde sind ihr wichtig, und nicht das Wohlwollen der Menschen, auch wenn VITA von Spenden lebt. Überraschenderweise stößt diese Haltung bei potenziellen Sponsoren auf Respekt, vielleicht weil sie anderes gewohnt sind und deshalb auch anderes erwarten.

Bei VITA bewirkt Tatjanas Art, dass man sich dort immer wieder von Neuem auf das Wesentliche besinnt. Wenn sie nicht so wäre, wie sie ist, hätte der Verein seinen auch über Deutschlands Grenzen hinaus wachsenden Bekanntheitsgrad und den damit verbundenen Medienrummel nicht verkraftet. Sie sorgt dafür, dass die ursprüngliche Idee nicht verloren geht, auch wenn sie das viel mehr Kraft und Energie kostet, als einem ›normalen‹ Menschen zur Verfügung steht. Aber bei VITA ist eben nichts ›normal‹, schon gar nicht Tatjana.

Für mich war es ein großes Glück, dass sich unsere Wege gekreuzt haben und dass ich sie und VITA begleiten darf. Durch sie konnte ich in Ebenen vordringen, die mir sonst verschlossen geblieben wären – eine große persönliche Bereicherung, für die ich Tatjana sehr dankbar bin. Ich habe größten Respekt vor ihrer Arbeit und ihrem Durchhaltevermögen und davor, dass sie sich immer treu geblieben ist. Es gibt nur wenige Menschen in meinem Leben, die mich prägten und die mir wirklich wichtig sind. Tatjana Kreidler gehört dazu.«

2006 bis 2009 – der Kampf ums Überleben

Wer einen Verein zu seiner Lebensaufgabe macht, der sich nur durch Spenden finanziert, begibt sich auf dünnes Eis. Für denjenigen, der sich in schöner Regelmäßigkeit Gedanken darüber machen muss, wo in den nächsten Wochen das Futter für die Hunde herkommen soll, sind schlaflose Nächte das kleinste Problem. Zwischen 2002 und 2009 gab es viele kritische Momente, in denen VITA finanziell kurz vor dem Aus stand. Aber dann fand sich doch im letzten Augenblick immer wieder ein Spender, der das verhinderte.

Eine zusätzliche Strapaze bedeutet das Leben »aus der Tasche« an dem sich bis heute nichts geändert hat. »In der Regel bin ich von Samstagabend bis Donnerstag mit allen Hunden in Hümmerich. Donnerstagmittag heißt es dann umziehen mit Sack und Pack und sämtlichen Vierbeinern ins Rhein-Main Gebiet, wo ich bis zum späten Samstagnachmittag Ausbildungskurse gebe und im Haus meiner Mutter übernachte.

Da fast alle ehrenamtlichen Helfer und auch die festen Mitarbeiter im Rhein-Main Gebiet leben, finden dort auch die abendlichen Meetings statt. Vier Tage Hümmerich, drei Tage Wallau, die vielen Stunden auf der Autobahn, und immer hat man an dem einen Ort etwas vergessen, das man am anderen gerade dringend braucht. Man sollte meinen, ich habe mich daran gewöhnt. Aber leider ist das bis heute nicht der Fall.«

Nach Pauline und Eve bildet Tatjana Kreidler im Sommer 2003 ein zweites Kinderteam aus: Moses und seine Golden-Retriever-Hündin Jule.

2004 bekommt der 27-jährige Thorsten, der nach einem Unfall im Rollstuhl sitzt, den Labrador-Rüden Louis zur Seite gestellt, und Annette erhält ihren Lenny. 2005 wird aus Hans und Cara ein Team.

Eine, höchstens zwei Zusammenführungen pro Jahr, mehr schafft Tatjana Kreidler nicht. Zu intensiv ist die Ausbildung, zu viel Kraft kostet die Organisation des jungen Vereins.

2006 finden die kleine Silja und ihre Camie zusammen, und auch die ehemalige Rollstuhlfechterin Esther und der Golden-Retriever-Rüde Stanley gehen seither gemeinsam durchs Leben. Gleichzeitig ist für Tatjana Kreidler aber auch der absolute Tiefpunkt erreicht.

»Ein wunderschöner Tag. Die Sonne scheint in Hümmerich durch die Fenster, und es geht ein leichter Wind«, schreibt die 38-jährige im Juni 2006 an alle, die mit VITA in irgendeiner Weise verbunden sind. Es ist ein verzweifelter Hilferuf, denn der Verein droht unterzugehen.

»Die finanzielle Lage von VITA e. V. ist desolat«, steht in der Mail. »Die Bank fordert die erste (hohe) Rate des Existenzgründerkredits zurück, das wird von nun an alle drei Monate so sein. Die Heizung ist kaputt. Eine Reparatur kostet astronomische Summen. Der Schornsteinfeger hat nun schon zum dritten Mal ein Auge zugedrückt, jetzt verliert er die Geduld. Wir haben nasse Wände im Haus, es stehen dringende Renovierungsarbeiten an, und wir brauchen unbedingt ein Bad für die Rollifahrer. Um es kurz zu machen: Es bricht gerade alles über mir zusammen. … Der Druck ist so groß, dass ich, die normalerweise immer Auswege findet, mich entschieden habe, Euch meine Not mitzuteilen …

Ja, ich weiß nicht mehr weiter, und es kostet so viel Kraft, die ich nicht mehr habe … Es geht um die Existenz von VITA e. V., um die Erhaltung des Ausbildungszentrums … Bitte, helft dem Verein und mir mit Euren Ideen, damit dieses tolle Projekt nicht stirbt.«

Trotz aller Finanznot steht außer Zweifel, dass Tatjana Kreidler ihrem Vorsatz treu bleiben wird, Menschen mit Behinderung unabhängig von deren finanziellen Verhältnissen einen hervorragend ausgebildeten Hund zur Seite zu stellen. So ist es gedacht, und so soll es auch bleiben. Einen Bewerber vorziehen, nur weil der sein Scheckbuch zückt und das Tier selbst finanzieren will? Kommt nicht in Frage, sagt Tatjana Kreidler, auch wenn ihr immer wieder solche Angebote gemacht werden.

Doch gleichzeitig droht der Verein an seinen hehren Grundsätzen zu scheitern.

Die Resonanz auf diese Mail, die Anteilnahme, die konkreten Hilfsangebote und die tollen Ideen so vieler Menschen berühren Tatjana Kreidler zutiefst. Und dann geschieht das Wunder: Nur wenige Wochen später flattert VITA Post ins Haus. »Bild hilft eV. – Ein Herz für Kinder«, jene große Hilfsorganisation, die 1978 von Axel Springer gegründet wurde und die seither weltweit Kinder in Not unterstützt, wird zwei VITA-Teams finanzieren: den 10-jährigen Janis und seinen Vincent und Sabrina (11 Jahre) mit ihrer Golden-Hündin Lotte, die von Ariane Volpert ausgebildet wurde. Die Tierärztin ist es auch, die die Zusammenführung von Lotte und Sabrina übernehmen wird. Die beiden werden ihr erstes Team.

»Wir konnten unser Glück kaum fassen, als die Nachricht von »Ein Herz für Kinder kam«, erzählt Tatjana Kreidler. »Plötzlich hatte sich all die Mühe gelohnt. Es war ein ungeheurer Motivationsschub«. Martina Krüger, die Geschäftsführerin der Spendenorganisation, ist sehr zufrieden mit den ausführlichen Berichten vom Verlauf der Zusammenführungen und sagt ein weiteres Kinder-Team zu: Robin und Vitus!

2007 ist ein ereignisreiches und gleichzeitig sehr denkwürdiges Jahr. Freude und Schmerz liegen dicht beieinander: Im Juni werden der neunjährige Robin und sein Labrador-Rüde Vitus zusammengeführt, und es deutet sich schon damals an, dass die beiden zu einem ganz besonderen Team werden würden.

Drei Monate zuvor aber, im März 2007 stirbt ganz unerwartet die zehnjährige Sabrina. Nur ein Dreivierteljahr durfte die Assistenzhündin Lotte das tapfere und aufgeweckte kleine Mädchen glücklich machen.

»Es traf uns bis ins Mark« erinnert sich Tatjana Kreidler, »wir waren erschüttert. Sabrina war so eine lebensfrohe, intelligente, liebenswerte und auch selbstbewusste Persönlichkeit. Sie und Lotte waren ein wunderbares Team. Beide hatten noch so viel vor. Das war wieder ein Punkt, an dem Ariane und ich ganz ernsthaft darüber nachdachten, das Experiment VITA zu beenden.

Doch in dieser traurigen Phase bekam ich einen Anruf von Sabrinas Mutter. Sie schien meine Gedanken zu lesen, denn sie sagte mir ohne Umschweife: ›Du hast doch wohl nicht vor, alles hinzuwerfen? Weißt du, was Sabrina einmal geschrieben hat? Es war die schönste Zeit ihres Lebens, das knappe Jahr mit ihrer Lotti. Tatjana, ihr dürft nicht aufhören. Ihr müsst weiter kämpfen für die vielen anderen Kinder. Bitte!‹ Gab es da noch etwas hinzuzufügen? Für mich und auch für Ariane nicht.«

Und das Weitermachen lohnt sich: Im gleichen Jahr erhält VITA als erster Verein auf dem europäischen Festland die Akkreditierung und damit die Vollmitgliedschaft bei Assistent Dogs Europe (ADEu) und Assistance Dogs International (ADI) – den Dachverbänden, die darüber wachen, dass Assistenzhunde nach höchsten Qualitätskriterien ausgebildet werden.

»Als 2007 ein Vorstandsmitglied der Vereinigung in Hümmerich vorsprach, um unsere Arbeit zu begutachten, waren wir alle sehr aufgeregt«, erinnert sich Tatjana Kreidler. »Es wurden nicht nur die Zusammenführung und Nachbetreuung der Teams genauestens unter die Lupe genommen, auf dem Prüfstand standen auch die Betreuung der Welpen und Junghunde durch die Paten, die Ausbildung der Hunde, und nicht zuletzt Buchführung und Administration.

Besonders gefreut hat uns neben der Akkreditierung auch die Tatsache, dass die Arbeit von VITA auf Konferenzen gelobt wurde: die Ausbildung der Hunde durch positive Motivation, das Konzept von Bindung und Beziehung, die zwischen Mensch und Hund entstehen, und sogar die Dummy-Arbeit, die bei uns fester Bestandteil der Ausbildung ist. Also all jene Kriterien, die mir von Anfang an so am Herzen lagen!«

Für Tatjana Kreidler und ihre Mitstreiter ist das ein Durchbruch. Denn mit dem »Gütesiegel« der Dachverbände wird ihre Arbeit aus der Grauzone herausgeholt und auf eine international anerkannte, überprüfbare Basis gestellt.

Die Geschichte von Robin & Vitus

Als Robin zur Welt kommt, scheint alles in Ordnung. Nadja und Ralf, die jungen Eltern, sind überglücklich. Sie ahnen nicht, dass ein Sauerstoffmangel bei der Geburt Teile von Robins Gehirns irreparabel geschädigt hat. Auch der Hebamme, die die Familie noch eine Weile besucht, fällt nichts auf. Nadja und Ralf sind zu unerfahren, um die Signale zu deuten.

Erst als Robin nach einem Jahr noch immer nicht sitzen kann, untersucht ihn der Kinderarzt gründlicher. Die Diagnose ist ein Schock: »Spastische Diplegie«, eine Lähmung, die vor allem die Beine betrifft. »Er wird nie laufen können«, sagen die einen, »das renkt sich schon wieder ein«, die anderen.

Robins Vater Ralf klammerte sich an jeden Strohhalm: Lange will er daran glauben, dass Robin irgendwann ein normales Leben führen kann. Dann aber sieht er bei einer Karnevalsveranstaltung eine Frau, die ihren zwölfjährigen Sohn Huckepack trägt. Er hat eine ähnliche Behinderung. »Da habe ich begonnen, den Tatsachen ins Auge zu sehen« sagt Ralf.

Robin ist ein sonniges Kind. Mit seinem Lachen und seinem Charme nimmt er die Menschen für sich ein. Er besucht einen integrativen Kindergarten, später die Peter-Petersen-Grundschule in Köln, wo Kinder mit und ohne Behinderung sehr individuell betreut werden. Er geht gern zur Schule, ist aufgeweckt und findet überall schnell Freunde. Aber Robin hat auch eine andere, eine ängstliche Seite. Alleine zu Hause bleiben will er auf keinen Fall. Seine Hilflosigkeit nagt an ihm. Eben mal schnell weglaufen, das kann er nicht.

Die Sache mit dem Hund ist zunächst nur eine Idee. Ein guter Freund kommt zum Grillen – Robin ist damals sechs – und schwärmt von seinem Vierbeiner. »Du brauchst auch einen Hund«, sagt er zu Robin, »damit er auf dich aufpasst. Wenn du deine Eltern überredest, dann schenke ich euch ein Hundekörbchen und einen Futternapf.«

Der Zufall will es, dass die Familie am nächsten Morgen eine kleine Messe besucht, auf der allerlei Zubehör für körperlich beeinträchtigte Menschen vorgestellt wird. Auf dem Parkplatz treffen die drei einen gut gelaunten jungen Mann im Rollstuhl, mitten in einem Pulk von sieben oder acht Retrievern. Er rollert gerade einen kleinen Hügel hinunter und seine Begleitmannschaft trabt in geordneter Formation locker neben ihm her. Es ist Tom. Robins Augen leuchten.

»Wir sprachen Tom an, und er erzählte uns vom VITA-Stand«, berichtet Ralf. »Kommt doch nachher mal vorbei‹, sagte er, während uns acht Augenpaare interessiert betrachteten. Das taten wir und unser Kind tauchte ab in einem Meer von goldfarbenem Fell. All die Hunde lagen da, gelassen und souverän, nur ab und zu stupste einer den kleinen Jungen sanft mit der Schnauze. Robin war nicht zum Mitkommen zu bewegen, und so holten wir ihn nachmittags wieder ab. Was kostet denn so ein Hund, fragte ich spaßeshalber einen VITA-Mitarbeiter – 25.000 Euro, war die Antwort. Nicht ganz meine Kragenweite. ›Komm Robin, wir müssen‹, sagte ich bedauernd zu meinem Sohn, der sich schon wieder irgendwo festgekrault hatte.«

Tatjana bekommt das Gespräch mit halbem Ohr mit. »Wir helfen dabei, Sponsoren zu finden«, sagt sie freundlich. »Kommt doch zu unserem Sommerfest nächste Woche in Hümmerich. Da können wir ein wenig länger reden.«

Die Familie fährt tatsächlich hin, und verbringt einen wunderschönen Tag im Trainingszentrum. Ariane Volpert hat einen Agility-Parcours aufgebaut, mit Treppen, Stäben, Wippen und Tunnels, den die Retriever souverän durchlaufen. Würstchen liegen auf der Wiese und die Hunde spazieren, ohne sich ablenken zu lassen, daran vorbei, wenn man sie ruft. Robin ist Feuer und Flamme.

Die Familie besucht im Anschluss weitere Events, bei denen sich VITA präsentiert, und es passiert immer das gleiche. Robin, der doch sonst gar nicht gerne allein bleibt, kuschelt mit den Hunden und vergisst den Rest der Welt. Natürlich wünscht er sich jetzt sehnlichst auch so einen großen, weichen, warmen Freund.

Doch daran ist nicht zu denken. »Ich hatte eine Tierhaarallergie«, berichtet Robins Vater, »schon als Kind tränten mir die Augen, wenn ich einem Hund zu nahe kam. Wir haben es dann getestet, im Wohnzimmer von Hümmerich. Erst einen Hund, dann zwei, dann drei, dann vier … Irgendwann blieb mir die Luft weg, und ich brauchte Spray und Pillen.«

Ein paar Tage später sucht Ralf eine Hautärztin auf. Der Allergietest liefert exorbitante Werte. »Wollen Sie sich umbringen?«, fragt die Ärztin »Ein Hund kommt gar nicht in Frage!« Zu Hause muss Vater Ralf Robin die schlechte Nachricht überbringen. Der Junge ist am Boden zerstört.

Trotzdem gibt sein Vater nicht auf. Mittlerweile wünscht auch er sich ein vierbeiniges Familienmitglied. Eine Cousine empfiehlt eine Homöopathin, und die macht Ralf Mut. »Das Tier ist der Auslöser, aber nicht die Ursache«, sagt sie dem 38-Jährigen nach einer gründlichen Untersuchung. »Lassen Sie doch mal probeweise die Milch weg.« Robins Vater folgt ihrem Rat, ohne so recht an einen Erfolg zu glauben. Doch das Wunder geschieht: beim zweiten Hunde-Härtetest in Hümmerich zeigt er keinerlei körperliche Reaktion – er kann seine Allergie steuern.

»Ich liebe Tiere!«, schreibt Robin in seinem Bewerbungsschreiben an VITA. »Und ich streichle alles, was Fell hat: Pferde, Kühe, Schafe, Ziegen und natürlich Hunde. Einen eigenen Hund zu bekommen wird eine große Sache in meinem Leben. Er soll mir Sicherheit gegen meine Ängste geben, mir zu mehr Selbstständigkeit verhelfen und von mir geliebt werden. Ich wünsche mir, Teil eines Teams zu sein.«

Und jetzt nehmen die Dinge ihren Lauf. Die Hilfsorganisation »Ein Herz für Kinder«, erklärt sich bereit, ein weiteres Kinderteam zu finanzieren: Robin. Die Eltern nehmen das Angebot dankbar an.

Doch welcher Hund ist zu Robins Seelenfreund bestimmt? Valentin bietet sich an, ein prächtiger Golden-Rüde. Doch es kommt anders.

Während Tatjana Kreidler noch über Profilen brütet, trifft ein kleiner schwarzer Wirbelwind die Entscheidung allein. Er sucht sich ganz einfach Robin aus. Wann immer der Achtjährige in Hümmerich durchs Wohnzimmer krabbelt, trägt ihm der Labrador-Rüde Vitus etwas hinterher. Seine Schuhe zum Beispiel oder Robins Käppi. Robin ist begeistert und Vitus himmelt ihn an. »Was soll ich für Dich tun?«, scheint er zu fragen, »hinsetzen, angucken, Türen öffnen, was noch?« Nach zwei Stunden Toben liegen die beiden erschöpft gemeinsam im Körbchen.

Tatjana erzählt: »Robin und Vitus haben sich hier im Haus beim Herumtollen ›gefunden‹. Ohne dass sie jemand aufeinander aufmerksam gemacht hätte, spielten und kuschelten sie zusammen. Zu meiner großen Verwunderung, denn Kinder wünschen sich erfahrungsgemäß eher einen Golden Retriever, weil der so ein schönes, weiches Fell hat und weil er so lieb schauen kann. Der Golden wirkt schon durch sein Äußeres vertrauenserweckend. Der Labrador dagegen hat kurzes Fell, tobt lieber statt zu kuscheln und ist meist auch noch pechschwarz.«

Trotzdem, die gegenseitige Sympathie ist nicht zu übersehen. Das heißt, die Chemie stimmt auf beiden Seiten. Das ist eines der wichtigsten Kriterien beim »Matching«. Aber auch die Profile müssen stimmen, und der Hund muss in die Familie hineinpassen. Bei Robin und Vitus ist das der Fall: Auch der Vater schließt das schwarze Temperamentsbündel schnell ins Herz.

»Robin ist ein liebenswerter Junge«, notiert Tatjana Kreidler, »fröhlich und bewegungsfreudig. Er lässt den Rollstuhl stehen und krabbelt überall im Haus herum. Auch Treppen sind so für ihn kein Problem. Auf der anderen Seite ist er aber auch sehr sensibel und leidet zeitweise unter Depressionen. Ein Hund könnte bei diesem Jungen viel bewirken, ihm Selbstvertrauen vermitteln, Sicherheit, Empathie und mehr soziale Kompetenz. Er sollte für Robin Freund sein, Zuhörer, Tröster, Spielkamerad und Partner, der ihm hilft, seinen Alltag zu meistern, für den er – seinem Alter entsprechend – Verantwortung übernimmt und der ihn lehrt, mehr Rücksicht zu nehmen und die Bedürfnisse anderer Lebewesen wahrzunehmen.«

Im März 2006 sind Robin und sein Vater wieder einmal zwei Tage in Hümmerich zu Gast und das Team Robin & Vitus bestätigt sich. Robin ist damit das erste Kind, das einen Hund aus einer Arbeitslinie bekommen soll. Tatjana Kreidler hat sich zu diesem Schritt entschlossen, weil sowohl der sportliche Robin als auch sein Vater so viel Spaß an der Dummy-Arbeit haben. Und dass Vitus ein begeisterter Dummy-Fan ist, versteht sich von selbst, denn seine große Leidenschaft ist das Apportieren.

Im Sommer kommt es zu weiteren Besuchen. Robin hängt mittlerweile mit großer Zärtlichkeit an »seinem Freund«. Er kann es kaum noch erwarten, Vitus mit nach Hause zu nehmen. Doch er muss sich noch gedulden, denn Vitus steckt noch mitten in der Ausbildung.

Im April 2007 beginnt endlich die Zusammenführung. Sie wird bis Juni dauern.

Robin ist jetzt neun und nutzt die Osterferien, danach hat ihn die Schule für sein Abenteuer in Hümmerich freigestellt. Vitus, soviel steht jetzt schon fest, darf später mit in den Unterricht kommen. Die Pädagogen freuen sich auf den Hund, der den Schulalltag bereichern wird.

Während Robin und Vitus immer mehr zum Team zusammenwachsen, gibt es zwischen den Eltern Differenzen. Auch Mutter Nadja ist von den VITA-Hunden beeindruckt Aber die Intensität, mit der im Trainingszentrum gearbeitet wird, die hohen Anforderungen auch an die Eltern, die kritische Sicht ihres Erziehungsstils, das alles ist ihr zuviel. Mach Du mal, sagt sie zu Ralf, und zieht sich zurück.

Tatjana erzählt:»Als Robin sein Quartier in Hümmerich bezog, war ich erst mal entsetzt. Auf der einen Seite war da dieses pfiffige und hochintelligente Kerlchen, dem alle Herzen zufliegen – auf der anderen Seite ein ›ungehobelter Klotz‹ mit Null Manieren.

Beim ersten gemeinsamen Kaffeetrinken blieb mir buchstäblich der Mund offen stehen: Robin wartete erst gar nicht ab, bis alle saßen, er schmiss sich ohne Rücksicht auf Verluste über den Tisch und griff mit seiner kleinen Hand nach einem riesigen Stück Kuchen. Das stopfte er sich dann mit beiden Fäusten in den Mund und kümmerte sich nicht darum, dass links und rechts alles wieder rausfiel. Ralf und Nadja schien das nicht weiter zu stören. Als er fertig war, glich sein Platz einem Schlachtfeld. Okay, dachte ich mir, Bestandteil dieser Zusammenführung wird ein Schnellkurs in Sachen ›Wie benehme ich mich bei Tisch‹ sein.«

Schon beim Abendessen ergibt sich eine erste Gelegenheit. Robin ist gar nicht beleidigt, als Tatjana ihm freundlich erklärt, daß er ihr gerade gründlich den Appetit verderbe, sondern nur erstaunt: »Wieso soll ich anders essen?« fragt er, »Ich bin doch behindert!«

»Auch sein Vater hat so ähnlich argumentiert«, erinnert sich Tatjana »Das erlebe ich oft bei Eltern von Kindern mit spastischen Lähmungen. Sie gehen davon aus, dass ihre Sprösslinge es gar nicht besser können, und verzeihen vieles. Doch bei Robin waren es nicht nur die Tischmanieren. Seine ganzen Umgangsformen brauchten dringend einen Schliff. Bitte und Danke waren Fremdwörter für ihn. Und wenn er etwas wollte, dann nuschelte er einen unverständlichen Halbsatz in sich hinein.«

Jetzt zahlt es sich aus, dass Robin so viel Respekt vor ihr hat. Er nimmt sich Tatjanas Kritik zu Herzen und lernt rasch. Wenn er heute einen Tisch deckt, dann ist die Serviette gefaltet und Messer, Gabel und Dessertlöffel liegen akkurat neben dem Teller.

»Robin ist meiner Ansicht nach ein ausgesprochen intelligentes Kind, das aufgrund seiner Behinderung sehr verwöhnt ist«, notiert Tatjana Kreidler im Trainingstagebuch

Auch sein Sozialverhalten lässt sehr zu wünschen übrig. »Ich erinnere mich an eine Situation, in der Robin nach einer Trainingseinheit ins Wohnzimmer rollerte, seine Jacke auszog und sie mit Schwung auf den Boden warf. Seine Mutter war drauf und dran, sie aufzuheben; offensichtlich war sie an ein solches Verhalten gewöhnt. ›Stop‹, sagte ich, ›nicht in meinem Haus. Robin: draußen ist die Garderobe.‹ Robin blickte mich betreten an. ›Ich weiß‹, sagte er nur, und kümmerte sich um seine Jacke.

Ein andermal machte er sich in gehässiger Weise und ohne jedes Feingefühl über ein anderes Kind lustig. Da habe ich ihn mir zur Brust genommen, und auch da akzeptierte er meine Kritik. Wenig später, beim Dummy-Training, bat ich ihn, genau diesem Jungen ein bisschen zu helfen. Das tat er dann auch. Es klappte alles wunderbar, und er war so stolz, als hätte er selbst den Erfolg gehabt. Ich konnte es kaum glauben, er freute sich für einen anderen. In dieser Beziehung hat er sich mittlerweile um 180 Grad gedreht. Heute ist er ausgesprochen hilfsbereit, offen, rücksichtsvoll und mitfühlend.«

Am Anfang der Zusammenführung stehen nur kurze Einheiten. Es ist viel Kuscheln angesagt – danach hat Robin ein großes Bedürfnis. »Robin kann sich nicht lang konzentrieren«, notiert Tatjana Kreidler, »und es mangelt ihm auch an Geduld, aber er ist sehr ehrgeizig. Wenn er mit Vitus Apportieren übt, dann gleich 18-mal hintereinander. Du musst ihn mehr loben, sage ich ihm, und darfst ihn nicht mit zu vielen Wiederholungen überfordern.«

Der Junge hat viel Mut und ist ein hervorragender Rollifahrer, schließlich spielt er bei den White Tigers mit, einer Rollstuhlbasketballmannschaft. Immer wieder passiert es, dass er beim Losdüsen Vitus glatt vergisst, der bei diesem Tempo nicht mithalten kann. Aber auch diese Phase geht vorbei.

»Man hat wirklich gemerkt, wie sehr er sich anstrengt«, erzählt Tatjana »aber was mich noch mehr beeindruckt hat, war sein Wissensdurst. Er wollte ständig noch mehr erfahren, die Hunde noch besser verstehen. Es war eine Freude, seine vielen Fragen zu beantworten.«

Robin ist die meiste Zeit allein im Ausbildungszentrum, ohne seine Eltern. Da er für sein Alter schon sehr selbständig ist, braucht er die Hilfe von Ralf und Nadja nicht und fügt er sich problemlos in den VITA-Alltag ein. Schritt für Schritt übernimmt er immer mehr Verantwortung für Vitus. Seine schwierigste Lektion: Er muss sein Leistungsdenken abbauen. »Leistung scheint in Robins Leben ein zentraler Punkt zu sein«, notiert Tatjana, »alles dreht sich darum, wer ist besser, schneller, größer, klüger, und wer hat den besseren Hund.«

Nach zwei Monaten im Trainingszentrum hat sich Robins Konzentrationsfähigkeit deutlich verbessert. »Der sensible Vitus geht perfekt am Rollstuhl und hilft dem Jungen immer wieder, sich zu sammeln, indem er sich zurücknimmt und wartet«, schreibt Tatjana Kreidler im

Abschlussbericht. »Durch seine Empfindsamkeit merkt er sofort, wenn Robin sehr stark abgelenkt ist, und zeigt ihm das. Auch er ist dann unkonzentriert und zieht so Robins Aufmerksamkeit wieder auf sich. Das Treppenproblem haben wir im Griff. Er wird bei fremden Treppen immer ein wenig zögern, vor allem wenn er zwischen den Stufen durchschauen kann, aber er überwindet sich, wenn man ihm Sicherheit gibt.

Ich habe keine Zweifel: Die beiden werden ein ganz tolles Team. Sowohl emotional als auch in der Zusammenarbeit passen sie hervorragend zusammen. Sie haben im Trainingszentrum unter meiner Anleitung viele schwierige Situationen gemeistert und haben ihr Können auch schon offiziell vor Publikum unter Beweis gestellt.

Ich habe den Eindruck, dass Robin sehr viel gelernt hat. Ob er es in seinem Alltag umsetzen kann, wird sich in den nächsten Wochen herausstellen. Ich werde sehr enge Termine vereinbaren und arbeite mit Robins Schule intensiv zusammen.«

Nach einer Eingewöhnungswoche unter Tatjanas Anleitung darf Vitus Mitte Juni bei Robins Familie in Köln bleiben. »Die nächsten 14 Tage müsst Ihr Euch komplett auf den Hund einstellen«, gibt Tatjana den dreien mit auf den Weg. »In dieser Zeit bitte keinen Besuch, keine Freunde, keine Termine außerhalb, laßt Vitus nicht allein. Begleitet Robin beim Gassigehen. Er muss Euch als Familie annehmen und braucht die Ruhe, um sich einzugewöhnen.«

Doch was passiert: Keiner hält sich an die Absprachen. Schon am nächsten Tag ist Robin auf dem Fußballplatz und lässt Vitus allein zu Hause. Dann verabredet er sich mit Freunden – ohne Vitus. Am zweiten Tag lassen ihn die Eltern mit dem Hund ohne Begleitung spazieren fahren, dann stehen nach der Schule Arztbesuche an und Vitus hätte acht Stunden auf die Rückkehr seiner Menschen warten müssen. Als Tatjana das erfährt, fackelt sie nicht lange. Sie kommt vorbei und nimmt Vitus zum Schrecken aller wieder mit. Erst nach Klärung der Situation bekommt die Familie den Hund zurück.

Robin hat seine Lektion gelernt. »Wenn er sagt, ›Ich seh das ein‹, dann meint er das auch so«, stellt Tatjana Kreidler bald fest. Zwischen ihr und dem blonden Jungen entwickelt sich im Laufe der Zeit eine ganz besondere Beziehung. Sie ist in zunehmendem Maße beeindruckt von seiner zunehmenden Sensibilität, seinem wachsenden Einfühlungsvermögen und seiner liebevollen Art, mit den Hunden umzugehen.

Als Tatjanas Hündin Mighty krank wird und nicht mehr fressen mag, kümmert sich Robin mit Hingabe um sie. Er streichelt sie stundenlang, bietet ihr immer wieder Futter an und hilft ihr damit über den Berg. »Er hat es geschafft«, sagt Tatjana, »bei ihm fing sie wieder an zu fressen. Ich selbst war aus Sorge um sie viel zu angespannt, um sie zum Fressen zu animieren. Und Robin tat genau das, was ich immer sage: Er widmete sich ihr mit Ruhe und Geduld. Die beiden sind gemeinsam hinausgekrabbelt, in die klare Winterluft und in den Schnee, und haben dort zusammen gespielt. Es war so schön, sie da draußen zu sehen. Mighty hat sich tatsächlich noch einmal erholt. Das habe ich Robin zu verdanken.«

Auch das Leben in Köln spielt sich jetzt in geordneten Bahnen ab. »Vitus und Robin machen rasante Fortschritte«, schreibt Vater Ralf im November 2007 in einer Mail. »Wir haben die Klinke der Küchentür mit einem Dummy geschmückt. Öffnen klappt prima. Allerdings nur in eine Richtung. Klinke und ›ziehen‹ geht noch nicht, ist aber in Arbeit. Ich denke und rede schon im VITA-Jargon. Auch meine Kollegen beim Volleyball werden neuerdings mit einem motivierenden »Jawoll! Gut so! Priiiiima!« bedacht (bellen aber bislang noch nicht).

Seit einer Woche geht Vitus probeweise mit zur Schule. 15 Minuten lang, in der letzten Stunde. Die Lehrerin ist begeistert, weil die ganze Klasse Rücksicht nimmt. Vitus hat seine Decke dabei und damit einen festen Platz an Robins Seite. Der war übrigens vorgestern krank und genoss es in vollen Zügen, dass sich Vitus den ganzen Tag neben ihm ins Bett kuschelte. Die Herbstferien haben wir in der Schweiz verbracht, wo unser Sohn jeden Morgen zusammen mit Freund Vitus im Stall die Kühe fütterte. Alles läuft also prima.«

»Was ich an Vitus mag?«, fragt Robin, und lacht. »Er ist so ein spritziger Typ! Einer, der Abwechslung braucht und sie genießt, der keine Angst hat und dem dauernd etwas Neues einfällt. Außerdem ist er verrückt nach Wasser und – wie jeder VITA-Hund super treu! Wir passen toll zusammen, weil ich auch sehr sportlich bin. Ich glaube, ich führe ihn sehr gut. Wenn meinem Vater vom Tisch etwas runterfällt und Vitus schnappt es sich, dann sagt er, ach komm, das kleine Stück, das finde ich falsch. Ich bin da sehr konsequent. Natürlich passieren auch mir kleine Fehler, aber Vitus verzeiht sie mir und nutzt sie nicht aus.«

Dann ändert sich plötzlich alles. 2008 trennen sich die Eltern. Robin zieht mit seiner Mutter und Vitus in eine Wohnung nach Köln. Doch nach zwei Wochen klingelt bei Vater Ralf das Telefon. »Hol den Hund ab«, sagt die herzkranke Mutter, »ich schaffe das nicht«. Für Robin ein harter Schlag. Er macht seinen Vater dafür verantwortlich, dass seine kleine Welt in Trümmern liegt. Und jetzt muss er ihm auch noch Vitus überlassen. Eine schlimme Zeit, auch für den Hund, der Robin schmerzlich vermisst.

Nur langsam, ganz langsam, beginnen sich die Dinge wieder zu ordnen. Letztendlich ist es Vitus, der Brücken baut zwischen Vater und Sohn.

Heute holt der Vater Robin jedes Wochenende zu sich, damit Hund und Kind zusammen sein können. Und an zwei Wochentagen besucht er seinen Sohn nach der Arbeit. Dann ist ein Spaziergang mit Vitus angesagt, oder die drei gehen gemeinsam Eis essen. Und samstags ist VITA-Tag. Wann immer möglich, fährt Ralf mit Vitus zum Training ins Rhein-Main-Gebiet. Meistens mit Robin. Wenn der aber nicht kann, auch allein. 180 Kilometer hin und wieder zurück.

Das Dummy-Training ist für Mann, Hund und Kind zum gemeinsamen Hobby geworden. Auf die Teilnahme am jährlichen Charity Working Test freuen sich die drei schon Monate vorher. Robin belegt mit Vitus immer einen der vorderen Plätze. Ein kleiner Trost. An der schwierigen Situation, in der sich Robin befindet, ändert das nichts. »Es ist schon schlimm, wenn sich Robin Sonntagabend von Vitus verabschieden muss, aber er hat sich notgedrungen daran gewöhnt«, sagt Ralf. »Auch Vitus leidet. Kürzlich war Robin mal länger bei mir, und als ich ihn vor dem Haus der Mutter absetzte, hat der Hund ihm lange durch die Heckscheibe nachgeguckt.«

Auch Ralf liebt diesen Hund. Wochentags nimmt er ihn mit ins Büro und tut auch sonst alles, was in seiner Macht steht, damit es ihm gut geht. Und trotzdem: Ein Assistenzhund, der nicht bei »seinem kleinen Menschen« lebt? Für Tatjana Kreidler ist das eigentlich eine indiskutable Situation. Doch sie sieht Ralfs Engagement und Robins Not. Es gibt keine Alternativen zu diesem Arrangement.

»Die ganze schwierige Situation hat mich reifen lassen«, sagt Robin heute, und wägt seine Worte sorgfältig ab. »Und vielleicht hat das ja alles auch sein Gutes. Ich bin sehr behütet aufgewachsen und durfte durch VITA und Vitus viele Dinge erleben, von denen Gleichaltrige nur träumen. Ich war mit Tatjana, Ariane und einem großen Hunderudel in München, Berlin und Hamburg und habe dabei viele interessante Menschen kennengelernt. Ich habe bei der »Ein Herz für Kinder«-Spendengala mit Thomas Gottschalk auf der Bühne geplaudert und viele Millionen Menschen haben zugeschaut. Ich weiß nicht, wie viele Berichte über mich und Vitus in der Zeitung standen und wie oft wir beide im Fernsehen waren.

Die Trennung meiner Eltern und alles, was damit zusammenhängt, haben mich wachgerüttelt. Ich habe gemerkt, dass die Welt doch kein Wunschkonzert ist. Ich brauche Vitus mehr denn je. Aber als mentale Stütze und als Aufgabe, nicht so sehr körperlich. Er hat mir geholfen, selbständig zu werden, und gibt mir Sicherheit, auch wenn er nicht jeden Tag bei mir ist.

Er hat ganz viele Prozesse bei mir angestoßen. Zum Beispiel spreche ich jetzt viel deutlicher. Früher habe ich immer in mich hinein genuschelt und die Leute mussten sich zusammenreimen, was ich von ihnen wollte. Vitus braucht klare Kommandos, sonst funktioniert das nicht. Er fragt nicht höflich »Wie bitte?«, sondern schaltet einfach auf Durchzug. Ich bin, glaube ich, härter geworden, nüchterner. Und ich weiß jetzt die Zeit, die ich mit Vitus habe, viel mehr zu schätzen als früher, als er ständig um mich war. Früher habe ich oft zu meinem Vater gesagt, geh du mal mit ihm raus. Heute möchte ich keinen einzigen Spaziergang mit ihm missen. Wenn wir zusammen sind, gehe ich mit ihm, wann ich will und wohin ich will, und nutze die Zeit, die wir gemeinsam haben. Er kommt aus einer Arbeitslinie. Er will etwas tun und will gefordert werden. Und das will ich auch. Kein Halligalli mehr. Immer, wenn wir unterwegs sind, baue ich kleine Arbeitseinheiten ein. Ich deponiere zum Beispiel etwas auf einem Gartenzaun und Vitus muss überlegen, wie er das von da oben runter bekommt. Ich kann richtig zuschauen, wie er nachdenkt. Wenn du schon so einen tollen Hund hast, sage ich mir immer, dann schau, ob du es schaffst, ihm noch mehr beizubringen. Das Fundament hat VITA gelegt. Jetzt muss ich was draus machen. Tut Vitus etwas, was er nicht soll, dann werde ich nicht mehr sauer wie früher, denn der Fehler liegt stets bei mir. Ich reiße mich zusammen und mache mir immer von Neuem klar: Er ist kein Mensch, er ist ein Hund, und ich darf nicht zu viel Negatives ausstrahlen, weil er das sofort spürt. Vitus ist mein Spiegel, ich muss nur genau hinschauen.«

»Wir alle nehmen Anteil an Robins Situation«, sagt Tatjana Kreidler. »Ich kann mich noch gut daran erinnern, als er damals, kurz nach der Trennung, so herzzerreißend weinte, weil er wieder weg musste aus Hümmerich. Helfen kann ich, können wir ihm nur, indem die Tür hier für ihn immer offen steht. Wir machen das Beste aus der Situation, bleiben in engem Kontakt mit dem Vater und stützen Robin nach besten Kräften. Ariane und ich, wir haben Robin ganz fest in unser Herz geschlossen.«

Mit großer Erleichterung sieht Ralf die vielen positiven Veränderungen in Robins Verhalten, seinen eisernen Willen, sein wachsendes Selbstvertrauen und die zunehmende Selbständigkeit. »Ein behindertes Kind«, das weiß er heute, »wächst ganz anders auf als seine Alterskameraden. Wir haben Robin viel zu viel nachgesehen. Er hat es doch schwer genug, haben wir immer gedacht. Und dann war da noch meine Ungeduld. Robin Dinge tun zu lassen, für die ich halb so lang brauche – dafür war mir meine Zeit zu schade; deshalb hab ich ihm oft viel zu schnell geholfen. Beim morgendlichen Anziehen zum Beispiel. Manches nehme ich ihm auch heute noch manchmal ab, wenn Tatjana nicht zuschaut. Das Schnitzel klein zu schneiden zum Beispiel. Da breche ich mir doch wirklich keinen Zacken aus der Krone.«

Robin ist jetzt 15. Gemeinsam mit Vitus verbringt er einen großen Teil seiner Ferien im Westerwald und nutzt auch sonst jede sich bietende Gelegenheit, um dort aufzutanken. Hümmerich ist für ihn ein drittes Zuhause und oft genug auch Zufluchtsort.

Robin liebt Tatjana. Für ihn ist sie Respektsperson und Vorbild zugleich; er wolle in ihre Fußstapfen treten, verkündete er 2010 bei der VITA-Charity Gala im Wiesbadener Kurhaus vor 800 Gästen und rührt damit so manchen Zuschauer zu Tränen.

In seiner schwierigen familiären Situation ist Vitus für ihn Trost und Halt. Der Vertraute, den er so dringend braucht, das warme, lebendige Wesen, das ihn liebt und dem er seine Zärtlichkeit schenken kann. Natürlich hilft der Assistenzhund ihm noch immer im Alltag, aber sein Job als Seelenfreund ist für den Jungen im Moment wichtiger.

»Ein Herz für Kinder« fördert VITA

Das Jahr 2007 geht mit einem Paukenschlag zu Ende: Auftritt von VITA bei der Spendengala von »Ein Herz für Kinder«. Der Vorstand der Organisation hält das Konzept für förderungswürdig und die Jury entscheidet sich dafür, dass der kleine Verein aus dem Westerwald zu den Projekten gehört, die einem Millionenpublikum vorgestellt werden. Die Teilnahme an dieser hochkarätigen Veranstaltung ist eine großartige Auszeichnung.

Gemeinsam mit Robin, Pauline, der kleinen Frieda, Johannes B. Kerner und fünf Hunden sitzt Tatjana Kreidler auf der Bühne im Berliner Axel-Springer-Haus und plaudert scheinbar gelassen mit Thomas Gottschalk. In Wirklichkeit hat sie zwei schlaflose Nächte hinter sich und ist ein Nervenbündel. »Live, mit Kindern, Hunden, Gottschalk und Kerner vor einem vollen Saal und Millionen Zuschauern an den Fernsehschirmen? Noch Tage zuvor schien mir das unvorstellbar«, erinnert sich Tatjana Kreidler schmunzelnd. »Kurz vor der Gala war ich ein nervliches Wrack. Das durfte ich mir natürlich auf keinen Fall anmerken lassen. Im Gegenteil. Ich musste es herunterspielen und cool sein – für die Kinder!«

Doch alle spielen ihre Rolle mit Bravour, und der Beifall spricht Bände. Nach der Sendung sagt die Hilfsorganisation VITA vier weitere Teams zu. Ein toller Erfolg.

Trotzdem bleibt der erhoffte Durchbruch nach der Gala aus. Es wäre nötig gewesen, die wertvollen Kontakte, die an diesem Abend geknüpft wurden, zu pflegen. Doch wer soll das tun bei einem Verein, der sich ausschließlich mit ehrenamtlichen Mitarbeitern über Wasser hält? Niemand hat die Zeit und das Know-how, um sich mit der nötigen Professionalität um Akquisition, Spender und Sponsoren zu kümmern. Auch Tatjana Kreidler nicht.

»Das war und ist leider immer noch ein Problem von VITA«, gesteht sie. »Und so standen wir im Frühjahr 2008 wieder vor der altbekannten Frage, wie soll es finanziell weitergehen?«

Immerhin: In einigen Bereichen hat sich der Verein gemausert, und so finden in diesem Jahr vier Teams zusammen: Nina und Emily, Silke und Jack, Tobias und Jonas und Kim und Birdie.

Außerdem nimmt Valentin, ein Hund, der speziell für demenziell erkrankte Menschen ausgebildet wurde, in der Frankfurter Seniorenresidenz Sunrise seinen »Dienst« auf. Jochen Jung, der Direktor dieser Einrichtung, hatte diese Idee 2005 aus den Vereinigten Staaten mitgebracht und an Tatjana Kreidler herangetragen. Sie zögerte zunächst, doch sein Enthusiasmus war ansteckend. Umgekehrt lässt sich Jochen Jung vom »VITA-Virus« infizieren, und unterstützt den Verein jahrelang mit tollen Ideen und großem persönlichen Einsatz. Danke Jochen.

Das Karussell dreht sich weiter: Die Anfragen der Medien häufen sich, der Verein gewinnt bundesweiten Bekanntheitsgrad. Ende 2008 ist Tatjana Kreidler »Powerfrau des Jahres«, eine von fünf Preisträgerinnen der »Goldenen Bild der Frau«.

Schon wieder eine Gala auf hohem gesellschaftlichem Niveau. Die eher öffentlichkeitsscheue 39-Jährige denkt an den Stress, den dieser Auftritt für sie bedeutet und überlegt ernsthaft, ob sie sich das noch einmal »antun« soll. »Meine Vorstandskollegen, Freunde und alle aktiven Vitas sahen das natürlich anders«, berichtet sie. »Das hast du dir wahrlich verdient, und es bringt VITA weiter, also musst du es machen. Nun gut, sagte ich mir, wenn es VITA nutzt, springe ich eben über meinen Schatten. Dabei stehe ich so ungern im Mittelpunkt. Aufgeschlossen auf Menschen zugehen, in der Menge fröhlich sein, small talk, Witz und Charme versprühen, das alles liegt mir überhaupt nicht. Immer wieder scheitere ich, auch wenn ich mich ernsthaft bemühe; es ist einfach nicht mein Ding. Oft wird mein Auftreten mit Arroganz verwechselt, und so muss ich mir immer wieder anhören, dass der Verein es wohl nicht nötig habe, Hilfe anzunehmen, was natürlich nicht stimmt.«

Trotzdem freut sich Tatjana Kreidler über den Preis und übersteht auch diese Gala. Ihre Zurückhaltung ehre sie, findet die Moderatorin Bärbel Schäfer, die die Laudatio hält: »Stille Wasser sind tief: Ein Sprichwort, das wir alle kennen – und das Tatjana Kreidler perfekt beschreibt. Mit leisen Kommandos und kleinen Gesten bringt sie ihren Hunden Unglaubliches bei. Kein Zweifel: Sie kann ihren Vierbeinern in die Seele schauen. Sie spürt, welche Hundeseele zu welcher Kinderseele passt. … Diese Helfer mit der feuchten Schnauze bringen ihrem Menschen bedingungslose Liebe entgegen. Und bedingungslose Liebe schafft Selbstbewusstsein. Diese kuscheligen Kumpel schenken ihrem Menschen neue Selbständigkeit. Und Selbständigkeit bedeutet Freiheit. … Weil die Krankenkassen keinen Cent zahlen, sammelt Tatjana Kreidler unermüdlich Spendengelder. … Zutiefst bewundernswert, finde ich.«

An diesem Abend kommt Dunja Hayali spontan auf Tatjana Kreidler zu. Die sympathische ZDF-Moderatorin, die selbst eine Golden-Retriever-Hündin hat und weiß, was Hunde für Menschen bedeuten können. Seither engagiert sie sich für den Verein

Eine weitere bemerkenswerte Begegnung gilt zunächst Robin. Dr. Ursula von der Leyen spricht den elfjährigen Jungen im Rollstuhl an und streichelt Vitus. Robin ist aufgeregt und ein wenig befangen – die vielen Fotografen machen ihm klar, dass die elegante Dame, die da so nett mit ihm spricht, eine »wichtige Persönlichkeit« ist. Auch Tatjana Kreidler kann kurz mit der Bundesministerin sprechen. »Sie war von

Robin begeistert«, erzählt sie,»und lobte unsere Arbeit. ›Sie haben da
ein ganz tolles Projekt‹, sagte sie, ›machen Sie weiter so‹«. Zwei Jahre
später, im Jahr 2010, sind wir uns wieder begegnet, und dieses Mal lud
sie uns zum Tag der offenen Tür in ihr Ministerium ein, wo sich einige
VITA-Teams präsentieren durften, unter ihnen natürlich Robin und
Vitus. Da habe ich dann gewagt zu fragen, ob Frau Dr. von der Leyen
die Schirmherrschaft für unsere Charity Gala übernimmt. Sie sagte zu!«

*Drei weitere Kinder-Teams stoßen zur VITA Familie dazu: Levin und
Ashley,* Frieda und Fellow und Can und Mr. Winter sowie die 28-jährige
Miriam, die jetzt mit ihrer Lotte im Schwarzwald lebt. Vier erfolgreiche
Zusammenführungen, vier Hunde, die voller Freude ihren Menschen
den Weg in ein freieres und unbeschwerteres Leben ebnen.

2009 bis 2012 – VITA »kommt an«

Seit Ende 2009 stabilisiert sich VITA. Die erfolgreiche Arbeit, die Me-
dienpräsenz, das öffentliche Lob, die Anerkennung durch Fachorgani-
sationen (ADEu, ADI, VDH) und die zum Teil erstklassigen Kontakte
und Veranstaltungen tragen Früchte.

Da ist zum Beispiel das internationale Pfingstturnier in Wiesbaden
– ein Top-Event für Reitsport-Liebhaber im romantischen Schlosspark
zu Biebrich. Die besten Reiter der Welt starten hier vor der imposanten
Schlosskulisse, und seit 2005 ist unter der Schirmherrschaft des Wiesbadener Reit-und Fahrvereins auch VITA jedes Jahr dabei. Mit vielen
Hunden, Rollifahrern und einem Infostand, vor dem stets Gedränge
herrscht.

Das Highlight für alle Hundefreunde und mittlerweile ein fester
Programmpunkt beim Pfingstturnier aber ist die Ehrung der frisch-
gebackenen VITA-Teams auf dem Dressurplatz. Mit einem feierlichen
Akt werden die Hunde »ihren Menschen« offiziell übergeben, oft stehen
die Reiter dabei Spalier. Seit 2008 ist es die international erfolgreiche
Dressurreiterin Elizabeth Eversfield, die den überglücklichen Teams
die Urkunden überreicht. Die Schweizer A-Kader-Reiterin spendet alle

Preisgelder, die sie bei Turnieren gewinnt, an den Verein. »VITA zu unterstützen, ist für mich Ehrensache«, schreibt sie, »dadurch fühle ich mich sehr involviert und auch stolz, dabei sein zu dürfen«.

2009 wird auch aus Nina und Emily ein offizielles Team. »Eigentlich lebten wir zu diesem Zeitpunkt ja schon zusammen, und die Feier war eher symbolisch,« erinnert sich Nina, »trotzdem war ich zutiefst berührt, als ich Emily zu mir rief und sie mir ein Körbchen mit Rosen brachte. Ich werde diesen Moment nie vergessen.«

Janina erzählt

Vor lauter Aufregung hatte ich nachts kaum ein Auge zugetan und bin viel zu früh aufgestanden. Wochenlang hatte ich mich auf diesen Tag gefreut, an dem Jessie ganz offiziell »mein Hund« werden würde.

Mein Herz klopfte bis zum Hals, als ich Stunden später auf den Turnierplatz am Biebricher Schloß rollerte. Zwar mit allen VITAs im Blickfeld, aber doch alleine, denn wie bei den vorangegangenen Übergaben sollten die Hunde von ihren Partnern abgerufen werden. Oh Gott, dachte ich, all die vielen Leute – und das ohne meine Jessie!

Doch dann ging es Schlag auf Schlag – ich rief ihren Namen und mein weißer Fleck rannte aufgeregt, aber voller Freude auf mich zu. Mir stockte der Atem. Es war ein unbeschreiblich schöner Moment. Und dann stand plötzlich auch schon Elizabeth Eversfield vor mir und überreichte mir tatsächlich die Urkunde, die Jessie und mich zu einem echten Team macht.

Ich habe versucht etwas zu sagen… Worte zu finden… ich erinnere mich nur noch, dass mir ganz heiß war, dass ich Freudentränen in den Augen hatte und ein namenloses GLÜCK empfunden habe.

Jessie und ich, jetzt sind wir ein offizielles »Paar«, und ich könnte mir keinen aufmerksameren, liebevolleren und treueren Partner wünschen. Ich freue mich auf die vielen schönen Momente, die noch vor uns liegen.

»Aus dem Schneider« ist der Verein deshalb trotzdem nicht. Das wachsende Jahresbudget beruht auf Hochrechnungen und Annahmen, auf Zusagen, die sich schnell wieder in Luft auflösen können. Sponsoren können sich jederzeit zurückziehen, Fördermitglieder austreten, unvorhergesehene Ausgaben den finanziellen Spielraum einengen. Spenden lassen sich nicht einfordern, man kann nur auf sie hoffen. Und das ist manchmal sehr anstrengend. Nach wie vor hat VITA kein finanzielles Polster, das ein Gefühl von Sicherheit vermitteln könnte.

Trotzdem geht der Verein im Jahr 2010 einen entscheidenden und längst fälligen Schritt, nachdem der langjährige Kassenwart Marco Geck, ein überzeugter Hesse, ein Machtwort gesprochen hat: »So kann das ned weidergehen«, sagt er zu Tatjana, »Du machst Dich ferdisch!« Und er hat recht.

Also stellt VITA nach Miriam Frömming, deren einfühlsame und gleichzeitig hochprofessionelle grafische Gestaltung zur Visitenkarte des Vereins wird, drei weitere feste Mitarbeiter ein, die Tatjana Kreidler bei der Arbeit mit den Teams unterstützen sollen. Mit großen Bauchschmerzen und im Bewusstsein des damit verbundenen Risikos, auf das aber Peter Steiner, Steuerberater und Wirtschaftsprüfer, ein Auge hat. Obwohl die Ausbildung von Linda, Till und Heike auch Zeit kostet, entlasten die drei Tatjana Kreidler, wo immer sie können.

Die vielen ehrenamtlichen Helfer verlieren dadurch natürlich nicht an Bedeutung. Nach wie vor sind sie es, die das Räderwerk des wachsenden Vereins durch ihr selbstloses Engagement am Laufen halten.

Im Frühjahr 2010 übernimmt die ZDF-Moderatorin Dunja Hayali die Rolle als prominente Fürsprecherin des Vereins. »Aus eigener Erfahrung weiß ich,« schreibt sie in einem Grußwort, »wie viel einem ein Hund bedeuten kann. Meine Golden-Retriever-Hündin Emma ist fast immer an meiner Seite. Sie ist ein treuer Freund, ein Wegbegleiter, ein Zuhörer, ein Gedankenleser, ein Wesen, das mich erdet. Sie ist ganz einfach das Beste, was mir in meinem Leben passiert ist. Wer sich auf ein Tier einlässt und es respektiert, weiß, was bedingungslose Liebe ist. Das war auch der Grund, warum mich die Arbeit von VITA Assistenzhunde e. V. so berührt und beeindruckt hat. … Jeder, der einmal in die Gesichter der Menschen und Hunde schaut, die VITA zusammengeführt hat, weiß, wie Glück aussieht.«

Aber es gibt auch die traurigen Momente, die die Welt für die, die es betrifft, stillstehen lassen, die eine Lücke reißen, die sich nie wieder schließt.

Im Oktober stirbt ganz unerwartet Toms treue Gefährtin Fay, der erste VITA-Hund, den Tatjana Kreidler ausgebildet hat. Fünf Monate zuvor, am 8. Mai 2010 ging Tatjanas geliebte Hündin Mighty über die Regenbogenbrücke.

Mightys Tod bricht Tatjana Kreidler schier das Herz. Tatjana ohne Mighty, VITA ohne Mighty. So viele Menschen nehmen Anteil, das tut gut, auch wenn es nicht trösten kann.

Malcolm und Lynn wußten, wie es um Mighty stand, und sie schickten mir durch gemeinsame Freunde Flint, Malcolms Golden-Retriever-Rüden. Am Tag, als Mighty uns verließ, sagten sie, wir wissen, dass du ihn jetzt brauchst. Er wird dir helfen und alles für dich tun. Und Mighty akzeptierte Flint an meiner Seite. Es war, als wolle sie mir mitteilen, er ist okay und meiner würdig. Als sie in meinem Schoss lag, um einzuschlafen, war sie sehr unruhig wegen der anderen Hunde. Ich sorgte dafür, dass alle das Zimmer verließen. Nur einer drückte sich ganz leise und kaum merkbar an Mightys Hinterpfoten und rollte sich ein. Sie schaute kurz hoch und legte sich dann mit einem kaum hörbaren Seufzen hin. Dies war für mich das Zeichen, Flint soll zu uns gehören. Ich weiß nicht mehr genau, wie ich die nächsten Wochen überstanden habe, aber es musste weitergehen, zwei Zusammenführungen, mehrere Nachbetreuungen und all die üblichen großen und kleinen Probleme.

Ich habe nun große Leinwandbilder von meiner Ma'am, wo immer ich bin, bei jedem Event, ist sie sowieso dabei, und das wird – wie Kim schreibt – auch immer so bleiben. Heute, zwei Jahre später, kann ich noch immer nicht über sie sprechen, ohne dass mir die Tränen kommen. Wenn mir mal wieder alles zu viel ist, betrachte ich ihre Porträts, auf denen sie souverän zu mir herunter blickt, und das beruhigt mich immer sehr ...

Kim erzählt über Mighty

»Jedes VITA-Team ist etwas Besonderes und in jedem VITA-Team steckt ein kleines Stück von Mighty und Tatjana. Ich will für dieses Buch von ihnen erzählen, und davon, wie mein Leben mit meiner schwarzen Labrador-Hündin Birdie durch die beiden geprägt wurde.

Birdie ist ganz anders als Mighty; nicht nur was ihr Aussehen betrifft, sondern auch ihr Wesen. Während Mighty eher eine innere Ruhe und Ausgeglichenheit ausstrahlte und diese auf die anderen Hunde übertrug, die sich an ihr orientierten, ist Birdie sehr lebhaft. Ich treffe immer wieder Menschen, die sie für einen Junghund halten und mich ungläubig anschauen, wenn ich sage, Birdie sei sechs Jahre alt. Komme ich mit ihr vom Spaziergang nach Hause, fühlt es sich an, als wären erst wenige Minuten verstrichen – so viel Spaß haben wir zu jeder Jahreszeit draußen.

Im Frühling liefern wir uns ausdauernde »Wettrennen« entlang der frisch blühenden Blumenwiesen und atmen deren Duft ein; im Sommer badet Birdie in der Alb, dem Fluss in unserer Nähe, und schüttelt sich beim Zurückkommen neben mir, sodass ich an der Erfrischung teilhaben kann. Im Herbst ist es besonders schön, Dummytraining zu machen und zu beobachten, wie die Sonne das rotbraune Laub in goldenes Licht taucht; im Winter läßt Birdies Begeisterung für den Schnee die kalten Temperaturen vergessen.

Wenn ich mit ihr solche Momente erlebe, denke ich oft an Tatjana und Mighty. Denn das haben die beiden vorgelebt: gemeinsame Erlebnisse zu genießen, alles andere auszublenden. Apportierte Mighty ein Dummy, das etwas weiter entfernt und womöglich auf einem kleinen Hügel lag, so ging das nicht immer so schnell, wie sie es sich vielleicht vorstellte, doch sie kämpfte sich durch, die würdevolle Lady, angespornt durch Tatjanas liebevoll motivierenden Worte. Es war nicht wichtig, das Dummy schnellstmöglich zu holen; was zählte, war einzig und allein ein Erfolgserlebnis. Das Lächeln auf Tatjanas Gesicht, sobald die Hündin mit wedelnder Rute zurückkam, sprach Bände; die aufmerksamen Augen Mightys waren auf Tatjana gerichtet und fragten: »Kann ich noch etwas für dich tun?«

Diese sehr persönlichen Augenblicke, die mich immer wieder aufs Neue berührten, charakterisieren auch die Arbeit des Vereins – ob alles perfekt läuft, steht an zweiter Stelle. Der Fokus liegt auf der Beziehung zwischen Mensch und Hund. Die Schwäche von Birdie und mir etwa ist das Fußlaufen. Doch so sehr ich mir manchmal auch wünschen würde, wir bekämen das besser hin, so bewusst bin ich mir darüber, dass wir unser Bestes geben und auch Stärken haben.

Birdie entfernt sich zum Beispiel ganz selten von mir; und wenn sie es tut, ist sie stets darauf bedacht, mich im Blickfeld zu haben. Das macht uns als Team aus, ebenso wie ihre Sensibilität, was meine Stimmung betrifft. Sie spürt genau, wenn es mir nicht gut geht und weiß, wie sie mich aufmuntern kann. Meistens springt sie mir auf den Schoß, um mein Gesicht abzulecken – das genügt, um mir ein Lächeln zu entlocken und mich fröhlicher zu stimmen.

Als ich für drei Monate in Kanada war, hat mich Birdie begleitet, auch in der Schule. Birdie hat mir im Unterricht sehr viel Sicherheit gegeben und es mir erleichtert, neue Menschen kennenzulernen. Besonders dort waren Tatjana und Mighty in meinen Gedanken präsent, denn auch Mighty nahm Kindern, die den Kontakt mit Hunden scheuten, mit sehr viel Einfühlungsvermögen die Angst und verhalf ihnen zu mehr Offenheit und Selbstbewusstsein.

Birdie lebt seit Anfang September 2008 bei mir; ich kann mir ein Leben ohne sie nicht mehr vorstellen. Mit ihr teile ich alles, meine Freuden, Sorgen, Ängste – ich kann mich auf sie verlassen und sie sich auf mich. Ich freue mich jeden Tag, wenn ich aufwache und sie mich erwartungsvoll ansieht. Wir haben gemeinsam noch so viel vor. Ich bin Mighty und Tatjana dankbar, dass ich von der Beziehung der beiden lernen durfte, was das doch recht abstrakte Wort »VITA-Philosophie« bedeutet: Respekt, Verständnis und Wertschätzung. Eine ganz außergewöhnliche Beziehung eben.

Flint

Flint hat kein leichtes Erbe, dabei ist er so ein toller Hund. Ein hübscher Golden Retriever aus einer reinen Arbeitslinie. Mit seinen ganzen Empfindungen ist er ein Rüde. Gleichzeitig hat er aber auch einen besonders großen Menschenbezug, einen ausgeprägten »will to please«, und er ist vor allem sehr, sehr sensibel. Er möchte mir immer alles recht machen, kuschelt für sein Leben gerne. Jede Stimmung, jede Nuance von Unausgeglichenheit nimmt er sofort wahr. Oft wirft ihn das aus der Bahn, da er meine Sicherheit und meine ganze Aufmerksamkeit braucht, wenn wir zusammen trainieren. Besonders bei der Dummyarbeit fällt mir das auf. Wenn ich ihn auf ein »Blind« schicke und er zögert wieder einmal, dann muss ich nur bei mir nachschauen; oft genug habe ich dann meinen Kopf nicht frei und bin mit meinen Gedanken schon beim nächsten Termin. Flint ist mein Spiegelbild und zeigt mir immer sehr deutlich meine momentanen Stimmungen.

Seine ersten beiden Lebensjahre hat Flint in England verbracht. So mussten wir erst einmal eine gemeinsame Sprache finden. Damit meine ich nicht die Kommandos. Meist kannte ich die Hintergründe seines Verhaltens nicht, und er musste lernen, meine Mimik und meine Gesten zu verstehen. Ich gehe sehr behutsam mit ihm um, weil er so unglaublich feinfühlig ist.

Wenn ihn etwas überfordert und er Stress hat, sucht er den Körperkontakt und ich gebe ihm die Sicherheit, die er braucht. Am liebsten hätte er mich wohl ganz für sich allein, aber da ist immer das Rudel um ihn herum und er muss mich teilen. Das macht es schwerer, eine Beziehung aufzubauen. Doch allmählich wachsen wir zusammen. Flint begleitet mich »tapfer« überall hin. Es ist schön, mit ihm zusammen durch mein turbulentes Leben zu gehen, und ich möchte ihn keinen Tag mehr missen. Danke an Malcolm und Lynn.

Auch im Jahr 2010 werden vier Teams in ein gemeinsames Leben entlassen: Constantin und Caspar, Christian und Keck, Janina und Jessie und Dominique und Miss Sophie.

Für Domi geht ein Traum in Erfüllung

Die 27-Jährige hat kein Geld, lebt noch bei ihrer Mutter, will aber unbedingt einen Beitrag zur Finanzierung ihres Assistenzhundes leisten und wählt deshalb einen ungewöhnlichen Weg. Sie wendete sich an den Musical-Star Bernie Blanks, den sie kennengelernt hat, als er in ihrer Heimatstadt Bochum als Hauptdarsteller beim »Starlight Express« auftrat.

Über Facebook fragt sie im Januar 2010 bei ihm an, ob er auf einem Benefizkonzert für sie und Miss Sophie singen würde. Bernie Blanks meldet sich noch in derselben Nacht aus New York – und sagt zu! Mehr noch, er erklärt sich bereit, gemeinsam mit seiner Managerin das komplette Konzert für sie zu organiseren. Zwei Wochen später, am letzten Tag von Domis Matching, kommt Bernie Blanks nach Hümmerich und ist zutiefst beeindruckt, von dem, was er dort sieht. Er wuchs mit einem Bruder auf, der nach einem Unfall im Rollstuhl sitzt, und weiß um das Leid, das so ein Schicksalsschlag für die ganze Familie bedeutet. Um so mehr wundert er sich über die vielen fröhlichen Gesichter im Trainingszentrum. Als er abends in großer Runde mit am Esstisch sitzt, hat er Tränen in den Augen. »Es ist toll, was Ihr da macht«, sagt er nur.

»I grew up with a handicapped brother«, schreibt Bernie Blanks auf der VITA- Homepage, »and I know the daily battles he faces with mundane events that I mentioned already, getting dressed, dropping something on the floor, doing laundry. I also know that many people feel uncomfortable around handicapped people, and their first reaction is to ignore them. Yes, pretend they are not there. They don't mean harm, but none like being ignored, for any reason, and for kids and adults alike, having the dog at their side opens up conversation. People who would normally be too uncomfortable to engage, suddenly have something to talk about. A bridge is there now. And I tell you for a child, that means the world. They are no longer isolated, they get to interact with their peers. Confidence and self-esteem grow. I know this because they tell me so. I know this because I see it.«

Seit diesem Tag ist Bernie Blanks für VITA ein Freund im besten Sinne des Wortes. Einer, der sich als »Botschafter« für den Verein einsetzt, ohne davon viel Aufhebens zu machen. Für Domis Konzert im August, bei dem die erhoffte Summe zusammenkommt, trommelte er eine hochkarätige internationale Musikertruppe zusammen. Alle singen unentgeltlich. Und als am Ende Domi, Tatjana, Ariane und viele andere Teams gemeinsam mit den Musikern oben im Rampenlicht stehen, ist es für alle im Saal ein hochemotionaler Moment.

»Don't stop believing«, der Titelsong des Konzerts gab der Veranstaltung den Namen, die auch 2011 und 2012 über die Bühne geht. 2011 wird damit das Team Jenson und Doreen finanziert, 2012 werden es Angelina und Fluke sein.

Bernie Blanks in einem VITA-Newsletter: »Every time I visit VITA in Hümmerich, I am refreshed, filled with hope and joy. Watching the training of new teams, I am reminded of important life lessons. The quiet way in which Tatjana and Ariane train the dogs reminds me to slow down, be calmer, be gentler. I too am a dog owner and lover, and I am moved to see the dogs being taught with so much respect and tenderness. I wish every dog owner in the world could come to Hümmerich and learn Tatjana's gentle method of bringing out the very best in ›man's best friend‹. I also wish every puppy in the world could get such happy and smart attention when they are young. Imagine a world filled with so many happy dogs and their owners!«

Die Geschichte von Dominique & Miss Sophie

Dominique Kogut erzählt: »Ich bin 29 Jahre alt. Ein Gendefekt hat mein Wachstum blockiert. Mit 98 Zentimetern Köpergröße, fällt mir vieles im Leben schwer, zumal der Kleinwuchs auch Knochen und Gelenke geschädigt hat. Um zu erklären, wie mir VITA und vor allem Miss Sophie geholfen haben, muss ich etwas ausholen. Ich bin alleine bei meiner Mutter aufgewachsen. Meinen ersten Rollstuhl bekam ich mit 16 Jahren, davor wurde ich immer in einem Kinderwagen geschoben. Der Rollstuhl war völlig falsch ausgemessen, ich kam nicht an die Räder und konnte mich deshalb auch nicht alleine fortbewegen. Meine Mutter hat mich also weiterhin geschoben, und da sie der Kippschutz störte, war der immer eingeklappt. Beim Einkaufen hingen oft die Taschen an den Griffen und wenn ich mich anlehnte, kippte der Rollstuhl nach hinten um. Ich lag dann inmitten von Einkaufstaschen wie eine Schildkröte auf dem Boden und konnte mich nicht mehr aufrichten. Klar, dass ich Angst vor diesem Gefährt bekam und immer leicht vorgebeugt darin saß.

Mein zweiter Rollstuhl war besser angepasst. Ich bekam sogar E-Motions, also einen kraftverstärkenden Zusatzantrieb, der mich befähigen sollte, selbständig einen Berg hochzurollern. Leider hat mir das Sanitätshaus nie eine »Fahrstunde« gegeben, und ich kam auch mit diesem Hilfsmittel nicht zurecht. Also wanderte er für die nächsten Jahre in den Keller und ich ließ mich weiter schieben.

2006 sah ich VITA zum ersten Mal auf der RehaCare. Von da an war ich jedes Jahr am VITA-Stand und ging mit der Sehnsucht nach so einem Hund nachhause. Meine Mutter reagierte mit Abwehr: »Wie willst du mit dem Hund rausgehen, du kommst doch nirgendwo alleine hin!« Meine Freundin Nina war die einzige, die an mich glaubte und mir immer wieder sagte, dass ich mich bei VITA bewerben sollte, aber die lange Bewerberliste hat mich immer abgeschreckt. Wieso sollte VITA mich wählen, die sich noch nicht einmal selbst im Rolli fortbewegen kann, wo es doch so viele Kinder (!) gibt, die es gut können?!

2008, als ich immer wieder am Stand vorbeikam, sprach mich dann aber Kims Mutter an und fragte, ob ich mit ihr einen Fragebogen ausfüllen möchte. Bald darauf wurde ich zum Bewerbergespräch nach Frankfurt eingeladen und durfte beim Dummyintensivtraining in Wolfskehlen zuschauen. Da habe ich Miss Sophie zum ersten Mal gesehen! Sie war klein und blitzschnell … es war wie Liebe auf den ersten Blick, ich wollte sie unbedingt haben! Aber sah das Tatjana genauso? Ohne dass ich es ahnte, hat sie mich und Sophie genau beobachtet. Und das Wunder geschah. »Was meinst Du zu Miss Sophie?« fragte sie mich Ende Dezember 2010. Mir stockte beinahe der Atem: »Ich find sie toll, ich mag sie total gerne«… Nach einer kurzen Pause lächelte Tatjana: »Ich glaube, sie Dich auch«. Ich weiß nicht, ob sie ahnt, wie sehr ich mich darüber gefreut habe, dass sie genau diesen Hund für mich ausgewählt hat.

Mitte März 2010 begann meine Zusammenführung und ich hatte mich ganz bewusst dazu entschieden, das Abenteuer *ohne* meine Mutter zu schaffen. Mein Ziel war es, selbstständiger zu werden und nicht mehr auf meine Mutter angewiesen zu sein. Eines der ersten Dinge, die ich lernen musste, war das Rollern. Thorsten und Becky stellten mir damals meine »E-Motions« richtig ein und gaben mir Fahrstunden. Die ersten Wochen bin ich ständig in irgendwelche Gräben und Büsche gerollt und habe damit für allgemeine Heiterkeit gesorgt, aber mit ein bisschen Übung machte ich schnell Fortschritte. Ich habe während der Zusammenführung also nicht nur gelernt, wie ich meinen Hund handle, sondern auch viele »Basics«, die für die anderen Rollifahrer selbstverständlich sind.

Als Miss Sophie vier Monate später zu mir nach Bochum zog, wusste ich, dass sich nun vieles ändern würde. Ich bin mindestens drei Mal täglich bei jedem Wetter mit ihr raus, habe sie mit zur Arbeit genommen und plötzlich machte es mir nichts mehr aus, alleine irgendwo hinzufahren. Vorher haben mich immer Freunde abgeholt und zum Cafe, Kino oder ins Geschäft geschoben. Mit Miss Sophie war das nicht mehr nötig, ich hatte sogar plötzlich den Mut, wildfremde Menschen zu bitten, mir bei hohen Bordsteinen oder mit schweren Türen zu helfen. Vorher war das nie nötig, denn meine Mutter war immer überall dabei. Ihr gefiel es überhaupt nicht, dass ich mit Miss Sophie mehr und mehr alleine unternahm. Sie hat mir nie verziehen, dass ich die Zusammenführung ohne sie gemacht habe, und dass ich auch nicht wollte, dass sie eine Beziehung zu meinem Hund aufbaut.

So half mir Miss Sophie auch eine Entscheidung zu treffen, zu der mir zuvor der Mut gefehlt hatte: Ich musste einen Cut machen, irgendwo ganz von vorne beginnen und lernen, ohne meine Mutter klar zu kommen, bevor es zu spät ist. Auch wenn mir mein neues Leben schwerer fällt, als ich dachte, und ich viele Fehler mache, weiß ich, dass meine Entscheidung für VITA und vor allem für Miss Sophie richtig war. Sonst hätte ich wahrscheinlich nie gelernt, dass ich gar nicht so hilflos bin, wie man mir von vielen Seiten eingeredet hat.

Durch meine Sophie weiß ich, dass ich keine Angst haben muss. Sie ist immer für mich da und nimmt es mir nicht krumm, wenn ich mal etwas nicht schaffe. Dann probiere ich es einfach erneut. Ich bin ihr unendlich dankbar dafür, dass sie mir hilft, den richtigen Weg zu finden.«

Bernie Blanks ist auch dabei, als VITA einen weiteren großen Schritt riskiert. Der Verein feiert 2010 sein zehnjähriges Bestehen. Wenn schon, dann richtig, rät man Tatjana Kreidler, und der Vorstand beschließt, das Jubiläum mit einer großen Charity-Gala im Wiesbadener Kurhaus zu zelebrieren. Natürlich soll der Erlös VITA zugute kommen. Die Federführung übernimmt der erfahrene Event-Manager Erhard Priewe, der schon viele solcher Veranstaltungen organisiert hat. Seinem hochprofessionellen Engagement ist es zu verdanken, dass die glanzvolle Gala Ende Oktober 2010 tatsächlich zustande kommt. Er macht der zögernden Vereinsgründerin Mut: Es sei an der Zeit, die Weichen neu zu stellen.

Auch Erhard Priewe ist in seiner wunderbar zupackenden Art von VITA überzeugt. Er stellt nicht nur sein gesamtes Know-how kostenlos in den Dienst der guten Sache, sondern auch sein Mitarbeiter-Team, das das Wiesbadener Kurhaus am Gala-Abend in ein funkelndes Schmuckstück verwandelt.

Gemeinsam mit ihm stürzt sich Alexandra Göbel, ein aktives VITA-Mitglied, in die Vorbereitungen und ist monatelang mit nichts anderem beschäftigt. Doch die Mühe lohnt sich. Aus den vielen kleinen Puzzleteilen entsteht ein großes Ganzes. Und was für eines! »Prominente laufen im Foyer des Kurhauses über den roten Teppich«, schreibt der Wiesbadener Kurier, »Gäste in schicker Abendgarderobe lassen sich den Begrüßungssekt schmecken, und mittendrin zahlreiche Kinder im Rollstuhl, die ihre Assistenzhunde an der Leine halten: Was wie zwei verschiedene Welten anmutet, findet bei dieser Gala … zusammen.«

Die ZDF-Moderatorin Susanne Conrad führt durch den Abend, Dunja Hayali stellt die VITA-Teams vor. Neben Bernie Blanks treten Stars wie Björn Casapetra, Joja Wendt oder Deborah Sasson ohne Gage auf, und die Bundesministerin für Arbeit und Soziales, Dr. Ursula von der Leyen, übernimmt die Schirmherrschaft. »Wie faszinierend die Teamarbeit zwischen Mensch und Hund sein kann, sieht jeder, der ein VITA Team erleben konnte«, schreibt sie in ihrem Grußwort. Die Begegnung mit Robin und seinem Vitus, den sie bei der Preisverleihung der »Goldenen Bild der Frau« kennengelernt hatte, habe sie tief beeindruckt.

Martina Krüger, Geschäftsführerin von »Ein Herz für Kinder« sitzt ebenfalls im Saal. Sie ist sichtlich berührt, als Tatjana Kreidler ihr Dank ausspricht für die »langjährige und unbeschreiblich große Unterstützung«. Sieben Kinderteams hat die Spendenorganisation bislang finanziert, ein achtes wird VITA an diesem Abend versprochen. »Für mich ist das eine ganz besondere Auszeichnung«, sagt Martina Krüger, als sie ein Bild entgegennimmt, das »ihre« Kinder für sie gemalt haben.

Die Gala ist ein voller Erfolg. Und so wird sie im Herbst 2011 wiederholt. Dieses Mal steht sie ganz im Zeichen von »Zukunft«. Denn das neue Jahr hat endgültig gezeigt, dass VITA an einem Scheideweg angelangt ist. Auf der bisherigen Basis lässt sich der stetig wachsende Verein nicht mehr organisieren. Das Ausbildungszentrum in Hümmerich platzt aus allen Nähten. Über hundert Bewerber stehen auf der Warteliste, doch mehr als vier, maximal fünf Zusammenführungen pro Jahr sind unter den beengten Verhältnissen nicht möglich.

Zeitweise drängen sich in dem behaglichen Landhaus über 30 Menschen und fast genau so viele Hunde auf knapp 200 Quadratmetern, sodass es für niemanden die dringend notwendigen Rückzugmöglichkeiten gibt. Geschlafen wird dann buchstäblich in jeder Ecke, wer in das einzige Badezimmer will, muss anstehen und Tatjana Kreidler hat längst kein Privatleben mehr. In ihrem Wohnzimmer pauken die Teams Theorie oder absolvieren ihre Trainingseinheiten, wenn es draußen regnet, in ihrer Küche wird Essen für eine kleine Kompanie gekocht, die Abende verbringt sie im Kreis der angehenden Assistenzhundbesitzer, ihrer Familien und den Teams in der Nachbetreuung und führt Gespräche oft bis tief in die Nacht. Wochenenden inklusive. Denn nur dann haben VITA-Kinder schulfrei und die Erwachsenen müssen nicht ins Büro. Das kann nicht mehr lange gut gehen.

Zum Glück hält das Jahr 2011 viele positive Entwicklungen bereit: Jean Luc und Yellow beginnen ihren gemeinsam Lebensweg, Johanna und Homer sind seit Juni ein Team, Jenson und Doreen und Jakob und Watson folgen.

Der Zuspruch von außen vervielfältigt sich. Hundeprofi Martin Rütter, der sich mit großem Engagement für Tierschutzprojekte in Deutschland einsetzt, wird von Dunja Hayali auf VITA aufmerksam gemacht und kommt mehrfach mit ihr zu Dreharbeiten nach Hümmerich.

Das Ergebnis schlägt sich in drei seiner Sendungen als »V.I.P. Hundeprofi« beim TV-Sender Vox nieder und ist auch Teil der vielbeachteten zweiteiligen Spendendokumentation von Martin Rütter. Es kommt eine beträchtliche Summe zusammen, die VITA bei der Finanzierung weiterer Teams hilft.

Für VITA findet Martin Rütter äußerst ermutigende Worte: »Die Arbeit von VITA, schreibt er, nötigt mir als Hundetrainer, aber noch viel mehr als Mensch allerhöchsten Respekt ab. … Als ich zum ersten Mal das Ausbildungszentrum besuchte, war ich sofort tief beeindruckt von dem aufopferungsvollen Engagement der Initiatoren, dem unermüdlichen Einsatz der Helfer und der hochprofessionellen Gesamtphilosophie des Vereins. Am allermeisten haben mich jedoch die vielen glücklichen Teams berührt, diese perfekte Symbiose von Mensch und Hund. … Hier wird auf einem sehr hohen Niveau, vor allem aber mit ganz viel Respekt für Mensch und Hund gearbeitet. … Und das Tolle: Die Hunde haben eine überaus sinnvolle Aufgabe, dürfen aber gleichzeitig das bleiben, was sie sind, nämlich Hunde.«

Im Rahmen von Martin Rütters Spendendoku spricht auch Udo Kopernik vom Verband für das Deutsche Hundwesen (VDH) dem Assistenzhund-Verein seine Anerkennung aus, verbunden mit einem fünfstelligen Scheck. Ein großes Lob vom Fachverband – für VITA eine ganz besondere Ehre:

»Menschenwürde kann nicht gedeihen ohne Ernsthaftigkeit«, schreibt Prof. Dr. Peter Friedrich, Präsident des VDH. »Und Ernsthaftigkeit verflüchtigt sich allzu schnell, wenn sie nicht Hand in Hand geht mit Lebensfreude und Spaß. Umso großartiger ist es, wenn wir erleben dürfen, wie Menschenwürde, Ernsthaftigkeit und Lebensfreude eine harmonische und starke Einheit bilden – so wie das bei VITA unübersehbar der Fall ist. Und das sich gegenseitige Unterstützen, das gemeinsame Lernen und die Vielfalt des Engagements beschränkt sich hier nicht einmal auf den Menschen allein, sondern bezieht vierbeinige Gefährten mit ein. Menschenfreunde sind hier, und nicht nur hier, auch Hundefreunde und ihre positive Lebenseinstellung bleibt nicht Lippenbekenntnis, sondern setzt sich in konkreten Handlungen um.«

Unterstützung bekommt VITA auch von der Besteller-Autorin und Hundeliebhaberin Nele Neuhaus, die ihre Bücher beim Wiesbadener Pfingstturnier am Infostand des Vereins signiert. Mit dabei ist die kleine Nele, ein knuffiger VITA-Welpe. Das wuschelige Retrievermädchen hat es seiner Namensvetterin besonders angetan. Ihre großen Assistenzhund-Kollegen machen sich derweil nützlich: Sie apportieren die signierten Bücher und bringen sie ihren neuen Besitzern.

Auch im bundesweit ausgetragenen Innovationswettbewerb »365 Orte im Land der Ideen« wird VITA mit einem Preis bedacht. Initiiert wurde das Projekt durch die Deutsche Bank, Schirmherr ist der Bundespräsident. Bei der Verleihung stellt Christopher Habig – Managing Director bei der Deutschen Bank und ehemaliger Präsident des Verbandes für das Deutsche Hundewesen – VITA auf die gleiche Stufe wie den VDH. Es gebe in Deutschland keinen anderen Verein, der kynologisches und psychologisch-pädagogisches Wissen so kompetent und effektiv bündele, wie es bei VITA der Fall sei, so Habig.

So viel Aufmerksamkeit, so viel öffentliche Anerkennung und so viel Ehre, den VITAs schwirrt der Kopf. Doch es gibt keinen Grund abzuheben, die Realität lässt das nicht zu.

Denn es ist gerade der Erfolg, der weitreichende Entscheidungen erforderlich macht. Jetzt führt kein Weg mehr daran vorbei: Der Verein muss sich dringend auf eine komplett neue Basis stellen. VITA braucht ein neues Ausbildungszentrum, möglichst zentral im Rhein-Main-Gebiet, weil das die gesamte Organisation viel leichter machen würde.

Tatjana Kreidler sieht die Notwendigkeit und erschrickt vor der eigenen Courage. Sie erinnert sich an das Bild vom Karussell, das sich immer schneller dreht. Wird jetzt eine Achterbahn daraus? Wachsen dann die ohnehin schon großen Probleme ins Unermessliche? Sind die Risiken für ein solches Projekt nicht viel zu hoch? Bliebe ihr denn künftig noch genügend Zeit und vor allem Kraft, um sich um das zu kümmern, was ihr wirklich am Herzen liegt, um die Hunde und die Menschen?

Oder aber ist dieser Griff nach den Sternen tatsächlich die Chance, Träume zu verwirklichen, die bislang außer Reichweite lagen: die Ausbildung von Therapiehunden für Kinder mit geistiger Entwicklungsverzögerung zum Beispiel, für autistische Kinder, für Menschen mit Diabetes oder die Bewohner von Seniorenheimen. So vieles ist vorstellbar!

Doch lohnt es sich überhaupt, weiter darüber nachzudenken? Denn wo in aller Welt soll das Geld für ein so ambitioniertes Vorhaben herkommen?

Die zweite VITA Charity Gala am 4. November 2011 hält eine Antwort bereit: An einem der festlich geschmückten Tische im großen Saal des Wiesbadener Kurhauses sitzt eine elegante Dame, die die Präsentation der VITA-Teams oben auf der Bühne mit großem Interesse beobachtet.

Es ist Frau Dr. Dr. h.c. Manuela Schmid, »die Frau mit dem goldenen Herzen«, wie sie die Presse nennt. Bekannt geworden ist die Alleingeschäftsführerin einer Hotelgesellschaft auf Gran Canaria, der die Katholische Universität Lublin und die päpstliche Universität in Rom die Ehrendoktorwürde verliehen, durch zahlreiche caritative Aktionen. Ein Engagement, für das sie gemeinsam mit ihrem verstorbenen Mann das Bundesverdienstkreuz erhielt. Das Ehepaar spendete Millionen aus seinem Privatvermögen für Menschen in Not, zum Beispiel für die Opfer des Elbhochwassers oder der Tsunami-Katastrophe.

Und immer wieder große Summen für die Spendenorganisation »Ein Herz für Kinder«, der Manuela Schmid seit vielen Jahren eng verbunden ist. Auch in diesem Jahr geht ein Scheck über 250.000 Euro an die Berliner Hilfsorganisaton – VITA wird die Hälfte der Summe erhalten. Doch damit nicht genug. Tatjana Kreidler stockt der Atem, als die »Charity-Lady« vor 800 Gästen oben auf der Bühne eine unglaubliche Zusage macht. Sie werde das neue Ausbildungszentrum mitfinanzieren, sagt sie in ihrer herzlichen Art. »Mir blieb die Luft weg«, erinnert sich Tatjana Kreidler, »und ich weiß nicht mehr, was ich geantwortet habe. Ich empfand nur tiefe Dankbarkeit.« Vielleicht kann VITA jetzt den ersehnten Schritt in die Zukunft tun. Danke, Frau Dr. Schmid.

Auf die Frage, warum sie sich mit solcher Großzügigkeit für Menschen in Not engagiere, antwortete Frau Dr. Schmid in einem Zeitungsinterview: »Weil es unsere Pflicht ist, den Schwächsten der Gesellschaft zu helfen. Und weil keiner etwas mitnehmen kann, wenn seine Zeit kommt. Ich habe genug, mir tut es nicht weh zu geben. Im Gegenteil – wer nicht gibt, wird ärmer.«

Die Geschichte von Nina & Emily

Eine gemütliche kleine Wohnung am Stadtrand von Köln. Nina sitzt am Küchentisch und schmiert sich ein Nutellabrot. Die 27-Jährige kann ihre Arme kaum noch heben, deshalb hat ihr Annika – eine von vier Assistentinnen, die Nina rund um die Uhr betreuen – alle Zutaten in Reichweite gerückt. Dicht neben dem Rollstuhl liegt Emily und tut das, was in einer solchen Situation alle Hunde tun. Sie hofft, dass aus Versehen etwas runterfällt.

Nina wirft ihrer vierbeinigen Freundin einen zärtlichen Blick zu. »Ohne Emily, ohne VITA«, sagt sie nachdenklich, »hätte ich vielleicht längst aufgegeben«. Dann beginnt sie zu erzählen:

»Ich bin in einem 200-Seelen Dorf in der Nähe von Olpe aufgewachsen; mein Vater ist Prokurist in einem mittelständischen Unternehmen, meine Mutter Hausfrau. Julia, meine Schwester, ist vier Jahre älter als ich.

Meine Erkrankung brach ganz plötzlich aus, als ich zwei war. Bis dahin hatte ich mich ganz normal entwickelt, hatte Laufen und Sprechen gelernt. Und dann, von einem Tag auf den anderen, konnte ich den Kopf nicht mehr selbstständig aufrecht halten, hatte Lähmungserscheinungen und sehr hohes Fieber. Die Ärzte tappten zunächst im Dunkeln – es gab ein halbes Dutzend Verdachtsdiagnosen, Hirnhautentzündung war noch die harmloseste.

Ich musste im Krankenhaus zahllose zum Teil sehr schmerzhafte Tests und Untersuchungen über mich ergehen lassen, Rückenmarkspunktionen, Biopsien, traumatische Erfahrungen für ein so kleines Kind. Die Lähmungen gingen mit sinkendem Fieber zurück, trotzdem verbrachte ich einen Großteil des Jahres in der Klinik. Meine Mutter war immer an meiner Seite und ließ sich von keinem Arzt die Tür weisen. Eine richtige Löwenmutter.

Irgendwann hatte meine Krankheit dann auch einen Namen: progressive Muskeldystrophie, ein schwammiger Begriff, und die Ärzte wollten keine Prognosen stellen. Klar war nur, dass sich mein Zustand stetig verschlechtern würde, weil sich die Muskulatur abbaut. Auch heute weiss man noch nicht, wie man dieses Leiden stoppen oder seinen Verlauf verlangsamen kann.

Die ersten 14 Jahre meines Leben war die Krankheit in meinem Alltag nicht wirklich präsent. Ich war zwar immer langsamer als andere, das Treppensteigen fiel mir schwer, vom Schulsport war ich befreit und musste ständig zur Krankengymnastik, aber ich konnte Fahrrad fahren und inlineskaten, ging zur Regelschule und alles war ziemlich »normal«.

Die Veränderungen waren kaum merklich und ließen sich lange ignorieren. In der Grundschule machte mir nur der Schulbus Probleme, weil der so hohe Stufen hatte. Später, in der Realschule, fühlte ich mich jeden Morgen wie nach einer Bergtour, weil mein Klassenzimmer im vierten Stock lag.

Mit meinen Eltern, vor allem mit meiner Mutter, verband mich eine enge, fast symbiotische Beziehung. Sie packten mich nicht in Watte, aber sie nahmen mir vieles ab. Ich hatte immer die Sicherheit, da ist jemand, der für mich sorgt und alles für mich tut. Meine Schwester musste viel mehr kämpfen und Dinge für sich einfordern. Ich war sehr sensibel, und die häufigen Krankenhausaufenthalte hatten bei mir zu massiven Trennungsängsten geführt. In der Realschule habe ich es beispielsweise nicht geschafft, mit auf Klassenfahrten zu gehen. Ich wollte auch nie bei

Freundinnen übernachten, war eben sehr behütet, sehr umsorgt, und hatte einen besonderer Status.

Die erste Beziehung hatte ich mit 16. Sie dauerte immerhin dreieinhalb Jahre und brachte eine erste, vorsichtige Abnabelung von zu Hause.

Nach dem Fachabitur entschloss ich mich zu studieren und zog in Erwägung, dafür jeden Morgen ins 70 Kilometer entfernte Köln zu pendeln. Meine Mutter aber, die weiter dachte als ich, wollte unbedingt, dass ich ausziehe und die Erfahrung mache, wie es ist, alleine zu leben. Sie wollte, dass ich die gleichen Chancen bekomme wie alle anderen jungen Menschen. Es war eine schwierige Zeit zwischen uns. Zeitweise fühlte ich mich regelrecht aus dem Nest geworfen, obwohl ich wusste, dass das nicht stimmte.

Schließlich trafen wir eine gemeinsame Entscheidung, und ich ließ mich auf das Wagnis ein, für das Studium in eine fremde Stadt zu ziehen. Meine Eltern mieteten eine Wohnung für mich an, und 2003 nahm ich mein Studium auf. Soziale Arbeit. Das interessierte mich, im Grunde fühlte ich mich aber noch nicht reif genug für diesen Schritt.

Meine Mutter begleitete mich am ersten Tag zur Fachhochschule. Es war schrecklich. Ich war 19 und stand heulend und voller Panik im Foyer. Ich wollte nicht alleine in der fremden Stadt bleiben. Ich kann das nicht, jammerte ich, was werden die ganzen Leute hier sagen, wenn sie merken, was mit mir los ist?

Mein Problem war, dass ich »von außen« betrachtet völlig gesund aussah. Eine hübsche junge Frau, an der Schwelle zum Leben. Niemand wusste, dass ich vieles nicht konnte, Aufstehen zum Beispiel, wenn kein Tisch da ist, oder etwas aufheben, das runterfällt. Und ich hütete panisch mein Geheimnis. Bloß nicht zeigen, was mit mir los ist. Ich habe so viel Energie reingesteckt, nicht die zu sein, die ich bin, dass ich mich dabei selbst verlor.

Behindert sein? Ich doch nicht! Irgendwie gab es da einen blinden Fleck in unserer Familie. Das Wort wurde lange Zeit nicht in den Mund genommen und wir hatten auch keinerlei Kontakt zu anderen Menschen mit Behinderung.

Später machte ich meinen Eltern einmal zum Vorwurf, dass sie mich nicht in einer Schule für Körperbehinderte angemeldet haben. Mir wäre vieles erspart geblieben Andererseits wurden mir so aber Leistungen abverlangt, die ich sonst nicht erbracht hätte.

Ich hatte nur »normale« Freunde. Und versuchte immer mit aller Kraft, so zu sein wie sie. Das gelang mir aber nur begrenzt. Ich war nicht dumm und alles andere als hässlich, aber doch sehr einsam. Die Jungs haben sich immer nur für andere Mädels interessiert und ich habe das schon sehr früh mit meinem »Anderssein« in Verbindung gebracht. Das Wort »Handicap« wäre mir aber nie über die Lippen gekommen – ich wollte immer perfekt sein, habe mich stets über Leistung definiert, zu Hause, in der Schule und später im Studium.

2005, nach zwei Jahren Studium, allein in der fremden Stadt, hatte ich mich komplett verausgabt und brach sprichwörtlich zusammen. Ich hatte immer mehr an Muskelkraft verloren, hatte größte Mühe, aus sitzender Position wieder hochzukommen, konnte keine weiten Strecken mehr gehen und kaum noch Treppen steigen.

Nun konnte ich die Augen nicht mehr länger vor die Realität verschließen. Die Wahl, vor der ich stand, lautete: entweder zu Hause bleiben oder den Rollstuhl als einen Teil meines zukünftigen Lebens zu akzeptieren. Doch Rollstuhl war für mich Stillstand, Isolation und Einsamkeit. Dort, da war ich mir sicher, würde mein Leben zu Ende sein, bevor es richtig begonnen hatte. Das war zu viel. Ich war an einem Punkt angelangt, an dem ich nicht mehr leben wollte.

Ich habe mein Studium unterbrochen und mich einer Reha unterzogen. Diese Auszeit war längst überfällig. Behutsam verhalf man mir dort zu wichtigen Einsichten: Ich akzeptierte anschließend stundenweise eine Assistenz und änderte meine Wohnsituation. Alleine wirtschaften und einen Haushalt führen, das ging einfach nicht mehr. Die Lösung hieß Wohngemeinschaft. Das entschied der vernünftige Teil meiner Person.

Gleichzeitig versuchte ich aber immer noch, das Leben der »anderen« Nina weiterzuleben. Nina II, die lebenslustige Studentin, die ihre Zeit an der FH genießt und mit ihrer besten Freundin jedes Wochenende um die

Häuser zieht. Das Kölner Partyleben ist legendär. Wenn man es darauf anlegt, kann man an jedem Finger einen Mann haben. Und ich legte es darauf an, wollte das Leben auskosten, solange es ging. Den Rollstuhl hab ich in dieser Zeit an der Garderobe der Kölner Clubs abgegeben und habe auf den Partys mit x Männern gleichzeitig geflirtet. Wenn sie mich dann aber hinausbegleiteten und meinen Rolli sahen, konnten sie gar nicht schnell genug wegkommen.

Das habe ich dann kaum ausgehalten. Es war so schlimm zu erleben, welche Wertung meine Umgebung vornimmt. Solange ich mein Geheimnis wahrte, war ich die begehrenswerte junge Frau. Sobald ich mich outete, war ich ein Nichts, ein Neutrum und Schlimmeres. Damit konnte und wollte ich lange Zeit nicht umgehen. Es ist so ungerecht!

Hinzu kam, dass meine erste Beziehung nach dreieinhalb Jahren zerbrach, weil mein Freund mit dem Fortschreiten meiner Erkrankung nicht klarkam. Lange Zeit hat er mich unterstützt. Dann aber sagte er, »Ich kann das nicht mehr ertragen.« Das traf mich ins Mark. Meine große Liebe entscheidet sich gegen mich, weil ich krank bin. Will mich denn dann überhaupt noch einer? Ich zweifelte in dieser Zeit an allem.

In meiner Heimatstadt, wo man mich nur als Fußgängerin kannte, habe ich das Haus nicht mehr verlassen. Im Rollstuhl auf die Straße? Niemals. Dann habe ich es aber doch getan. Vor vier Jahren, mit Emily an meiner Seite. Ich kann gar nicht sagen, wie viel Kraft und Überwindung mich das gekostet hat.

In die Zeit all dieser Entwicklungen fiel auch mein erster Kontakt zu VITA. Es war bei der RehaCare in Düsseldorf. Wie auch schon die Jahre zuvor, begleitete mich meine Mutter auf dem Rundgang durch die riesigen Hallen. Wir waren beide mit der Hoffnung in den Tag gestartet, auf dieser Fachmesse für Menschen mit Behinderung das eine oder andere nützliche Hilfsmittel zu entdecken, das den Alltag einer Muskelkranken ein wenig erleichtert.

Überflutet von all den Eindrücken und den vielen Menschen mit ihren so unterschiedlichen Schicksalen, fand ich mich auf unserer Tour plötzlich am VITA-Stand wieder und verfolgte gebannt die Vorführung.

Dabei erlebte ich ein kleines Wunder: Ich sah Rollifahrer, die über das ganze Gesicht strahlten und glücklich schienen. Wie kann das sein? fragte ich mich. In meiner damaligen Situation war ich geprägt von Gefühlen wie Hilflosigkeit, Wut und Trauer über den Verlust meiner Gehfähigkeit.

Doch die gehandicapten Menschen, die ich bei VITA sah, passten so gar nicht in mein Schema. Sie verhielten sich ganz anders, als sich »Behinderte« in meinen Augen fühlen mussten. Sie versprühten Lebensfreude, Stolz, Vitalität und Zuversicht und bildeten mit ihren Hunden eine fröhliche Einheit. Diese Beobachtung berührte mich damals zutiefst und bewirkte eine Wende in meinem Denken!

Das Resümee dieses Messetages: Statt mit irgendwelchen Hilfsmitteln nach Hause zu fahren, hatte ich mich in eine Idee verliebt: in den Traum von einem vierbeinigen Partner an meiner Seite.

Der Wunsch nach einem Hund war also da, die Umsetzung dieses Plans hingegen reifte langsam. Ist das leistbar, fragte ich mich immer wieder, kann ich ein Tier alleine versorgen und all seinen Bedürfnissen gerecht werden? Was passiert, wenn meine Erkrankung schlimmer wird? Und die FH – darf ich einen Hund dorthin überhaupt mitnehmen? Was ist, wenn er nicht liegen bleibt, wenn ein Kommilitone allergisch reagiert oder sich ein Dozent beschwert?

Mein Vater war anfangs dagegen: Hunde stinken, machen Dreck und viel Arbeit. Meine Mutter aber war sofort Feuer und Flamme, und schließlich bewarb ich mich um einen VITA-Hund.

An meine erste Begegnung mit Tatjana kann ich mich noch gut erinnern. Sie war im Gelände und mit den Hunden beschäftigt. Ich erwartete, dass sie alles stehen und liegen lässt und mich und meine Mutter begrüßt. Stattdessen winkte Tatjana nur kurz und machte dann weiter. Das hat mich zutiefst irritiert. Verunsichert, wie ich damals war, dachte ich sofort: Die mag mich nicht! Es dauert eine Weile, bis ich begriff, und heute mache ich es genauso: Wenn ich mich gerade um Emily kümmere, kann die Welt um uns herum einstürzen. Nichts lenkt mich von meinem Hund ab.

Irgendwann stand fest, ich kriege einen Assistenzhund, und ich wusste auch schon welchen: Valentin, den großen Golden-Retriever-Rüden mit dem weichen Fell und den treuen Kulleraugen, der mein Herz mit seinen Kuschelattacken sofort zum Schmelzen gebracht hatte. Den oder keinen, da war ich mir ganz sicher, schon gar keinen mit schwarzen, stacheligen Haaren.

Aber Tatjana Kreidler hatte eher die Labradorhündin Emily für mich im Visier. Sie passt mit ihrem Wesen und ihren Eigenschaften viel besser zu Dir als Valentin, sagte sie. Ich wollte das zunächst nicht einsehen.

Da stand ich nun mit meiner Affinität zu Golden Retrievern und musste mich entscheiden. Letztendlich tat ich aber das richtige: Ich habe mich auf Tatjana verlassen und es keine Sekunde bereut. Als ich Emily besser kennenlernte, war es schnell um mich geschehen. Stachelig? Von wegen! Sie glänzt wie mit Schuhcreme poliert und hat ein Fell wie Seide.

Anfang September 2007 begann dann endlich die Zusammenführung in Hümmerich. Meine Mutter begleitete mich, und wie gewohnt überließ ich es ihr, alles für mich zu »richten«. Ich war ganz Kind, das keine Verantwortung übernahm. Dass das schiefgehen würde, war klar, aber damals kannte ich Tatjana und die VITA-Philosophie noch nicht gut genug.

Anfangs fühlte ich mich schrecklich. Ich kam aus der Großstadt und saß plötzlich auf dem Land. Kein Internet, kein Fernsehen, nichts von all dem, was meinen Alltag sonst ausmachte. Dazu dauernd andere Leute in einem Haus, das dafür eigentlich zu klein ist. Man ist nie allein, hat kaum Privatsphäre, und das über einen so langen Zeitraum. Lange Zeit fühlte ich mich wie auf einem fremden Planeten. Die Uhren ticken in Hümmerich anders.

Hier, in Köln, ist mein Tag komplett durchgeplant, das muss auch so sein, sonst würde ich mein Pensum nicht schaffen. In Hümmerich aber wurde ständig improvisiert, vieles lief parallel. Das Haus war meistens voll, es fanden andere Zusammenführungen und Nachbetreuungen statt und ich war mitnichten die Nummer eins.

Damals war Tatjana auch noch allein. Da hat niemand das Essen für Menschen und Tiere vorbereitet, die Küche geputzt oder die vielen Hunde ausgeführt. Mir ist es ein Rätsel, wie sie das alles geschafft hat – vieles konnte ich erst im Nachhinein positiv sehen.

Während der Trainingseinheiten hatte ich einen Heidenrespekt vor Tatjana – war völlig verkrampft, ein Fähnchen im Wind, ein Bündel an Unsicherheit, habe mich ständig selbst unter Druck gesetzt.

Und das Schlimmste war: Emily schien mich plötzlich nicht mehr zu mögen.

Dabei spürte sie nur meine innere Zerrissenheit. Ich tat das, was man mir sagte, und stand gar nicht dahinter. Die Reaktionen der Umwelt auf meine Rollstuhl-Existenz hatten mir jegliches Selbstbewusstsein genommen und Emilys scheinbare Ablehnung bestätigte mich in meiner negativen Selbstbespiegelung.

Tatsächlich dauert es lange, bis ich ihre Signale verstand, mich endlich öffnen und Emmy sich auf mich einlassen konnte. Zuvor war ich völlig verunsichert und blockiert; ich kann die Angst nicht beschreiben, die ich hatte, dass dieser Hund mich nicht will.

Umgekehrt kann ich aber auch mein Glück nicht beschreiben, als Emily zum ersten Mal im Wald das Dummy in meine Hände legte oder erstmals freiwillig und ohne zu jammern die Nacht in meinem Zimmer verbrachte – da war das Eis gebrochen.

In Hümmerich kommt man an sich selbst nicht vorbei, man kann sich nicht zuballern, ablenken oder so tun als ob. Man wird ständig auf sich selbst zurückgeworfen. Keine einfache Zeit! Aber es werden Ketten gesprengt. Jedes Team gerät während der Zusammenführung an seine psychischen und oft auch physischen Grenzen. Niemand ist dabei, der nicht irgendwann die Wahrheit auf den Tisch legen muss.

Tatjana hat ein feines Gespür für unsere Vermeidungsstrategien und die Art, wie wir uns selbst belügen. Mit ihrer klaren Art legt sie den Finger in die Wunde, bringt die Dinge auf den Punkt. Oft ist sie viel mehr Therapeutin, Seelentrösterin, Ratgeberin und Pädagogin als Ausbilderin für Assistenzhunde.

Dabei sind die das Wichtigste für sie. Tag für Tag fordert sie bei der Zusammenführung den Respekt und die Wertschätzung für die Hunde von neuem ein. Immer und immer wieder. Nichts muss perfekt sein, vieles verzeiht sie, nur nicht den achtlosen Umgang mit dem Tier. Beziehung und Bindung. Das sind die Zauberworte. Ich fand das alles manchmal übertrieben. Heute weiß ich, genau so muss es sein, damit Mensch und Hund wirklich ein Team werden.

Mittlerweile kann ich keinen einzigen Schritt mehr laufen oder meine Hände heben, um mir die Nase zu putzen, aber ich kann mich auf meinen Hund zu hundert Prozent verlassen, und das verdanke ich Tatjana.

Zweimal war ich nahe daran, alles hinzuwerfen. Es war alles zu viel. Stellvertretend für mich probten meine Eltern, vor allem meine Mutter, den Aufstand. Tatjana hat das gar nicht beeindruckt. Sie sah die symbiotische Mutter-Tochter-Beziehung und wusste wohl, dass ich viel mehr kann, wenn ich mich nur endlich auf eigene Beine stelle. Sie ließ sich auch nicht darauf ein, mich dauernd zu pampern. Ich, die jede positive Rückmeldung aufsaugte wie ein Schwamm, hatte es plötzlich mit einer Frau zu tun, die sehr sparsam mit anerkennenden Worten war und von mir verlangte, meine Leistung selbst zu beurteilen. Ob du etwas richtig gemacht hast, sagte sie mir damals, muss nicht ich dir sagen. Dein Hund teilt es dir mit. Du musst bloß hinschauen.

Die Zusammenführung dauerte sehr lange. Fast ein halbes Jahr. Immer wieder unterbrochen von Unibesuchen; meine Existenz in Köln und meine Physiotherapie, das alles lief ja weiter.

Auch das Leben meiner Eltern wurde völlig durcheinandergewirbelt und sie mussten in dieser Zeit viel zurückstecken und entbehren – Tatjana ließ das unberührt. Ich glaube, nur ihre Liebe zu mir hat sie beide motiviert, diesen Weg mit mir zu gehen – bis zum Schluss. Jeder, der nach Hümmerich kommt, das habe ich mittlerweile verstanden, bringt ein dickes Päckchen an Sorgen und Problemen mit, und überall steht in Großbuchstaben drauf, »das geht nicht« oder »das kann ich nicht«.

Wenn die VITA-Leute beginnen, auf alles Rücksicht zu nehmen, können sie einpacken. Für Tatjana ist das Wichtigste, dass das Team zusammenfindet. Das Drumherum muss sich dem unterordnen. Du willst einen Hund? Dann lass Dich zu hundert Prozent auf die Zusammenführung ein. Ganz oder gar nicht. Eine radikale Einstellung, aber vielleicht die einzige, die Sinn macht.

Wenn man neu nach Hümmerich kommt, versteht man viele Dinge nicht. Manches ist schwer anzunehmen, weil man die Notwendigkeit nicht sieht, weil man denkt, ich hab doch noch ein anderes Leben, auch wenn da der innige Wunsch nach dem Hund ist. Eine Gratwanderung. Was mich betrifft, so bin ich mittlerweile felsenfest davon überzeugt, dass jeder einzelne Tag genau so ablaufen musste, damit Emmy und ich das Team werden konnten, das wir heute sind. Doch bis ich das einsehen konnte, ist viel Zeit vergangen. Sicher geht das auch anderen so. Heute versuche ich meine Einsichten den anderen Teams zu vermitteln, die gerade in der Zusammenführung sind. Sie hören es, aber sie können es noch nicht fühlen. Man braucht Abstand, um zu verstehen, wofür bestimmte Dinge gut sind.

Meine Beziehung zu Tatjana, zu VITA und zum Ausbildungszentrum ist im Laufe der Zeit sehr innig geworden. Ich, die normalerweise sprudele wie ein Wasserfall, kann das gar nicht so recht in Worte fassen.

Hümmerich ist für mich heute ein Fels in der Brandung, ein Ort, an dem ich Kraft sammele, an dem ich genau so sein kann wie ich bin. Wo ich geschätzt werde für das, was mich ausmacht, und wo ich an mir selbst nicht vorbeikomme.

Tatjana begegne ich mit viel Achtung und Respekt. Auch sie nimmt mich ernst, fragt mich nach meiner Meinung Das habe ich mir hart erarbeitet und darauf bin ich stolz.

Als ich nach Hümmerich kam, war ich eine unreife 23-jährige, die sich ständig hinter ihren Eltern versteckt hat. Und dann dieses Theater mit dem Rollstuhl. In Hümmerich stellte sich die Frage erst gar nicht. Ich musste in den Rolli, weil ich die Touren mit Emily nicht zu Fuß machen konnte.

Was aber bei mir ein inneres Erdbeben auslöste, war die Tatsache, dass ich bei VITA zum ersten Mal in meinem Leben mit Menschen in Kontakt kam, die ähnliche Probleme und ähnliches erfahren hatten wie ich. All die Jahre hatte ich die Welt in »behindert« und »normal« eingeteilt. »Behindert sein« – das war eine Grenze, die ich auf keinen Fall überschreiten wollte. Ich hatte Angst vor dem Abgrund, der sich dahinter auftat. Doch in Hümmerich war ich plötzlich Teil einer großen Familie – manche konnten laufen, andere eben nicht. All meine Ängste und Vorurteile waren gänzlich fehl am Platz.

Hümmerich ist für mich heute ein Zufluchtsort. Ich darf immer anrufen, wenn der Alltag mich gerade auffrisst, wenn ich das Gefühl habe, all dem nicht mehr gewachsen zu sein, oder Angst, dass Emily zu kurz kommt. Klar, sagt Tatjana dann, setz dich ins Auto und komm.

Und es ist seltsam: Wenn ich die Stadt verlasse und Richtung Westerwald fahre, dann sehe ich plötzlich den Weg wieder vor mir, den ich gemeinsam mit Emily gehen muss. Alle Unsicherheiten fallen von mir ab und ich empfinde inneren Frieden.

Ich bin Nina, sage ich mir dann. Seht mich als Mensch, mit Ecken und Kanten, liebenswert und unvollkommen, und nicht als Rollstuhlfahrer oder Krückengänger. Das habe ich bei VITA gelernt, und diese Haltung versuche ich auch anderen Teams zu vermitteln.

Als ich nach der Zeit in Hümmerich mit Emily nach Hause kam, war längst noch nicht alles gut. Ein richtiges Team wird man erst im Alltag. Ich hatte ständig Angst, etwas falsch zu machen. Was ist, wenn sie wegläuft, was, wenn ihr etwas passiert, wenn sie unglücklich ist oder wenn ich sie nicht richtig versorgen kann? Ich habe jedes Zucken ihrer Augenbrauen registriert und interpretiert, erst ganz allmählich stellten sich Sicherheit und Vertrautheit ein.

Mein Tag beginnt um Viertel vor sechs, da mache ich mich fertig, und gehe um Viertel vor sieben mit Emmy raus. Ich brauche fünf Minuten mit dem Rolli und dann stehe ich mitten im Feld. Eine ganze Stunde nehmen wir uns füreinander Zeit, weil Emmy ja dann lange liegen muss. Gegen acht fahre ich mit ihr zur Arbeit. Mein Auto ist ein Wunderwerk der Technik und ich steuere, bremse und beschleunige nur mit den Fingerspitzen. Auch Ein- und Aussteigen kann ich über eine Rampe allein.

Emmy sitzt sicher angeschnallt auf der Rückbank des kleinen Vans. Im Büro hat sie ein Körbchen und alle lieben sie. Sie öffnet mir die Türen, drückt für mich auf den Fahrstuhlknopf, freut sich, wenn sie mir was aufheben darf.

Ich arbeite bis zwei und gehe dann nochmal eine Stunde mit ihr raus. Dreimal pro Woche habe ich Physiotherapie, anschließend steht für uns beide »Futtern« auf dem Plan; meist ist auch mein bester Freund da, abends dann nochmal kurz vor die Tür und gegen halb zehn liege ich im Bett. Emmy in Sichtweite.

In unserer gemeinsamen Anfangszeit hat sie mich von menschlicher Hilfe unabhängig gemacht, Duschen und Aufstehen konnte ich damals noch alleine. Mittlerweile wechseln sich vier Assistentinnen bei meiner Betreuung ab. Es geht nicht mehr anders. Die praktische Hilfe, die Emily leistet, ist deshalb ein bisschen geschrumpft, die emotionale aber umso wichtiger geworden. Wir schmusen oft miteinander. Weil ich mich nicht mehr vornüberbeugen kann, springt sie mir auf den Schoss und läßt sich kraulen.

Am Wochenende haben wir ein gemeinsames Ritual. Bevor ich aufstehe, hüpft Emily zu mir ins Bett, ich strecke meinen Arm aus, sie liegt mit dem Rücken zu mir und ich stecke meine Nase in ihr weiches Fell. Sie riecht so gut. Das ist das Schönste, was es gibt.

Wenn meine Assistentin einkaufen geht, bin ich viel ruhiger, weil Emily da ist. Sie gibt mir das Gefühl von Sicherheit. Außerdem hilft sie mir nach wie vor beim Ausziehen, öffnet mir Türen, betätigt Lichtschalter, holt den Fahrstuhl, macht Schubladen auf und hebt mir abends die Beine ins Bett.

Und es gibt immer wieder Situationen, in denen sie mich regelrecht rettet. Vor einiger Zeit zum Beispiel war ich im Bad, wie immer mit Emily, die Tür war geschlossen und ich legte das Handy aufs Regal, wo ich es leicht erreiche. Durch einen blöden Fehler bin ich aber gestürzt, lag wie ein Maikäfer auf dem Rücken, konnte mich nicht mehr aufrichten und das Mobiltelefon war unerreichbar. Ich kam in Panik, Emily hingegen blieb ganz cool. Sie brachte mir – wohl zur Aufheiterung – erst ein paar andere Dinge, dann endlich das Handy und ich konnte Hilfe herbei-rufen. Es dauerte eine halbe Stunde, bis jemand kam. In dieser Zeit habe ich einfach nur dagelegen, mit meiner Emmy im Arm, und alles war gut.

Sie gibt mir so viel, meine Emmy – Zuneigung, Körperlichkeit, Nähe, Vertrauen, Zärtlichkeit – sie ist für mich das pure Glück! Wenn man euch beide sieht, sagt Tatjana, dann spürt man die Liebe, die euch ver-bindet. Manchmal hat sie Grund zur Kritik, wenn Emmy zu sehr mit dem Dummy trödelt oder nicht ganz korrekt am Rolli läuft. Du müsstest strenger sein mit ihr, sie mit strafferer Hand führen, sagt sie dann, aber das geht nur, wenn Du sie nicht ständig mit Liebe überschüttest. Und weil das ein Ding der Unmöglichkeit ist, lässt Tatjana bei uns beiden manchmal alle fünfe gerade sein.

Und noch etwas: Durch Emmy hat sich für mich beinahe ganz von selbst ein soziales Netz aufgebaut. Menschen sprechen mich auf der Stra-ße an, meine Arbeitskollegen interessieren sich für mein Leben, und ich habe bei VITA so viele Menschen, die mir wertvolle Ratschläge geben. Tom hat mir viel mit meinem Auto geholfe, Thorsten gibt mir gute Tipps bei der Dummy-Arbeit, Silke, die als Staatsanwältin so viel leistet, sagt mir ganz oft:»Hey, versteck dich nicht, das hast du nicht nötig.« Ich finde sie alle so toll und habe so viel Respekt vor ihnen, Silke mit ihrer schwarzen Robe und dem großen Hund, Christian mit Keck, der sich so tapfer schlägt. Johanna, die zwar mehr Kraft hat als ich, aber nicht die Koordination. Was ist schlimmer? Geht es überhaupt um schlimm und weniger schlimm?

Tatjana – sie hat zwei gesunde Beine, aber keine Sekunde für sich, kein Privatleben und seit Jahren keinen einzigen Urlaubstag. Wir pro-fitieren davon. Vielleicht ist ihr Lohn ein erfülltes Leben, aber es hat einen verdammt hohen Preis. Was ich damit sagen will: VITA ist nicht nur Emily, es ist eine Verantwortung, eine Aufgabe, eine Philosophie, ein Sinn.

Natürlich gibt es unzählige Tage, an denen ich am liebsten zu Hause bliebe, statt mit einem unternehmungslustigen Hund in aller Herrgotts-frühe bei minus sechs Grad spazieren zu gehen. Aber die Frage stellt sich nicht. Emmy wartet schon freudig wedelnd an der Tür. Und wenn ich dann auf den Feldern stehe, die Sonne geht auf und Emmy tobt durch den Schlamm – was gibt es Schöneres? Da sind mir Dreck und Kälte egal. Bevor ich VITA kennenlernte, war ich ein komplett anderer Mensch. Ich glaube nicht, dass ich den Rollstuhl und mein Schicksal hätte annehmen können, ohne Emily. Sie hat mir einfach keine andere Wahl gelassen und gibt mir ganz viel emotionalen Halt. Einen Halt, den mir sonst niemand geben kann, auch meine Eltern nicht.

Die sind übrigens beide restlos in Emily verliebt. Auch mein Vater, der doch anfangs keinen Hund wollte. Heute vergisst er alles um sich herum, wenn er sie sieht. Über Emily wird in unserer Familie so viel Liebe transportiert, es werden Dinge gesagt, die sonst niemand aussprechen würde. Ich bin so dankbar, wenn ich sehe, wie viel wir über sie lachen und reden und wieviel über sie stattfindet. Sie bereichert nicht nur mein Leben!

In den letzten sechs Jahren habe ich fast alle körperlichen Fähigkeiten verloren, alles was ich einmal konnte, und trotzdem zeigt Emily mir die Welt. Rein praktisch kann ich nur noch so wenig tun, und trotzdem bin ich für sie so wichtig. Das zu erleben macht alles andere wett. Aus heutiger Sicht war die Entscheidung für Emily die beste meines Lebens. Ich hoffe nur, dass sie mir noch ganz lange bleibt …

Natürlich gibt es noch andere Dinge, die mich stabilisieren. Zum Beispiel mein Job. Als Diplomsozialarbeiterin stehe ich mitten in der Öffentlichkeit, arbeite mit Gesunden zusammen, die 20 Jahre mehr Berufserfahrung auf dem Buckel haben als ich. Und ich schaffe das, ich schaffe das gut! Auch dabei hilft mir Emmy. Bei meinem Bewerbungsgespräch war ich mir nicht sicher. Nehme ich sie mit oder nicht? Quatsch, dachte ich dann. Wenn sie nicht willkommen ist, will ich da auch nicht hin. Ich saß dann sechs Leuten gegenüber, die mich neugierig betrachteten.

Hi. Ich bin Nina, sagte ich, und das ist Emily. Da war das Eis gebrochen, obwohl meine Eignung für den Job durchaus kontrovers diskutiert wurde. Sozialarbeit im Rolli? Wie soll das gehen? Am Ende hab ich mich aber unter 30 Bewerbern durchgesetzt. Anschließend habe ich intern noch mal gewechselt, mache jetzt Öffentlichkeitsarbeit und habe meinen Traumjob gefunden, in dem es auf meine Fähigkeit ankommt, mit Menschen umzugehen, unabhängig von meiner Behinderung.

Und dann habe ich noch das große und an ein Wunder grenzende Glück, einen Menschen gefunden zu haben, der meinen Weg mit mir zusammen geht. Zwischen meinem besten Freund und mir gibt es nichts, was nicht möglich ist. Wir müssen es nur möglich machen, und wir können das, wenn wir es wollen. Reisen zum Beispiel – gemeinsam mit meiner Familie waren wir letztes Jahr in Südafrika. Dieses Jahr fahren wir nach Schweden mit dem Wohnmobil und Emily ist natürlich dabei.

Mein bester Freund war auch schon oft mit in Hümmerich dabei – ich halte nichts von ihm fern, er kann das aushalten, und das tut so gut.

Meine Eltern allerdings verkraften es manchmal kaum, dass es mir immer schlechter geht. Aus Ihrer Hilflosigkeit und Ohnmacht heraus verfallen sie dann häufig in gut gemeinten Aktionismus. Als ich meinem Vater vor ein paar Jahren erzählte, dass ich kaum noch einen Schritt laufen kann, gab er mir hilflos zur Antwort: Vielleicht sollten wir uns nach einem Rollator umsehen. Immer sofort dieses »Was können wir tun?« Dabei wäre es schön, einfach mal gemeinsam zu trauern. Doch das fällt schwer.

Ich habe Phasen, in denen ich mich ganz kraftlos fühle, in denen mir jeder Funke Energie fehlt und ich mit dem Leben hadere. Dann brauche ich keinen Rat. Es gibt schlicht nichts zu sagen. Mein bester Freund nimmt mich in solchen Situationen in den Arm und küsst mir sanft die Tränen weg, ohne zu sagen, jetzt hör auf zu weinen. Wir geniessen gemeinsam jeden Augenblick und versuchen, nicht an Morgen zu denken, ohne etwas zu verdrängen. Nie zuvor habe ich so bewusst gelebt wie jetzt. Ich bin dankbar für jeden einzelnen Tag – trotz aller Schwierigkeiten, die er mit sich bringt.

Auch heute noch gibt es zwei Ninas in mir. Die eine empfindet ganz viel Trauer, Wut und Angst vor der Zukunft, aber die andere sprüht vor Lebensmut, Energie und Glück. Ich bin so dankbar für alles, was ich in meinem Leben habe, mich selbst, meine Familie, meinen Hund, meine Freunde. Wenn man mich fragt, dann sag ich ja, ich bin wirklich glücklich, auch wenn die traurige Nina immer ein Teil von mir sein wird.

Durch Emily habe ich zu mir selbst gefunden und zu den Dingen, die wirklich wichtig im Leben sind. Sie schenkt mir nicht nur Vertrauen, Sicherheit und Hilfestellung, sondern auch eine bedingungslose Freundschaft. Heute ist sie mein stärkster Halt im Leben, meine Konstante, die da ist, immer und absolut.

Natürlich werden auch im Umgang mit ihr manche Dinge beschwerlicher. Doch darüber denke ich nicht nach. Emily ist mein Motor, und ohne sie wäre ich nicht das, was ich heute bin: eine selbstbewusste junge Frau im Rolli.

Wir sind ein perfektes Team, bei dem einer den anderen braucht! Was gibt es Schöneres auf der Welt?

Tatjana erzählt

Für mich sind Nina und Emily etwas ganz Besonderes. Sie sind ein Dream-Team, das sich beinahe ohne Worte verständigen kann. Wenn ich sie beobachte, berührt es mich auf ganz besondere Weise, denn ich sehe mich und Mighty.

Dabei war die Zusammenführung mit Emily alles andere als einfach und für die Beteiligten äußerst anstrengend. Nina kam in dieser Zeit oft an ihre Grenzen.

Bei Emily war es Liebe auf den zweiten Blick, denn Nina hatte sich bei ihren Besuchen in Hümmerich zunächst in Valentin verliebt – einen großen, verschmusten Golden-Retriever-Rüden mit sehr viel Charme. Als er Nina das erste Mal sah, holte er sich sofort eine große Portion Streicheleinheiten bei ihr ab und Nina war hin und weg. Sie wollte nur ihn, sonst keinen. Ich konnte das verstehen, denn es ist leicht, sein Herz an diesen wunderschönen Hund mit den kugelrunden Augen zu verlieren. Auch er hätte ihr zuverlässig als Assistenzhund zur Seite gestanden.

Er ist klug und kann alles, was er in diesem Job können muss. Aber er ist auch ein wenig bequem. Ein äußerst liebenswerter Schluff, den man motivieren muss. Keiner, der pure Lebensfreude versprüht, spritzig ist,

»nach vorne zieht«. Doch genau das brauchte Nina, ein Energiebündel an ihrer Seite, das trübe Gedanken sofort vertreibt. Nina, habe ich zu ihr gesagt, Du brauchst einen Hund, der Dich zum Lachen bringt, zum Spazierengehen verlockt, Dich ansteckt mit seiner Lebenslust und sich über alles freut, was er für Dich tun kann.

Natürlich hatte ich schon eine Gefährtin für sie im Blick – die schwarze Labrador-Dame Emily. Ihr Profil passte perfekt zu dem von Nina. Ich war ganz sicher: Die beiden würden auf lange Sicht sehr glücklich sein miteinander.

»Leg dich nicht gleich fest; lass uns doch auch noch nach anderen Hunden schauen. Nach Emily zum Beispiel«, schlug ich Nina vor. Nina war zunächst sehr skeptisch. Labrador statt Goldie, schwarz statt weiß, klein statt groß, Hundedame statt Rüde, kurzes (Nina sagte »borstiges«) Fell statt Lockenpracht? Sie kämpfte mit sich und entschied sich schließlich für Emily, weil sie mir vertraute. Valentin macht übrigens heute als Alzheimerhund Senioren glücklich – eine Aufgabe, die seinem ruhigen und freundlichen Wesen sehr gut entspricht.

Emily, die ursprünglich Tunnelwood Pebble hieß, ist keine typische Labradordame. Sie stammt aus einer englischen Arbeitslinie, ist hoch sensibel, äußerst gelehrig, hat viel »will to please« und ist überhaupt nicht hektisch, wie man das manchmal bei Labradoren beobachten kann. Und von wegen Borsten: Sie hat ein seidenweiches Fell, wie Nina bei näherer Betrachtung zugeben musste. Nina kam ein paar Mal zu Besuch nach Hümmerich, beim dritten Mal sprang ihr Emily auf den Schoß und leckte ihr Gesicht. Da war alles klar. Wie gesagt, es war Liebe auf den zweiten Blick, aber definitiv die richtige Entscheidung.

Dann die Zusammenführung. Auch sie begann mit Hindernissen. Ich erinnere mich noch genau. Es war Mittagsessenszeit. Wir saßen zu dritt am Tisch. Nina, ihre Mutter und ich. Die beiden waren gerade mal zwei Tage da. »Wann machen wir weiter, Nina«, fragte ich sie, »brauchst du eine Pause?« Nina holte Luft, aber die Mutter war schneller: »Du musst dich jetzt erst mal hinlegen, Nina, du bist völlig erschöpft, und für die Uni müsstest Du auch noch was tun. Danach könnt ihr weitermachen.«

Nina schwieg. Ich hätte sie am liebsten ein wenig geschüttelt und ihr zugerufen, überlass nicht alle Entscheidungen andern! Fang an, Verantwortung für dich zu übernehmen. Das war das Thema bei der ganzen Zusammenführung. Mehr als einmal gab es sehr emotionale Konfliktgespräche. Auch mit den Eltern. Dabei sind sie beide so nett, aber sie haben immer gedacht, sie müssen ihr Kind beschützen, ihm so viel wie möglich abnehmen.

Alle anderen wussten, was gut für sie ist. Nur Nina selbst wusste es nicht. Sie hat immer an sich gezweifelt, hatte keinen Funken Selbstbewusstsein, als sie hierher kam, und brauchte ständig Feedback und Ermutigung von außen. Und Emily zog sich zurück. Ich habe das Gefühl, Emily mag mich nicht mehr, warum denn bloß? fragte sie mich weinend.

»Wir werden das Problem nicht mit Reden lösen, Nina,«, gab ich zur Antwort. »Wenn Du anfängst, für dich selbst zu denken und dich zu fühlen, dann kann Dich auch Emily spüren. Im Moment weiß sie gar nicht, wen sie da gegenüber hat. Es ist alles nur Fassade.« Sich selbst fühlen? Nina verstand lange gar nicht, was damit gemeint ist. Es war eine Gratwanderung: Wie viel mute ich Nina zu, und wann besteht die Gefahr, dass sie abstürzt?

Viele, die nach Hümmerich kommen, geraten in eine solche Krise. Sie wollen »nur« einen Hund und stecken plötzlich mitten drin in einem anstrengenden Selbstfindungsprozess. Mir macht das manchmal Angst, denn ich bin es, die diese Entwicklung forciert. Ich bringe die Kinder, die Jugendlichen und die Erwachsenen, die es schwer genug haben im Leben, in diese Situation und muss dafür sorgen, dass sie da unbeschadet wieder rauskommen. Es ist eine Verantwortung, an der ich schwer trage und für die ich mein ganzes pädagogisch-psychologisches Wissen brauche. Viele Nächte werden an meinem Esstisch durchdiskutiert, viele Tränen fließen, aber letztendlich sind es die Erfolge, die mich in meinem Tun bestärken.

Nina war in den ersten Wochen in Hümmerich so damit beschäftigt, das zu tun, was man ihrer Meinung nach von ihr erwartetet, dass sie gar keine Zeit hatte, in sich hineinzuhören, obwohl sie doch so ein sensibler Mensch ist. Ihr Verhalten war ausschließlich kopfgesteuert. Sie ordnete die Dinge den Strukturen unter, die ihr von aussen auferlegt wurden, und überlegte von morgens bis abends, was sie alles leisten muss, da passte nichts mehr dazwischen. Ihre Zeit in Hümmerich sah sie ausschließlich pragmatisch: Ich muss das hier absitzen, dachte sie, lernen, wie ich mit Emily umgehen soll, und am Ende kann ich sie mit nach Hause nehmen.

Ihre Erwartung war, dass der Hund von sich aus zu ihr kommt. Dass sie aber etwas in die Waagschale werfen muss, um ihr lebendiges Gegenüber für sich zu gewinnen, dass sie Bindung und Beziehung erarbeiten muss, um mit ihr eins zu werden, dass sie sich öffnen muss, damit Emily eine Chance hat, sie zu erreichen, das hat sie lange nicht begriffen. Wenn sie mit Emily sprach, tat sie das mit monotoner Stimme. Ohne jedes Gefühl, obwohl sie doch so ein gefühlvoller Mensch ist. Emily fühlte sich total abgelehnt von ihr, kein Wunder, dass sie sich zurückzog. Sie ging einfach nicht mehr zu ihr und Nina übersah all ihre Signale. Auch Ninas Mama war völlig verzweifelt. »Sie gibt doch alles«, sagte sie, »sieh nur, wie fertig sie ist!« Beide wollten Rezepte von mir, aber die existieren nun einmal nicht, wenn es um Lebwesen geht.

Der Hund ist Spiegel unseres Verhaltens. Im guten und im schlechten. Entweder er sucht unsere Nähe, oder er geht weg. Wenn er voll Freude zu uns kommt, dann ist das die Bestätigung dafür, dass wir alles richtig gemacht haben. »Achtet auf euren Hund,« sage ich deshalb in den Trainingseinheiten immer wieder, »und nicht auf mich. Ihr strengt Euch hier nicht an, damit ich euch lobe, ihr tut es für euren vierpfotigen Partner und für euch selbst.«

Meine Aufgabe ist es, das Team zu lenken und zu leiten, den Weg zu bereiten, damit sie sich in aller Aufrichtigkeit begegnen können. Aber ich darf nicht zwischen den beiden stehen und versuche ganz bewusst, nicht zu viel Einfluss zu nehmen, sondern ihn wohl zu dosieren: so viel wie nötig und so wenig wie möglich.

Menschen wie Nina, die es gewohnt sind, zu tun, was man ihnen sagt, die immer Bestätigung brauchen und Lob aufsaugen wie ein Schwamm, können mit dieser ungewohnten Verantwortung zunächst nichts anfangen. Nina hatte übergroßen Respekt vor mir und tat ängstlich alles, um mir zu gefallen. Dabei verlor sie Emily aus dem Blick.

Wir hatten zahllose Gespräche, die alle zu nichts führten, bis mir klar wurde, dass wir das System durchbrechen müssen. Nach drei Wochen, in denen überhaupt kein Fortschritt erkennbar war, traf ich eine Entscheidung. Es ist besser, wenn Ninas Mutter in dieser schwierigen Phase Hümmerich verlässt, damit sich ihre Tochter aus dem Kokon der elterlichen Unterstützung befreien kann. Ninas Mama hat ganz toll reagiert und war sofort einverstanden. Sie schien mir beinahe ein wenig erleichtert.

Es war der richtige Weg. Plötzlich war das Netz weg, das Nina immer aufgefangen hatte. Keiner gab ihr mehr Ratschläge und niemand handelte mehr stellvertretend für sie. Sie mußte plötzlich fühlen und beobachten und ihre Empfindungen selbst interpretieren. Wer bin ich eigentlich? Ich glaube, diese Frage hat sie sich damals zum ersten Mal gestellt. Und sie begann staunend, die tolle junge Frau zu spüren, die da in ihr steckte. Mit all ihren Wünschen und Hoffnungen, ihren Fähigkeiten und ihrem Potenzial. Damit machte sie sich selbst und Emily den Weg zu sich frei.

Ich hatte sie richtig eingeschätzt. Nina hat eine unglaubliche Entwicklung durchgemacht in dieser Zeit. Emily gab ihr die Kraft. Sie wollte diesen Hund unbedingt für sich gewinnen und fing an, sich ihren Ängsten zu stellen, in den Spiegel zu schauen und ihr Leben in die Hand zu nehmen. Immer wieder führte sie das an ihre Grenzen, sie stürzte ins Bodenlose und rappelte sich wieder auf, fing an, rebellisch zu werden und schoß dabei über das Ziel hinaus. Statt Maß zu halten, wollte sie nun plötzlich alles alleine machen, sogar spätabends mit Emily rausgehen. Das kostete sie viel zu viel Kraft. Aber auch das ging vorbei

Nina ist in Hümmerich im Zeitraffer erwachsen geworden. Sie hat ihre Chance ergriffen und genutzt. All meine Botschaften kamen letztendlich bei ihr an, wenn auch teilweise mit großer Verzögerung.

Mein erster Besuch bei Nina in Köln war zunächst ein Schock. Oh Gott, wie soll das werden, in dieser großen Stadt? Dieser Lärm, diese

Abgase, diese Hektik, aber in der Nähe war ein Wald, und ich wusste, hier kann Emily atmen.

Insgesamt war ich mehrere Tage da, um die beiden bei ihren ersten Schritten in einen gemeinsamen Alltag zu begleiten. Am letzten Abend haben wir noch gemeinsam gegessen. Ninas Mutter war zu Besuch, und Emily lag unter dem Tisch. Als es Zeit war zu gehen, blieb Emily wie selbstverständlich liegen und gab mir damit das Zeichen, mach dir keine Sorgen, alles okay.

Ich kann mich noch gut an die Heimfahrt erinnern, war froh, über diese zwei Stunden auf der nächtlichen Autobahn. Jede Trennung von einem Hund ist schwierig. Einerseits ist da die Freude über das neue Team, der Stolz, dass es wieder einmal geschafft ist, der Blick nach vorn und die Gewissheit, dass jetzt etwas Neues beginnt. Und andererseits die Trauer und der Schmerz, diesen Hund loslassen zu müssen. Ich habe an all die vielen schönen Erlebnisse und Augenblicke mit Emily gedacht, und daran, wie sehr sie jetzt im Rudel fehlen wird. Ich habe geweint auf dieser Fahrt und war froh, dass Nina von meiner Trauer nichts wußte – sie hätte sich sonst sofort Sorgen um mich gemacht.

Ein paar Wochen später war ich nochmal da. Ich war beeindruckt von diesem Team. Emily holte den Aufzug, öffnete Türen und Schubladen, brachte Nina das Sieb, das sie zum Kochen brauchte, zog ihr Mütze und Handschuhe aus und ging mit ihr gemeinsam ins Bad. Kannst du mir nochmal helfen, bat mich Nina am Ende dieses Nachmittags, ich hätte gerne, dass mir Emily abends die Beine ins Bett stupst. Das haben wir dann gemeinsam geübt. Als ich ging, war mir klar, dass dieses Team – wow – zusammengewachsen war.

Auch sonst startete Nina durch, obwohl es ihr gesundheitlich immer schlechter ging. Sie hatte ihr Studium abgebrochen, mit Emily ging sie wieder hin, hatte Spaß und entwickelte Ehrgeiz. Sie hat einen guten Freund, der ihr sehr wichtig ist und mit dem sie viel unternimmt. Aber auch ihm gegenüber sagt sie: »Emmy ist meine Nummer 1«.

Einmal hat sie den Hund bei mir in Hümmerich gelassen, letztes Jahr, als sie nach Südafrika reiste. Ich weiß nicht, wie lange ich das noch kann, sagte sie, ich will es erleben und es tut Emily nicht gut, wenn sie mitkommt. Bei dir ist sie gut aufgehoben. Aber sie war hin und hergerissen. Je näher die Reise rückte, desto verzweifelter war sie. Ist das wirklich in Ordnung? Glaubst du, dass mir Emily das übelnimmt?

Am Flughafen hat sie so sehr geweint, dass ihre Familie dachte, sie könnte die Reise gar nicht antreten. Dann rief sie nochmal in Hümmerich an, Emily legte ihr Ohr ans Telefon; flieg nur, schien sie zu sagen, ich warte hier auf Dich. Zwar glühten die Telefondrähte zwischen Südafrika und Hümmerich, aber Nina konnte die Reise genießen.

Auch mich ließ das nicht unberührt. In der Zeit, in der Emily bei mir war, habe ich sie gehütet wie meinen Augapfel, war abends immer froh, dass sie gesund und munter neben mir lag. Umso schöner war es dann, als sich die beiden wieder hatten.

Nina hat sich unglaublich weiterentwickelt, sie ist selbstbewusst geworden, hat ihr Studium abgeschlossen und hat einen anspruchsvollen Job. Diese Stelle hätte ich ohne meinen Hund nie bekommen, sagt sie.

Diese wunderbare junge Frau ist an und mit Emily über sich selbst hinausgewachsen. Unglaublich, dieses gelebte Maß an Bindung und Beziehung. Sie haben alles erreicht, was zwischen Mensch und Hund entstehen kann. Es ist wunderschön, die beiden zu sehen. Ich sagte es schon: Sie sind das absolute Dream-Team.

Ninas Mutter erzählt

Wenn man Mutter ist und eine kranke Tochter hat, dann sieht man die Dinge in einem anderen Licht. Man hat Angst Fehler zu machen, neigt dazu, sie zu sehr zu beschützen, empfindet – auch, wenn man es besser weiß – Unbehagen, wenn sie eigene Wege gehen möchte.

All das ist gut gemeint und geschieht aus Liebe, und trotzdem kann es falsch sein. Es gehört so viel Mut dazu, sich einzugestehen, dass das, was man als gut und richtig empfand, gar nicht gut und richtig ist.

Ich wollte mir nie vorwerfen lassen, nicht alles menschenmögliche für Nina getan zu haben. Ich war immer an ihrer Seite, habe sie nie alleine gelassen, habe unzählige Tage und Nächte an ihrem Krankenhausbett verbracht. Sie war ein so zartes Kind, innerlich und äußerlich. Sehr zurückgenommen, verletzlich und auch ein wenig ängstlich. Ob wir sie dazu gemacht haben oder ob sie schon immer so sensibel war, vermag ich nicht zu sagen.

Als wir seinerzeit die Diagnose bekamen, wusste ich sofort, was da auf uns zukommt. Der Rollstuhl stand vor meinem geistigen Auge, obwohl die Krankheit in den 1980er-Jahren noch ziemlich unerforscht war. Zunächst habe ich mit vielen Tränen, mit Verzweiflung aber auch Wut reagiert. Warum wir? Warum passiert ausgerechnet uns das? Aber ich habe dann recht schnell umgeschaltet. Es nützt nichts, hab ich mir gesagt, das hat uns das Schicksal auferlegt. Wir müssen da durch und alles dran setzen, dass Nina einen guten Start ins Leben hat. Und fortan haben wir unser Kind in Watte gepackt, so wie das viele Eltern in einer solchen Situation tun.

Nina hat immer gehadert, mit sich und der Welt. Ihre Krankheit hat sie nie akzeptiert. Ich erinnere mich an viele tränenreiche Diskussionen in ihrer Teenagerzeit, aber auch später, als sie schon in Köln wohnte. Nina suchte immer nach Antworten, die es nicht gab. »Wir haben alles schon tausendmal besprochen«, sagte ich ihr, »wir drehen uns im Kreis!«

Sie hat sich bestimmt geborgen und beschützt gefühlt von uns, aber mit Sicherheit auch gegängelt. Sie hatte zwar Flügel zu fliegen, aber sie konnte sie nicht ausbreiten. Ich habe lange nicht erkannt, dass es an der Zeit war, mich aus Ninas Leben zurückzuziehen, um ihr den Weg zu sich selbst frei zu machen. Ich habe sie mit meiner Fürsorge blockiert. Das mache ich mir manchmal zum Vorwurf.

Und dann trat VITA in unser Leben – und Tatjana Kreidler. Gott sei Dank. Ein Hund für Nina. Wir hatten den Verein auf einer Messe kennengelernt, und ich war begeistert von dieser Idee.

Als Nina nach Hümmerich kam, war sie ein Pflänzchen, das ohne Stock nicht stehen konnte. Sie hatte zwar einen eigenen Willen, aber ihre Bedürfnisse durchsetzen, das konnte sie nicht.

Ihre anfängliche Euphorie war schnell verflogen. Der Weg zu einem VITA-Hund erwies sich als steinig und hart. Drei Wochen lang klappte so gut wie gar nichts. Und das Schlimmste war: Emily schien sie abzulehnen.

Irgendwann kam Nina an ihre Grenzen. Es ging nicht mehr vor und nicht mehr zurück. »Ich will hier weg«, weinte sie. Und plötzlich merkte ich, dass diese scheinbar ausweglose Situation viel mit mir zu tun hatte. Nina und ich, die Übermutter, wir waren uns viel zu nah und viel zu eng. Auch hier im Ausbildungszentrum behandelte ich sie wie eine 12-Jährige, sagte ihr ständig, wo es lang geht, und hatte vergessen, dass meine Tochter mittlerweile erwachsen war. Sie traute sich gar nichts mehr zu, ich nahm ihr die Luft zum Atmen. Ich bin für sie ein Hemmschuh. Das zu erkennen tat weh. Doch der Knoten war geplatzt.

Natürlich fiel die Einsicht nicht vom Himmel. Vorausgegangen waren viele Gespräche mit Tatjana Kreidler, nachts, wenn Nina schon im Bett lag. Und als mir Tatjana vorschlug, Hümmerich und Nina für eine Weile zu verlassen, habe ich ohne zu Zögern zugestimmt.

Ich ließ sie tatsächlich allein. Und Nina stellte plötzlich überrascht fest, da ist ja keiner mehr, der mich hält. Ich muss sehen, dass ich alleine klar komme, muss Entscheidungen treffen und um Hilfe bitten, wenn es nicht anders geht. Ich weiß, wie schwer ihr das fiel.

Aber auch mir tat der Abstand gut. Mein Mann war entsetzt. Das können wir nicht machen, sagte er. Bei den allabendlichen Telefonaten mit Nina hörte er ängstlich auf alle Zwischentöne. Ich weiß auch nicht, woher ich meine Ruhe nahm. Ich glaube, ich habe Tatjana Kreidler einfach vertraut. Nina war in der Tat kreuzunglücklich ohne uns. Aber wir spürten am Telefon auch, dass da plötzlich ein Wille war, und eine Kraft.

Was soll ich sagen – als ich drei Wochen später wieder in den Westerwald kam, hatten wir ein anderes Kind.

»Laß mich mal machen«, hörte ich plötzlich von ihr, oder »Da liegst Du ganz falsch«. Widerworte von Nina? So etwas kannten wir nicht, aber sie klangen wie Musik. Nina umwehte ein Hauch von Revolution. »Das will ich, das hab ich entschieden, Du brauchst es nicht infrage zu stellen«. Herrlich! Sie war in einem Alter, in dem es völlig normal war, die Mutter in ihre Schranken zu weisen.

Und noch etwas fiel mir auf: Nina saß plötzlich ganz anders im Rolli. Kerzengerade und Schultern zurück. »Du hast gut reden«, hatte sie früher immer gesagt, wenn ich sie auf ihre zusammengesunkene Haltung hinwies. Jetzt schien sie um Zentimeter gewachsen. Ein Wunder war geschehen.

Auch im Verhältnis zu Emily. Die Hündin, die noch vor Kurzem nicht kam, wenn Nina rief, wich jetzt nicht mehr von ihrer Seite. Sie spürte die Veränderung. Und Nina war so stolz. Tatjana hatte ihr Potenzial erkannt und ließ sie nicht fallen, als es schwierig wurde. In Hümmerich hat unsere Nina den eigentlichen Schritt ins Erwachsenenleben getan. Alles, was wir ihr so gerne gegeben hätten, aber nicht geben konnten, hat sie dort gelernt.

Wir haben die Basis für diese Entwicklung gelegt, das ganz bestimmt, aber wir haben zu lange am Grundstein herummodelliert.

Jeder einzelne Tag, den wir im Trainingszentrum verbracht haben, war wichtig. Für Nina und für uns. Es war das Gefühl, in einen Spiegel zu gucken und dort Dinge zu sehen, die wir nie zuvor wahrgenommen haben, Dinge, die alles andere als schön sind.

Unsere Familie, ich glaube, da spreche ich auch für meinen Mann, hat diese Erfahrung verändert. Es gibt weniger Tabus. Wir gehen anders miteinander um. Offener, respektvoller, neugieriger. Was mich betrifft, so kann ich viel besser auf andere Menschen zugehen – auch auf meine beiden Töchter. Aber darauf können wir uns nicht ausruhen. Wir müssen »dran bleiben«. So würde es Tatjana formulieren.

Heute gibt Emily Nina jeden Tag aufs Neue die Kraft, über sich hinauszuwachsen. Verantwortung zu übernehmen, das hat sie in Hümmerich gelernt. Und ich habe gelernt, sie loszulassen. Unsere Begegnungen sind jetzt auf Augenhöhe und von einer ganz anderen Intensität. Ich bin so stolz auf sie, auf diese wunderbare junge Frau. Was für ein Geschenk.

Und das Kurioseste ist: Wir wollten eigentlich nur einen Hund.

Die Kreidler-Methode

Die VITA-Philosophie

Das Konzept, nach dem alle VITA-Hunde ausgebildet werden (die »Kreidler-Methode«), hat nicht den Anspruch auf Allgemeingültigkeit. Es gibt viele Wege, Hunden Dinge beizubringen und sie zu »wohlerzogenen« Begleitern zu machen. Die Kreidler-Methode ist eine davon. Sie ist nicht starr, sondern bezieht neue wissenschaftliche Erkenntnisse mit ein und hat sich im Laufe der Zeit stetig weiterentwickelt und verfeinert. Beim täglichen Umgang mit Mensch und Hund kamen und kommen ständig neue Erfahrungen hinzu. Nichts ist in Stein gemeißelt.

Auch die Mitarbeiter reflektieren jeden einzelnen ihrer Schritte immer wieder von Neuem, im Hinblick auf Stimmigkeit, Stand der Wissenschaft, Methoden, Didaktik und natürlich das Ergebnis. Was überholt ist, wird verändert.

Ein Beispiel: Als VITA am Anfang stand, war es für die Hunde ein absolutes Unding, vor Freude an ihrem Menschen hochzuspringen. Heute hingegen werden sie dazu ermuntert, ihrem Teampartner behutsam auf den Schoß zu hüpfen. Manchmal nur mit den Vorderpfoten, manchmal macht es sich aber auch der ganze Kerl auf den Knien des Rollifahrers bequem. Für den ist es oftmals die einzige Möglichkeit, seinen Gefährten, sein weiches Fell, sein klopfendes Herz und die Wärme, die er ausstrahlt, mit dem ganzen Körper zu spüren. Dieser Anblick ist der Inbegriff von Innigkeit und Glück.

Bei aller Flexibilität – das Wesentliche bleibt konstant und zieht sich wie ein roter Faden durch sämtliche Phasen der Ausbildung: Der Hund und sein Wohlbefinden stehen immer im Mittelpunkt. Nur wenn es dem Vierbeiner gut geht, kann er sein Potenzial entfalten und positiv auf seinen Partner und dessen Umfeld einwirken.

Das Tier wird stets mit großer Wertschätzung und unter Berücksichtigung seiner ganz persönlichen Stärken und Schwächen behandelt. Das erfordert viel kynologisches Wissen und Verständnis für das Wesen des angehenden Assistenzhundes. Noch mehr Fachkompetenz ist bei der Zusammenführung gefragt, wenn beide Partner ihren gemeinsamen Weg finden und dabei gelenkt und geleitet werden müssen. Dabei verfolgt VITA einen ganzheitlichen Ansatz.

Das Leben mit einem VITA-Hund verändert Körper, Geist und Seele:

Kognitiv: zum Beispiel Denkprozesse, Sprachentwicklung

Physisch: Herz-Kreislaufsystem, Abwehrkräfte, Bewegungsapparat

Psychisch: Selbstvertrauen, Selbstbewusstsein, Fröhlichkeit, Sicherheit

Sozial: Kontakte, Empathie, Konfliktbewältigung, Sozialverhalten

Ein sehr hoher Anspruch, der allen Beteiligten viel Energie, Lernbereitschaft, Geduld, Vertrauen, Motivation, Ideenreichtum und Empathie abverlangt.

Die meisten Bewerber haben keinerlei Erfahrung mit Hunden. Und selbst wenn zuvor ein Vierbeiner in der Familie lebte, stellt einen der Umgang mit einem Assistenzhund vor ganz neue Herausforderungen. »Wir legen während der Zusammenführung die Basis für ein harmonisches Miteinander«, erklärt Tatjana Kreidler, »bringen den zukünftigen Assistenzhund-Besitzern den nötigen Sachverstand bei, lehren sie aber vor allem das Feeling, das tiefgreifende Verständnis für das Wesen ihres vierpfotigen Partners. Wir tragen dafür Sorge, dass sich die Menschen das nötige Rüstzeug erwerben, um ihre Hunde fair, artgerecht und voll Respekt zu behandeln. Damit es ein Geben und Nehmen ist und der Mensch das Potenzial seines Gefährten nutzt, ohne ihn zu über- oder unterfordern.«

Wie schnell es zu Missverständnissen kommen kann, zeigt das folgende harmlose Beispiel, das VITA Mitarbeitern allzu oft begegnet: Der Hund ist durch irgendetwas irritiert und unsicher – vielleicht durch ein unbekanntes Geräusch. Der Besitzer reagiert mit Mitleid. »Das ist doch nicht schlimm« sagt er beschwichtigend zu seinem Hund, »es ist der Wind, der draußen heult. Du brauchst keine Angst zu haben«, und krault ihm das Fell. Das Tier lernt: Mein Mensch bestärkt mich; Angst zu haben, war also die richtige Reaktion. Er wird in seinem Verhalten bestätigt. Richtig hingegen wäre es, die Angstreaktion zu übergehen, ihm Sicherheit durch Souveränität zu geben oder die Atmosphäre durch einen Situationswechsel zu entspannen.

Ein weiteres Beispiel: Der Hund zeigt deutliche Stresssignale, sein Mensch nimmt sie aber nicht wahr. Stattdessen ärgert er sich, weil der Vierbeiner seine Kommandos ignoriert. Beide »reden« sozusagen aneinander vorbei, sie haben nicht gelernt, sich zu verstehen. Diese Spirale kann sich sehr weit nach oben schrauben. Das Ergebnis ist ein gestresster Mensch und ein Hund, der vielleicht Verhaltensstörungen entwickelt.

Hierzu Tatjana Kreidler: »Wir lehren die angehenden Assistenzhundbesitzer, wie Hunde im Allgemeinen ›ticken‹ und ihr kleiner Partner im Speziellen. Wie er fühlt, denkt und kommuniziert, welche Eigenheiten, welche Stärken und Schwächen er hat. Wir machen transparent, was hinter unseren Methoden steht, warum wir so und nicht anders vorgehen.

Nur wer das versteht, kann sich später auch entsprechend verhalten, und damit sicherstellen, dass der Hund in seinem neuen Zuhause an das Gewohnte anknüpfen kann. Das reicht von den mit einer speziellen Betonung und in einer bestimmten Stimmlage gesprochenen Kommandos über die Art und Weise, wie das neue Familienmitglied gefüttert wird, bis hin zum Erlernen neuer, komplexer Aufgaben.

Das, was leider andernorts oft genug geschieht, nämlich einem Hund ein paar ›Tricks‹ beizubringen, wie Waschmaschine ausräumen oder Tür aufmachen, ihn ›Assistenzhund‹ zu nennen und dann das andere Ende der Leine ohne viel Federlesens einem Menschen mit Behinderung in die Hand zu drücken, für den man Mitleid oder vage Sympathie empfindet, reicht nicht.«

Man müsse beide Teampartner in ihrem individuellen Kontext sehen und verstehen, sagt Tatjana Kreidler. Bei Menschen setzt das viel Einfühlungsvermögen und Wissen über psychologische Prozesse voraus. Ist ein Kind betroffen, so wirbelt ein vierbeiniger Partner das Leben der ganzen Familie durcheinander. Eine nicht zu unterschätzende Veränderung, denn ein Hund bedeutet für alle Familienmitglieder Pflichten und Verantwortung.

Erwachsene Rollifahrer geraten oftmals während der Zusammenführung in persönliche Krisen, wie die Geschichte von Nina und Emily (Seite 95) zeigt. Mühsam errichtete Fassaden stürzen ein, Selbstkonzepte halten einer Überprüfung nicht stand, es müssen neue Wege gefunden werden, mit sich und der Welt umzugehen. Wenn alles gut geht, hilft ihnen ihr neuer vierpfotiger Partner bei diesem Prozess und erleichtert ihnen den Abschied von hinderlichen Lebenskonzepten.

Das didaktische und pädagogisch-psychologische Geschick, das Tatjana Kreidler in ihre Arbeit einbringt, ist Voraussetzung für ein Gelingen dieser komplizierten Prozesse. Unterstützung bekommen die Kinder und die Erwachsenen auch von den VITA-Mitarbeitern und den anderen Teams, die sie bei der Zusammenführung treffen. Dieses Mit- und Voneinander-Lernen ist Teil des VITA-Konzepts, ebenso wie die regelmäßigen Nachbetreuungen.

»Der wichtigste und zugleich schwierigste Teil der Ausbildung ist es, eine Basis zu schaffen für ein harmonisches Miteinander,« sagt Tatjana Kreidler. »Die Teams müssen alltagstauglich sein. Was hilft es, wenn ein Hund jedes klingelnde Handy apportiert, aber ohne Rücksicht auf seinen Teampartner im Rolli eine flüchtende Katze verfolgt? Erst wenn die beiden in der Lage sind, wirklich Seite an Seite miteinander »durchs Leben zu gehen, fangen wir mit den Spezialaufgaben, also den Tricks an.

Wenn die Basis stimmt, ist es für mich immer wieder von Neuem faszinierend, wie Mensch und Hund zu einem Team zusammenwachsen. Zu beobachten, wie das gegenseitige Vertrauen stärker und die Bindung immer enger wird, und all die positiven Veränderungen, die Entwicklungen mitzuerleben, die oft über meine Vorstellungen und Erwartungen weit hinausgehen.«

Doch beginnen wir am Anfang.

Die Bewerber

Bei VITA kann sich in der Regel jeder Erwachsene und jedes Kind mit körperlichem Handicap um einen Assistenzhund bewerben, der sich für die Hundehaltung eignet: Das bedeutet, dass der Bewerber eine positive Einstellung zu Hunden hat und über genügend Zeit und ein Umfeld verfügt, um einen Hund zu halten. Darüber hinaus sollte der Bewerber die Verantwortung für einen Hund alleine übernehmen können und/oder ihm eine weitere Betreuungsperson zur Seite stehen, die zum Beispiel bei Krankheit oder bei sehr schlechtem Wetter einspringt. Bei Kindern ist das ein Elternteil.

Es muss den Bewerbern klar sein, dass sie den Hund nicht als reines Hilfsmittel betrachten und »benutzen« dürfen. Damit würden sie ihn zu einem Gebrauchsgegenstand degradieren. Der zukünftige Besitzer muss bereit sein, seinen Tagesablauf umzustellen und sich nach den Bedürfnissen seines Gefährten zu richten. Er sollte sich mithilfe von VITA entsprechendes Fachwissen aneignen und offen dafür sein, die Welt mit den Augen seines Hundes zu sehen.

Die Verantwortung für seinen Hund mit all ihren Konsequenzen (hochwertiges Futter, genügend Auslauf, artgerechte Beschäftigung, Spaziergänge bei jedem Wetter, umsichtige Pflege, regelmäßige tierärztliche Untersuchungen, Betreuung bei Krankheit) trägt er ein Hundeleben lang.

Die Erwachsenen, die sich einen Assistenzhund wünschen, haben oft einen Auto- oder Sportunfall erlitten und sind querschnittgelähmt. Oder sie müssen sich mit einer degenerativen Erkrankung von Muskeln und Gelenken arrangieren, wie sie zum Beispiel auch bei Kleinwuchs vorkommt. Es melden sich aber auch Menschen mit Impfschäden oder Ataxien.

Die VITA-Kinder leiden häufig unter Spastiken, Lähmungen und Bewegungsstörungen infolge einer Schädigung des Zentralen Nervensystems. Bei Tetraspastikern sind alle vier Extremitäten betroffen. Andere Kinder wurden mit Spina bifida geboren, dem sogenannten »Offenen Rücken«, einer Fehlbildung der Wirbelsäule und des Rückenmarks, die in verschiedenen Schweregraden auftreten kann. Und wieder andere haben Muskeldystrophie oder eine angeborene Stoffwechselerkrankung, die ihre Bewegungsfähigkeit in unterschiedlicher Weise mindert.

Fast alle Bewerber sind weitgehend auf den Rollstuhl angewiesen und haben zudem oftmals eine eingeschränkte Funktionsfähigkeit von Armen und Händen und keine Rumpfstabilität.

Interessenten, die aufgrund ihrer Bewerbung in Frage kommen, werden auf eine Liste gesetzt. Ein- bis zweimal pro Jahr bietet VITA eine Informationsveranstaltung an. Dort stellt sich der Verein mit seinen Zielen und seiner Philosophie vor, und es gibt ausreichend Gelegenheit für persönliche Gespräche. Bei diesem Treffen werden die Bewerber dazu ermutigt, Veranstaltungen zu besuchen oder bei Trainingseinheiten zuzuschauen und sich so aktiv mit VITA auseinanderzusetzen.

Wenn ein Bewerber ernsthaft interessiert ist und sich mit den Richtlinien und der Philosophie des Vereins identifizieren kann, wird er mehrmals nach Hümmerich eingeladen. Er verbringt Zeit mit den Hunden, den »älteren« Teams und den Ausbildern und führt weitere Gespräche. Außerdem besuchen ihn die VITA-Mitarbeiter zu Hause, damit sie beurteilen können, wie die Lebensbedingungen für einen Hund vor Ort aussehen.

Alle Informationen, die bei den vielfältigen Kontakten gewonnen werden, bilden die Grundlage für ein Bewerberprofil, das später mit darüber entscheidet, welche Hundepersönlichkeit zu diesem Menschen passt und umgekehrt.

Natürlich werden auch finanzielle Fragen besprochen. Ein Assistenzhund kostet zwischen 20.000 und 30.000 Euro – eine Summe, die durch den Kauf des Welpen, Ausstattung, Pflege, durch Tierarztkosten und Futter für zwei Jahre, die dreistufige Ausbildung, das Matching, die intensive sechs bis zwölfwöchige Zusammenführung eines Teams und die Trainerbesuche im häuslichen Umfeld entsteht.

Bislang konnte kein Bewerber die Kosten aus eigener Tasche bezahlen. Viele beteiligen sich aber mit einer ihren Möglichkeiten entsprechenden Summe. Was fehlt, wird durch Spenden aufgestockt. Auf der Suche nach Sponsoren ist VITA dem Bewerber behilflich. Nicht gedeckte Kosten trägt der Verein.

Von der Anmeldung bis zur Zusammenführung vergehen im Schnitt zwei Jahre. Dabei wird nicht streng nach Warteliste vorgegangen. Es werden zunächst Profile verglichen. Welcher der (wenigen) Hunde in Ausbildung passt zu welchem der (vielen) Bewerber? In einem zweiten Schritt geht es um die Dringlichkeit. Absoluten Vorrang haben VITA-Teampartner, deren Hund verstorben ist.

Die Geschichte von Tobias & Jonas

Ein »dringlicher Fall« war beispielsweise der zehnjährige Tobias. Er leidet unter fortschreitendem Muskelschwund, einer Muskeldystrophie vom seltenen Typ Duchenne. Mit knapp zwei Jahren zeigten sich bei ihm die ersten Symptome. Seither schreitet die Krankheit voran. Schon früh konnte er nichts mehr von dem tun, was für andere Kinder selbstverständlich ist: die Welt unabhängig von fremder Hilfe selbst entdecken.

Als Tobias sieben Jahre alt ist, fällt seiner Mutter eine Zeitungsreportage über Assistenzhunde in die Hände. Auch Vater Frank ist angetan, und so melden sich die Eltern bei der im Artikel angegebenen Adresse. Die Frau am Telefon klingt freundlich. Ja natürlich könne sie einen Hund für Tobias ausbilden, sie habe da schon spontan einen im Auge.

Anderthalb Jahre gehen ins Land. Die Ausbilderin wohnt ein paar hundert Kilometer entfernt, und so wird der Kontakt telefonisch gepflegt. Bei den wenigen Besuchen scheint den Eltern das Ambiente seriös. Sie haben ja keinen Vergleich und akzeptierten die Information, das jedes Tier zu jedem Menschen »passt« – oder passend gemacht werden kann. Für Ostern 2007 ist die »Übergabe« des völlig fremden Hundes geplant. In einem zehntägigen Crashkurs sollen die Eltern eine Art Gebrauchsanweisung für ihn an die Hand bekommen.

Beide haben keine Erfahrung mit Haustieren – Frank, der Computerexperte, stellt sich damals einen Assistenzhund als eine Art Bio-Automaten vor, der auf Anweisung seiner Besitzer das Programm auf seiner Festplatte abspult.

Tobias hingegen hat eher einen kuscheligen Freund im Blick und freut sich schon riesig auf seinen Hund. Doch am Vorabend, die Familie sitzt bereits auf gepackten Koffern, schrillt plötzlich das Telefon. Das mit dem Hund würde nun leider doch nicht klappen, teilt die Ausbilderin den bestürzten Eltern ohne Umschweife mit, er habe sich in den letzten Wochen »seltsam« entwickelt und sei trotz Elektrohalsband nicht zur Raison zu bringen. Elektrohalsband?

Erst jetzt dämmert den Eltern, dass da etwas nicht stimmt. »Vermutlich hat in letzter Sekunde ein anderer Interessent mehr geboten«, mutmaßt der Vater heute. »Schon bei uns ging es zu wie auf dem Basar. Erst wollte sie 10.000 Euro, dann waren 5.000 genug. Da hätten bei uns die Alarmglocken schrillen müssen. Aus unserer Sicht ist alles, was diese Frau tat, unverantwortlich, obwohl sie angeblich einen guten Namen hat und oft in der Presse auftaucht.« Doch das Kind ist buchstäblich in den Brunnen gefallen: Tobias weint herzzerreißend.

Noch am gleichen Abend, es ist ein Sonntag, macht sich Vater Frank erneut auf die Suche nach einem Hund. Im Internet stößt er auf VITA, wählt die angegebene Nummer und hat großes Glück: Tatjana Kreidler ist selbst am Apparat, was nur selten vorkommt. Frank erzählt ihr von dem missglückten Hundedeal. »Sie hörte mir eine geschlagene Stunde zu, obwohl sie gleich zu Anfang sagte, dass sie nicht viel Zeit hat«, erinnert sich Frank. »Es war ein tolles und für mich sehr beruhigendes Gespräch. Ich glaube, es berührte sie, dass Tobias fast zwei Jahre umsonst auf ›seinen‹ Hund gewartet hatte und jetzt so traurig war. Sie wollte uns spontan helfen.«

Drei Tage später trifft sich die Familie in Hümmerich mit Tatjana Kreidler und Ariane Volpert. Den fertig ausgefüllten Bewerberfragebogen in der Tasche. Du bekommst einen Hund, Tobias, sagt Tatjana am Schluss des langen Gesprächs, nächstes Jahr im Herbst. Die Eltern sind überglücklich. Von Anfang an haben sie ein gutes Gefühl: »Wir waren sicher, dass wir uns auf ihre Worte verlassen können. Heute wissen wir, Tatjana verspricht nie zu viel und hält eher mehr, als sie verspricht.«

In den nächsten Monaten ist die Familie so oft wie möglich in Hümmerich zu Gast – trotz der langen Anfahrt aus Norddeutschland. Stets ist es ein Erlebnis. Die vielen Hunde, und ihr Sohn mittendrin. Irgendwann sagt Tatjana unvermittelt zu Frank: »Es ist Jonas. Jonas und Tobias. Das passt«. Frank ist völlig perplex: »Der Golden-Rüde Jonas? Den hatte ich überhaupt nicht auf dem Schirm. Er hat lange blonde Locken, trägt jede Menge Schmutz ins Haus und haart wie Hund. Wir wollten so einen schwarzen, mit kurzem Fell, schön kompakt und pflegeleicht.« Doch Tatjana erklärt ihre Entscheidung: Tobias ist sehr ruhig und verschlossen, er braucht einen Hund, der Esprit hat, Freude versprüht, verspielt ist, und ihn ansteckt mit seinem Temperament und seiner guten Laune.«

Erst jetzt bemerkt Frank, dass sich auch Jonas längst entschieden hat. Wenn er mit Tobias in einem Zimmer ist, lässt er ihn nicht aus den Augen. »Was soll ich sagen?«, lacht Frank, »Tatjana hatte natürlich recht. Jonas ist so ein liebenswertes, lebensfrohes Geschöpf und wir genießen jede Minute mit ihm. Trübsinn blasen an seiner Seite? Das geht überhaupt nicht. Einen besseren Hund könnten wir uns nicht wünschen, und er ist immer für Tobias da!«

Im Juli 2008 beginnt die Zusammenführung. Und gleich in der ersten Woche passiert, was die Ärzte vorhergesagt haben: Tobias Gesundheitszustand verschlechtert sich. Von einem Tag auf den anderen kann er nicht mehr laufen. Der Rollstuhl stand zwar schon parat, trotzdem ist es für alle ein Schock. In dieser extremen Situation ist Jonas die Rettung. Der vergnügte Wirbelwind lenkt Tobias ab, bringt ihn auf andere Gedanken und manchmal sogar zum Lachen. »Ohne ihn hätte ich das alles nicht so gut ertragen«, sagt er heute, und man spürt, wie viel hinter diesen spröden Worten steckt.

Im September 2008 bringt Tatjana Kreidler Jonas, wie versprochen, zu seiner neuen Familie nach Norddeutschland und bleibt drei Tage da. Tobias hat alles für seinen neuen Freund und Wegbegleiter vorbereitet. Er hat Hundedecken im ganzen Haus verteilt, im Flur, im Wohnzimmer, und – ganz wichtig – in seinem Zimmer, Wassernäpfe gefüllt und ein großes Schild an die Haustür gehängt, mit der Aufschrift »Herzlich willkommen Jonas«. Im Flur prangt für alle gut sichtbar eine Merktafel, auf der steht, wie Jonas zu behandeln ist, damit es ihm in seiner neuen Familie auch richtig gut geht.

Mit Jonas an seiner Seite blüht Tobias auf. Er, dem es früher so schwerfiel, Freundschaften zu knüpfen und zu pflegen, wird zum stellvertretenden Klassensprecher gewählt. Statt sich unter den mitleidigen Blicken wegzuducken, genießt er die vielen Gespräche, die sich beim Spaziergehen und am Gartentor ergeben. »Das sind genau die Dinge, die wir uns für Tobias erhofft haben«, schreibt sein Vater in einer Mail, »Was wir in elf Jahren nicht geschafft haben, hat Jonas in wenigen Wochen bewirkt. Und«, fügt er hinzu: »… auf meiner Tastatur sind momentan ein paar Tränen.«

Tobias ist mittlerweile 15 und steuert einen schnittigen Elektro-Rolli. Seine Kräfte schwinden immer mehr, doch er hat, so sagt er, die Krankheit akzeptiert. Jonas hilft ihm dabei. Jeden Tag von Neuem.

Ein Assistenzhund kann sein Potential nur dann entfalten,
- wenn seine Grundbedürfnisse gedeckt sind: Schlafen, Ernährung, Auslauf, Pflege, Spielen, »Arbeiten«/artgerechte Beschäftigung, Kontakt mit Artgenossen.
- wenn die Beziehung zu seinem Menschen geprägt ist durch einen liebevollen Umgang, gegenseitiges Vertrauen, Respekt und das Gefühl von Sicherheit.
- wenn sein Mensch ihm mit Toleranz, Ruhe, Geduld, Empathie, Verständnis, Wertschätzung, Echtheit, Konsequenz und Sachverstand begegnet und gelernt hat, seine Signale zu deuten.

Die Hunde

Warum eignen sich Retriever besonders gut als Assistenzhunde?

Ihr lieber Blick aus dunklen Augen, das weiche Fell, das große Herz, ihr sanftes Wesen, ihre Anpassungsfähigkeit und vor allem ihr »will to please«, also das Bedürfnis, dem Menschen zu gefallen – kaum eine andere Rasse ist so gut für den anspruchsvollen Job eines Assistenzhundes geeignet wie Golden und Labrador Retriever. Sie sind weder nervös noch aggressiv, sondern belastbar und menschenbezogen. Sie apportieren mit

Begeisterung, nehmen mit viel Sanftmut am Leben »ihres Rudels« teil, können sich auch auf mehrere Personen einlassen und passen sich allen Alltagssituationen mit Gelassenheit und Unerschrockenheit an. Deshalb arbeitet VITA bisher ausschließlich mit Retrievern.

Der erste Golden Retriever kam vor einem halben Jahrhundert nach Deutschland. Seine Vorfahren stammen aus Aberdeenshire in Schottland, wo es sich ein gewisser Lord Tweedmouth um 1870 in den Kopf gesetzt hatte, einen wassertauglichen Arbeitshund zu züchten, der ihm seine Jagdbeute aus Seen und Flüssen holt. Einen Hund, der alle Eigenschaften eines Retrievers und zudem das schöne lange Fell der Setter und Spaniels besitzt. Es dauerte 21 Jahre, bis sich vier Welpen vor seinen Füßen balgten, die genau so aussahen, wie er es sich vorgestellt hatte: mittelgroß, das Fell wie goldene Seide und Augen, die einen so freundlich anblickten, als würden sie sagen »Egal was du tust, ich werde dich immer lieben«. Damals ahnte er nicht, dass diese Rasse, die seit 1913 offiziell Golden Retriever heißt, die Herzen der Menschen im Sturm erobern würde.

Das Spezialtalent aller Retriever ist das Apportieren. Wenn sie eine entsprechende Ausbildung haben, sitzen sie ruhig und gelassen neben ihrem Herrchen im Jagdrevier, warten den Schuss ab, beobachten, wo der Vogel herunterfällt und holen die Beute erst auf Kommando. »To retrieve« bedeutet »etwas auffinden oder bergen«. Beim sogenannten Dummy-Training wird die Jagdsituation simuliert. Statt einer toten Ente bringt der Retriever – genauso begeistert – das mit Granulat gefüllte Leinensäckchen zurück.

Auch Labradore wurden über eine jahrhundertelange Auslese als Jagdhunde gezüchtet. Ihr Vorfahr ist der St. John's Dog, den britische Seefahrer im frühen 19. Jahrhundert aus Neufundland mitbrachten. Seine ursprüngliche Aufgabe war es, Netze und Angelschnüre einzuholen und Fische, die entschlüpften, zurückzubringen – also »to retrieve«. Durch ihre Gelehrigkeit und ihr gutes Gedächtnis standen sie bei den Seeleuten hoch im Kurs. Schottische Dukes holten sich die gutmütigen Hunde von den Überseeschonern und tauften die Rasse »Labrador«.

Und so sieht er aus, der »Labby«, wie er oft liebevoll genannt wird: schwarz, braun oder gelb, ein Fell so robust wie beim Bären und zugleich weich wie ein Kamelhaarmantel, ein breiter Schädel, Augen wie schwarze Knöpfe, ein samtweiches Maul und die typische Otterrute, die bei einer Wedelattacke schon mal blaue Flecken verursacht.

Retriever gibt es aus sogenannten Show- und Arbeitslinien. Hunde aus Arbeitslinien sind vom Typ her leichter, feingliedriger und schlanker als die der Standardzucht und zeichnen sich durch viel Temperament, Aufmerksamkeit und Leidenschaft für »ihre Arbeit« aus. Einen Hund aus einer Arbeitslinie zu besitzen heißt natürlich nicht, dass man mit ihm zwangsläufig zur Jagd gehen muss. Doch diese Tiere brauchen eine regelmäßige und sinnvolle Beschäftigung (zum Beispiel das Dummy-Training), die ihre Intelligenz und Arbeitsfreude fördert. Im Haus gliedert sich so ein Retriever mühelos in sein Familienrudel ein.

Bei Hunden aus sogenannten Show- oder Standardzuchten stehen die optischen Eigenschaften im Vordergrund. So entstand über die Jahre der sogenannte Showtyp, der einen schwereren Knochenbau und einen stärkeren Kopf hat und insgesamt kompakter und gedrungener wirkt. Die Retriever aus Standardzuchten sind etwas weniger temperamentvoll und zeigen nicht immer den unbedingten Arbeitswillen (natürlich gibt es Ausnahmen). Sie fühlen sich im Familienverband auch wohl, wenn mal eine Trainingsstunde ausfällt.

Das bedeutet aber keineswegs, dass diese Hunde keiner sinnvollen Beschäftigung bedürften oder an der Dummy-Arbeit keine Freude fänden.

Sowohl Arbeits- als auch Showlinien werden bei VITA mit sehr guten Erfahrungen ins Ausbildungsprogramm genommen, wobei die Praxis zeigt, dass Hunde aus Showlinien manchmal für Kinder besser geeignet sind.

Mittlerweile gehören Golden und Labrador Retriever in vielen Ländern zu den beliebtesten Hunderassen. Sie sind nicht die schnellsten und auch nicht die wachsamsten, und trotzdem mischen sie überall mit: als Jagdbegleiter, als Suchhunde bei Polizei und Zollfahndung, als Lawinen- und Sprengstoffhunde, als Rettungshunde für Erdbebenopfer – und als Behindertenbegleithunde.

Mit ihrer Sensibilität, ihrem ausgeglichenen, belastbaren Wesen und ihrer ausgeprägten Anpassungsfähigkeit sind sie in vielerlei Hinsicht auch ideale Familienhunde, die gerne an allen Alltagsaktivitäten ihres Menschenrudels teilhaben. Knurren, Beißen, Angriffslust, all das ist ihnen fremd. Kindern gegenüber sind sie meist besonders geduldig.

Ihr samtweiches Maul ist ein Rassemerkmal. Für den Jäger bedeutet es, dass der Hund die Jagdbeute nicht mit seinen Zähnen beschädigt, für ein Kind mit Behinderung, dass er den heruntergefallenen Radiergummi mit hingebungsvoller Zärtlichkeit in seine Hände legt. Ihre Sensibilität macht die Retriever aber auch verletzlich. Sie vertragen keinen »Kommisston« und keinen Druck, aber sie erziehen sich auch nicht von selbst.

Natürlich entsprechen nicht alle Retriever dem hier beschriebenen Idealtyp. Dass die Goldies und Labradore vor 20 Jahren zum Modehund wurden, hat ihnen sehr geschadet. Plötzlich wurden sie überall in Massen gezüchtet. Händler befriedigten ihr kommerzielles Interesse. Meist stand das Aussehen bei der Zucht im Vordergrund. »Das ging auf Kosten der Gesundheit«, sagt Tierärztin Dr. Ariane Volpert: »Gelenkprobleme, Haut- und Herzerkrankungen, Epilepsie. Viel zu viele Retriever stammten und stammen immer noch aus sogenannten Dissidenzwürfen. Das heißt, sie werden nicht nach den strengen Auflagen des Verbandes für das Deutsche Hundewesen kontrolliert und aufgezogen. Die Folge sind allzu oft ›auffällige Hunde‹. Sie sind ängstlich und reagieren unter Umständen sogar aggressiv.«

Hunde sind hochsoziale und sensible Tiere, die insbesondere als Welpen eine intensive Betreuung durch den Menschen und den Kontakt zu Artgenossen brauchen. Fehler, die in den ersten 16 Lebenswochen gemacht werden, können auf ihr späteres Leben einen großen Einfluss haben.

»Wer sich für einen Retriever interessiert«, rät die Tierärztin, »sollte also bei der Auswahl des zukünftigen Familienmitglieds sehr genau hinschauen und sich über die Züchter und Zuchtlinien informieren, auch wenn sich die Tendenz, nur nach Aussehen zu züchten, langsam relativiert. Also kein Welpe für 400 Euro im Sonderangebot, sondern einen seriösen VDH-Züchter suchen und unter Umständen ein Jahr warten. Die Belohnung: ein toller Hund.«

Alle VITA-Hunde stammen ausschließlich von Züchtern, die der Weltorganisation der Kynologie (FCI) angehören, wie auch der Verband für das Deutsche Hundewesen (VDH), der in seinen Zuchtvereinen über 250 verschiedene Hunderassen betreut. Wer einen Blick in die Regularien des VDH wirft, bekommt eine Ahnung davon, wie anspruchsvoll die Zuchtzulassung, wie umfangreich die gesundheitlichen Voraussetzungen für Zuchttiere und wie weitreichend die strengen Kontrollen sind, denen sich jeder Züchter unterwirft.

Der Züchter muss nicht nur eine profunde medizinische und kynologische Sachkenntnis haben, sondern auch nachweisen, dass er für eine optimale Entwicklung, Prägung und Sozialisierung der Welpen sorgen kann, solange diese noch bei der Mutterhündin sind. An Platz und Ausstattung werden hohe Ansprüche gestellt. Der Züchter ist verpflichtet, seinen Welpenkäufern alle verfügbaren Informationen über ihre Welpen zur Verfügung zu stellen und ihnen ein Hundeleben lang mit Rat und Tat zur Seite zu stehen.

Speziell für die Retriever-Zucht gilt: Der VDH verlangt von den Zuchttieren unter anderem einen Wesenstest. Er soll gewährleisten, dass nur sichere, nicht aggressive, freundliche, schussfeste Hunde mit retrievertypischem Wesen ihre Anlagen weitergeben.

Wenn VITA größten Wert auf die Herkunft der Hunde legt, so hat das mit elitärem Denken nichts zu tun. Natürlich kann auch ein Tierheim-Hund ein hervorragender Assistenzhund sein. Doch Tiere mit ungewisser Vergangenheit, schwieriger Sozialisation, traumatischen Erlebnissen und unbekannten Vorfahren sind eine »Blackbox«, das heißt, ihre Entwicklung und ihr Verhalten sind nicht sicher vorhersagbar. »Ein Wagnis, das VITA nicht eingehen kann«, sagt Tatjana Kreidler. »Allein die vage Möglichkeit, dass ein Hund, ausgelöst durch einen für ihn negativ besetzten Reiz, plötzlich mit Aggression reagiert, ist für uns ein nicht verantwortbares Risiko. Wir arbeiten mit Menschen, die durch ihre

Behinderung eingeschränkt sind. Sie – allen voran die Kinder – brauchen die Sicherheit, dass ihr Hund sanftmütig und absolut berechenbar ist. Unsere Statistik bestätigt diese Vorgehensweise: Nur ein einziger Hund mit Papieren war seit dem Bestehen des Vereins von seinem Wesen her dem Assistenzhund-Job nicht gewachsen.«

Tiermedizinische Aspekte bei VITA-Hunden

»Bei all unseren Retrievern«, erläutert die VITA-Tierärztin Dr. Ariane Volpert, »können ihre Erbanlagen Generationen zurückverfolgt werden, da sie aus FCI- bzw. VDH-Zuchten stammen. Unsere Welpen aus England gehören einer vergleichbaren Organisation an.

Auch medizinisch müssen sie vielerlei Kriterien erfüllen. So werden beispielsweise die Hüft- und Ellenbogengelenke aller einjährigen Retriever geröntgt, um Hunde mit teilweise vererbten Fehlbildungen zu erkennen und diese Linien nicht mehr zur Zucht zuzulassen. Auch Augenerkrankungen und vieles mehr sind Zuchtausschluss-Kriterien.

Alle VITA-Hunde werden nach dem ersten Lebensjahr einer gründlichen tiermedizinischen Untersuchung unterzogen, um sicher zu gehen, dass keine voraussehbaren Krankheiten vorliegen. Zum einen ist dieses Wissen für den Züchter wichtig, zum anderen ist eine gesundheitliche Bestform aber auch essenziell für den Einsatz als Assistenzhund. Schließlich sollen sie ihre Arbeit mit Freude und ohne übermäßige Anstrengung verrichten können. Diesem ersten Gesundheitscheck, den so gut wie alle VITA-Hunde mit Bravour bestehen, folgen jedes Jahr weitere umfangreiche tiermedizinische Kontrollen, um das körperliche Wohlergehen der Vierbeiner immer wieder neu zu überprüfen. Hier kommt die VITA-Philosophie zum Tragen: ›Nur wenn es dem Hund gut geht, kann er dem Menschen helfen.‹«

Kastration

Alle VITA-Retriever, die zu Assistenzhunden ausgebildet werden, müssen kastriert werden. So bestimmt es die Dachorganisation Assistance Dogs Europe. Die Gründe liegen auf der Hand: Die vierbeinigen Teampartner sollen ja »ihren Menschen« im Rollstuhl immer und überall verlässlich begleiten. Hündinnen in der Läufigkeit oder Rüden, die den Duft einer läufigen Hündin in der Nase haben, sind – auch wenn sie noch so gut ausgebildet wurden – »hormongesteuert«. Das heißt, die Sexualhormone beeinflussen ihr Verhalten so sehr, dass es zu gefährlichen Situationen für Mensch und Hund kommen kann. Das darf nicht sein.

In § 6 Abs. 1 des Tierschutzgesetzes steht zwar, dass » ... das vollständige oder teilweise Amputieren von Körperteilen oder das vollständige oder teilweise Entnehmen oder Zerstören von Organen oder Geweben eines Wirbeltieres ...« verboten ist, und damit auch die Kastration (bei der die Hoden bzw. die Eierstöcke entfernt werden), im gleichen Paragrafen heißt es aber weiter: »Das Verbot gilt nicht, wenn ... der Eingriff im Einzelfall für die vorgesehene Nutzung des Tieres zu dessen Schutz oder zum Schutz anderer Tiere unerlässlich ist ...« – was für VITA-Hunde zutrifft.

»Aus meiner Sicht als Tierärztin«, sagt Ariane Volpert, »spielt aber der Zeitpunkt der Kastration eine ganz wesentliche Rolle. Sie darf keinesfalls zu früh erfolgen. VITA-Hunde werden immer erst nach Abschluss ihrer Pubertät kastriert.«

Das hat natürlich seinen Grund: Zwischen dem 7. und 15. Lebensmonat beeinflusst das Zusammenspiel der Hormone auch bei Hunden nicht nur die Entwicklung der Organe, es formt auch ihr gesamtes Wesen mit. Dieser Reifungsprozess ist zwar noch nicht im streng wissenschaftlichen Sinn bewiesen, wird aber durch Erfahrungswerte bestätigt. Hunden gelingt es mit zunehmendem Alter immer besser, ihre stark emotionalen Reaktionen, die oft zu blindem und manchmal zerstörerischem Aktionismus führen, in ein Verhalten umzuwandeln, das von Vernunft und Überlegtheit – von »Reife« eben – geprägt ist.

Deshalb ist es für uns wichtig, dass Hündinnen vor dem Eingriff ihre erste Hitze durchlebt haben und nach dem Umbau ihres gesamten

Die Dummyarbeit und der Charity Working Test (CWT)
Unsere Retriever sind Jagdhunde, die ursprünglich für die »Auf
gabe nach dem Schuss« ausgebildet wurden. Sie apportieren Nie-
derwild an Land oder im Wasser. Da aber die wenigsten Retrieverbesitzer mit ihrem Hund jagen gehen, ist die Dummy-Arbeit
ein guter Ersatz. Englische Jäger haben dieses grandiose Hunde-
hobby erfunden, und beschäftigten ihre Vierbeiner ausserhalb
der Jagdzeiten damit. Die Hunde blieben auf diese Weise fit und
motiviert und die Ausbildung wurde nicht unterbrochen.

Bei der Dummyarbeit wird eine Jagdsituation simuliert. Die
kleinen, mit Sand oder Kunststoffgranulat gefüllten Segeltuch-
säckchen sind bis zu 500 Gramm schwer und gehen im Wasser
nicht unter. Sie ersetzen das erlegte Wild und werden von den Retrievern mit der gleichen Begeisterung apportiert. Die Dummy-
Arbeit baut auf drei Pfeilern auf: markieren, einweisen, suchen.

Markieren ist ein eingedeutschtes englisches Wort und kommt
von »to mark« = »merken«. Der Hund soll den Wurf und die
Flugbahn des kleinen Säckchens aufmerksam verfolgen, darf
aber nicht »einspringen«, also nicht gleich loslaufen. Er muss ruhig auf sein Kommando (»Apport«) warten und sich solange die
Fallstelle des Dummys merken. Dieses gelassene Abwarten nennt
man »Steadyness«.

Landet das Dummy in einem Bereich, der für den Hund nicht
sichtbar ist, muß er neben den Augen auch die Nase einsetzen.
Besonderen Gefallen findet ein Retriever natürlich an der Mar-
kierung im Wasser. Wenn er gelernt hat, sauber zu markieren,
sich also die Fallstelle einzuprägen oder die Flugbahn richtig
zu »berechnen«, kommen Doppel- und Dreifachmarkierungen
hinzu. Der Hund bringt jedes Dummy einzeln zurück, legt es
sanft in die Hände seines menschlichen Partners und wird dafür
ausgiebig gelobt.

Beim sogenannten **Einweisen** weiß der Hund nicht, wo das Dummy liegt. Er wird mit dem Kommando »Voran« und einer Handbewegung eingewiesen, das heißt, er bekommt die Richtung gezeigt, in die er laufen soll, und muß diesem vorgegebenen Kurs exakt folgen. Retriever lernen schnell, der Hand und dem Kommando zu vertrauen, weil am Ende des Weges die Belohnung wartet: das geliebte Dummy.

Bei der **Suche** wissen weder der Hund noch sein Partner, wo das Dummy liegt. Der Hund ist ganz auf sich allein gestellt und soll das Leinensäckchen selbständig finden und apportieren. Dabei lernt er begrenzte Gebiete systematisch von vorne nach hinten abzusuchen. Meist sind mehrere Dummys versteckt. Der Hund soll eines nach dem anderen zurückbringen und wird nach dem Lob zurück ins Suchgebiet geschickt.

Alle VITA-Hunde lieben die Dummyarbeit und sie ist fester Bestandteil der Ausbildung. Dabei spielt es keine Rolle, ob die Hunde aus einer Showlinie oder einer Arbeitslinie kommen. Für die Teams hat dieses gemeinsame Hobby im Alltag einen hohen Stellenwert. Eine kostbare Gelegenheit, dem Hund nahe zu sein, ihn gleichzeitig auszulasten, seine Freude und sein Glück zu teilen und gemeinsam die Natur zu genießen.

Einmal jährlich nehmen fast alle VITA-Teams an einem sogenannten Charity Working Test (CWT) teil, der zugunsten des Vereins in der Nähe von Wiesbaden ausgerichtet wird. Unübersichtliches Gelände, Mountainbiker und Dickicht sowie mehrere Aufgaben hintereinander machen die Apportierarbeit knifflig. Typisch für den Retriever ist seine Fähigkeit, sich einerseits von Pfeife oder Stimme lenken zu lassen, andererseits selbständig zu handeln. »Links«, »Rechts«, »Voran«, heißen die Kommandos, die ihn durchs Gelände führen. Wenn er außerhalb des Blickfelds seines Besitzers ist, sucht er auf eigene Faust weiter.

Bei der zweitägigen Veranstaltung am Jagdhaus Platte sind alle Dummy-begeisterten Hundebesitzer mit ihren Vierbeinern willkommen. Für die VITA-Teams ist dies ein ganz besonderes Ereignis und ein gelungenes Beispiel für Integration. Denn es spielt keine Rolle, ob ein Teilnehmer im Rollstuhl sitzt oder sich als »Fußgänger« durchs Leben bewegt. Entscheidend sind einzig und allein die Harmonie, das Vertrauen und das aufeinander Eingespieltsein der Teams und natürlich das Training, das Mensch und Hund in die Dummyarbeit investiert haben. Die Urkunden werden am Ende der Veranstaltung verliehen, begleitet vom Applaus vieler Zuschauer, und es gibt nur strahlende Gesichter.

Organismus mit allen vier Pfoten im Leben stehen. Dasselbe gilt für Rüden, bei denen sich die hormonellen Wandlungen etwa zur gleichen Zeit vollziehen. Auch dieser Prozess sollte ungestört verlaufen, damit der Rüde sein volles inneres Gleichgewicht erlangt und es nicht nötig hat, Imponier- oder Aggressionsgehabe zu entwickeln.

Bei all diesen hormonellen Umbrüchen ist neben der tierärztlichen Begleitung eine kompetente Führung und ein professionelles Training von großer Bedeutung, damit sich die Hunde zu reifen, ausgeglichenen und trotzdem temperamentvollen und fröhlichen Gefährten entwickeln können.«

Robin erzählt
Ich bin Robin Lange und bilde mit Vitus, meinem schwarzen Labrador, ein VITA-Kinderteam. Wir leben nun schon drei Jahre zusammen und er ist mein bester Freund. Durch Vitus habe ich ein neues Hobby hinzubekommen, die Dummy-Arbeit. Vitus ist ein kraftvoller Hund. Er braucht einen Ausgleich dafür, dass er immer lieb am Rollstuhl läuft. Bei der Dummy-Arbeit kann er sich auspowern, obwohl es auch Kopfarbeit für ihn ist. Er muss sich Sachen merken. In der Gruppe beim

Training müssen wir warten, bis wir dran sind, das ist für uns beide das Schlimmste. Wenn ich mit meinem Vater trainiere, geht alles schneller. Wir überlegen uns Aufgaben, verstecken einige Dummys und arbeiten anschließend unseren Plan ab. Vitus weiß genau, wenn wir trainieren gehen und will alle Verstecke am liebsten schon vorher wissen. Ich muss ihn dann immer ablenken. Papa wirft »Markierungen«, das bedeutet, Vitus sieht einen Dummy durch die Luft fliegen und soll sich merken, wo er liegt. Das hat man der Jagd nachempfunden, wo der Jäger den Vogel abschießt und der Hund ihn holen soll.

Im Kurs haben wir sogar Plastikvögel. Manche Hunde wollen lieber die. Mighty zum Beispiel. Sie hat eine »Lieblingsente«. Bei den »Markierungen« wählen wir am besten Stellen, die sich Vitus gut merken kann, z.B. Bäume auf einer Wiese. Die versteckten Dummys nennen wir in der Fachsprache »Vorans« oder »Blinds«. »Vorans«, weil »Voran« das Kommando ist, mit dem er sie holen soll. Oder »Blinds« (Blinde) weil sie versteckt sind. Im Training verbinden wir dann Vorans und Markierungen zu einer Aufgabe, die wir mehrmals wiederholen. Bei einer Doppelmarkierung werden zwei Dummys geworfen und ich als Hundeführer muss Vitus dann ganz genau zeigen, welchen er mir holen soll. Das Kommando zum Holen der Markierungen ist »Apport«. Manchmal muss ich es nur flüstern und schon saust Vitus los. Bei schwierigen Aufgaben muss ich ihn schon mal mehr motivieren und ihn mit meiner Stimme nach vorne puschen.

Motivieren und loben ist sehr wichtig, habe ich bei meiner Trainerin Tatjana Kreidler gelernt. Es bildet die Basis für gutes Arbeiten. Im Sommer ist es für uns das Größte, wenn wir an einem See trainieren. Vitus kann ganz toll schwimmen. Die Dummies werden mit einem »Platsch« ins Wasser geworfen und die Hunde sind dann kaum noch zu halten. Wenn Vitus mir dann das Dummy gebracht hat und sich das Wasser abschüttelt, werde ich immer ganz nass. Im heißen Sommer ist das erfrischend.

VITA veranstaltet einmal im Jahr auch einen Wettkampf, den CWT. Hierbei können alle, die möchten, mit ihren Hunden zusammen Aufgaben aus der Dummy-Arbeit lösen und werden dabei von internationalen Richtern bewertet.

Durch alles, was ich im Umgang mit Hunden und im Training von meiner Trainerin Tatjana gelernt habe, ging beim letzten Mal sogar mein größter Wunsch in Erfüllung, einmal den VITA-Wanderpokal zu gewinnen, den bekommt der »VITA« mit der besten Punktwertung. Ich war so stolz. Dieses Jahr möchte ich ihn zusammen mit Vitus wieder gewinnen und so ein weiteres Jahr behalten.

Die Ausbildung

Das VITA- Ausbildungskonzept legt folgendes fest:
- die Hunde werden ausschließlich mit positiven Methoden auf ihre Aufgaben vorbereitet; liebevolle Konsequenz und feste Regeln, an die sich die Hunde halten sollen, widersprechen diesem Ansatz nicht;
- nur jene Bewerber kommen in Frage, die die nötige innere Einstellung mitbringen und einen Hund nicht als Gebrauchsgegenstand betrachten;
- die Profile von Hund und Mensch werden klar skizziert und genau verglichen, um die passenden Partner zu finden;
- es wird sorgfältig überprüft, ob die Chemie zwischen Hund und Mensch tatsächlich stimmt;
- das Zusammenfinden von Mensch und Hund wird behutsam gelenkt und geleitet;
- der Hund wird für den Menschen sensibilisiert, damit er in gewissen Bereichen Verantwortung für ihn übernehmen kann, und
- der Mensch übernimmt Verantwortung für den Hund; er lernt, die Welt mit den Augen des Hundes zu sehen und seine Signale richtig zu deuten;
- der Hund wird nicht mit zu schnellem Vorgehen überfordert. Er hat Ruhe und Zeit, um sich an seine Aufgaben und »seinen Menschen« zu gewöhnen, denn er soll seinen »Job« mit Freude machen.

- es entsteht eine wechselseitige positive Beziehung, in der Geben und Nehmen, Ruhe und Geduld, Wertschätzung und Respekt selbstverständlich sind. Nur so können beide Partner von der Gemeinschaft profitieren und zu einem harmonischen Team zusammenwachsen.

Das erste Jahr
Wie wird ein VITA-Welpe ausgewählt?

Alle VITA-Hunde stammen, wie zuvor beschrieben, aus ausgewählten Zuchtlinien, um sicherzustellen, dass sie über die entsprechenden Anlagen verfügen und von erfahrenen Züchtern umsichtig und liebevoll auf die Welt vorbereitet werden.

Sobald ein Welpe am 17. oder 18. Tag seine Augen öffnet, nimmt er teil an dem, was um ihn herum passiert. Besonders wichtig sind nun liebevolle Berührungen von Menschen, damit der Winzling sie mit positiven Assoziationen verknüpft. Etwa im Alter von vier Wochen begibt er sich erstmals selbständig auf Erkundungstour in der unmittelbaren Umgebung. Augen, Nase und Ohren sind nun voll entwickelt und er lernt, mit den unterschiedlichsten Eindrücken umzugehen.

Im Spiel mit den Wurfgeschwistern findet er seinen sozialen Rang und testet sich und seine Grenzen aus. In dieser Zeit verfeinern sich seine Persönlichkeit und sein Temperament. Erfahrungen, die der Hund jetzt macht, bestimmen sein ganzes Leben. Mit sieben Wochen ist diese »Prägephase« offiziell beendet, aber bei Weitem noch nicht abgeschlossen.

Im dritten Lebensmonat (»Sozialisierungsphase«) entdeckt der Welpe die Umwelt und saugt alle positiven und negativen Erlebnisse auf. In diesen wichtigen Wochen müssen seine Neugier, seine Aufgeschlossenheit und seine Lernfähigkeit in richtige Bahnen gelenkt werden. Sein Verhältnis zu Menschen und seine Fähigkeit, mit ihnen eine soziale Partnerschaft einzugehen, werden bis zur 16. Woche festgelegt. Korrekturen sind dann nur noch schwer möglich. Macht ein Junghund in dieser Zeit schlechte Erfahrungen, wird er wahrscheinlich immer misstrauisch bleiben.

In der Regel ist es Tatjana Kreidler selbst, die – tierärztlich beraten von Ariane Volpert und im Austausch mit dem Züchter – aus einem Wurf den »Richtigen« aussucht, indem sie die Welpen in der siebten Woche in einer fremden Umgebung, ohne Wurfgeschwister und Mutter, einem Welpentest unterzieht. Interessant ist dabei vor allem:

- Das Verhalten des Welpen in einer für ihn neuen Umgebung: Erkundet er sie selbständig oder ist er zurückhaltend und vorsichtig?
- Wie ist es um sein Wesen und sein Temperament bestellt?
- Wie nimmt er Kontakt zu fremden Menschen auf und wie begegnet er ihnen? Sind Menschen für ihn interessanter als Umgebungsreize?
- Kooperiert er mit den Menschen, bringt er z. B. Gegenstände herbei?
- Wie geht er mit Dominanz um – lässt er sich beispielsweise spielerisch auf den Rücken drehen?
- Wie verhält er sich bei der Fütterung?
- Wie reagiert er auf Berührung, akustische und optische Reize, Geräusche und ungewöhnliche Objekte?

Der Test liefert Aussagen über das Sozialverhalten eines Welpen und seine (Un)abhängigkeit. Die Skala reicht von dominant bis unterwürfig, von ängstlich bis völlig unabhängig.

Idealerweise zählt der zukünftige VITA-Hund zum Mittelfeld. Er ist weder allzu selbstsicher und dominant, noch ängstlich oder unterwürfig. Gefragt sind ein ausgeglichenes Gemüt, Wesens- und Nervenstärke und Aufmerksamkeit. Vor allem soll er sehr menschenbezogen sein und den schon mehrfach beschworenen »will to please« besitzen, also das Bestreben, seinem zweibeinigen Partner zu »gefallen«.

Ob ein Welpe tatsächlich die Eignung zum Assistenzhund hat, lässt sich mit keiner Methode sicher voraussagen. Tatjana Kreidler hat allerdings ein ausgesprochen gutes Gespür und liegt im Dialog mit den erfahrenen Züchtern mit ihrer Einschätzung meist richtig.

Sollte sich später herausstellen, dass ein VITA-Hund für seine Aufgabe nicht geeignet ist, wird eine liebevolle Familie gesucht, die den Vierbeiner aufnimmt. Das Vorrecht liegt bei den Paten.

Bis aus einem Welpen ein fertig ausgebildeter Assistenzhund wird, ist es ein langer Weg. Drei Mal müssen VITA-Hunde in der Regel ihre Bezugspersonen wechseln. Die Übergänge werden sehr behutsam und ganz individuell gestaltet. Ihr hohes Maß an Anpassungsfähigkeit, ihre Aufgeschlossenheit und ihr starker Menschenbezug helfen den Hunden, sich rasch in der neuen Situation zurechtzufinden.

Umzug in die Patenfamilie

Mit acht Wochen übernimmt eine »hundeaffine« und meist auch hundeerfahrene Patenfamilie den kleinen Kerl und betreut ihn, bis er etwa zwölf Monate alt ist. Das geschieht freiwillig und ehrenamtlich. Alle Ausgaben für Futter, Bürste, Halsband, Leine, Körbchen, Näpfe usw. übernimmt der Verein.

Die Paten »identifizieren« sich mit der VITA-Philosophie und prägen den vierbeinigen Wirbelwind auf den Menschen. Sie lehren ihn auf spielerische Art und Weise den angstfreien Umgang mit Alltagssituationen, fördern seine Verträglichkeit mit Artgenossen und bringen ihm die Grundregeln in Sachen Hundebenimm bei. Nach und nach lernt er Kommandos wie »Hier«, »Sitz«, »Bleib«, »Fuß« oder »Leg dich« kennen, erfährt, dass das Sofa zwar sehr bequem ist, aber ausschließlich für Zweibeiner ist, und dass Betteln am Tisch nicht zum gewünschten Erfolg führt.

Gemeinsam mit seinen Paten entdeckt der kleine Hund die Welt. Ohne dabei überfordert zu werden, lernt er die Stadt mit all ihren lauten Geräuschen kennen, fährt Aufzug, Bus und Straßenbahn, kämpft sich durch Kaufhäuser und überfüllte Geschäfte, besucht Wildgehege mit all ihren verlockenden Düften, balanciert vorsichtig über Gitterböden und rutschige Fliesen und macht spannende Spaziergänge in Feld und Wald, in unwegsamem Gelände und quer durch stacheliges Gestrüpp. Dabei hat er es oftmals nicht leicht mit seinem Paten. Denn der ändert ohne Vorwarnung die Richtung oder wird von einem Gebüsch verschluckt und taucht gerade noch rechtzeitig auf, um zu verhindern, dass Panik ausbricht. Schnell verinnerlicht der plüschige Zwerg, dass er immer auf Empfang sein und ständig auf seinen menschlichen Partner achten muss, damit der keine Dummheiten macht. Er lernt, Duftnoten an Häuserecken zu ignorieren, Tauben, die nach Futter picken, Katzen auf der Flucht und – wenn er an der Leine ist – auch andere Hunde. Nie hört er ein böses Wort. Für alles, was er richtig macht, gibt es viel Lob und ab und zu ein Leckerli.

All dies geschieht ohne Druck, trotzdem werden dem kleinen Hund vom ersten Tag an klare Regeln und Grenzen aufgezeigt. Heranwachsende Welpen wollen von uns Menschen Schutz und Geborgenheit. Sie erwarten aber auch einen festgefügten Handlungsrahmen und eine eindeutige Kommunikation. Sie brauchen klare Strukturen und Vorgaben, um sich zu orientieren. Auf diesem Fundament können sie sich flexibel und angstfrei entwickeln.

In regelmäßigen Abständen besucht der Azubi das Ausbildungszentrum in Hümmerich und – einmal pro Woche – den Welpen- oder Junghundkurs, bei dem Tatjana Kreidler oder Ariane Volpert seine Fortschritte kommentieren und dem Paten mit Rat und Tat zur Seite stehen.

Derart behütet und liebevoll betreut, wächst der zukünftige Assistenzhund heran – voller Vertrauen zu den Menschen, von denen er nur Gutes erfährt.

Wenn er ein Jahr alt ist, naht der Abschied. Für seine Paten ein schmerzlicher Moment, denn natürlich haben sie den Junghund lieb gewonnen.

»…Ich hatte ein großes Problem bei der Abgabe.«, erzählt der pensionierte Architekt Dieter Protzmann, der regelmäßig VITA-Welpen aufnimmt, über Mr. Winter. »Als ich Tatjana die Leine in die Hand drückte, mit Winter am anderen Ende, da war es, als würde mir jemand einen Kübel eisiges Wasser über den Kopf schütten. Es hat mich ein wenig getröstet, dass Tatjana mir sagte, ›Mir geht es genauso, ich kriege bei jedem Hund Bauchschmerzen, wenn ich an den Abschied denke!‹ Ich bin dann heimgefahren und war ein wenig beruhigt, auch wenn ich bei der Fahrt den Scheibenwischer innen gebraucht hätte.«

Obwohl er längst den nächsten Welpen in seiner Obhut hat, und mit ihm neue emotionale Momente erlebt, erinnert sich Dieter Protzmann immer noch gerne an seine Zeit mit Mr. Winter, der einen besonderen Platz in seinem Herzen hat:

Ein VITA-Pate erzählt

Mein Name ist Dieter Protzmann und ich bin Pate bei VITA. Ich bin durch Zufall mit Tatjana Kreidler in Kontakt gekommen. Eine Bekannte machte mich darauf aufmerksam, dass da ein gemeinnütziger Verein Paten sucht. Vorher hatte ich selbst 25 Jahre lang Hunde. Drei wunderbare Gefährten, von denen ich nach einem viel zu kurzen Hundeleben Abschied nehmen musste. Zwei von ihnen erlöste der Tierarzt von ihrem Leiden. Für mich war das zutiefst verstörend. Auch wenn es keine andere Möglichkeit gab, musste ich Gott spielen, über Leben und Tod entscheiden. Voller Vertrauen haben sie mich auf ihrem letzten Gang in die Tierarztpraxis begleitet. Das wollte ich nicht noch einmal erleben. Heute bin ich 73 – da stellt sich bei einem weiteren Welpen die Frage, wer braucht am Ende die Spritze: der Hund oder ich? Deshalb ist die VITA-Patenschaft für mich die ideale Lösung. Ich weiß, dass ich mich nach einem Jahr trennen muss, aber ich gebe den Hund guten Gewissens ab, in ein erfülltes Leben, und das tröstet mich über den Schmerz hinweg.

Zurzeit bringe ich Sir Toby Manieren bei, meinem dritten VITA-Hund. Er ist jetzt 20 Wochen alt, und ich habe von Anfang an gemerkt, was alles in ihm steckt. Wir haben zu Hause drei Telefone und jeder Apparat klingelt anders. Zwei Klingelzeichen ignoriert Toby, aber wenn es für mich ist, guckt er mich jedes Mal eifrig an. Soll ich dir's bringen? scheint er zu fragen. Niemand hat ihm das beigebracht, denn ich will mein Telefon schonen. Toby hat ausgezeichnete Zähne. Wenn ich dann selbst gehe, kann ich an seinen Augen ablesen, was er denkt: Na gut, wenn du meinst, aber eigentlich hätte ich es dir gern geholt.

Meine Zeit mit Mr. Winter begann an einem schönen Herbsttag, Anfang Oktober 2006, als mir Tatjana Kreidler eine himmelblaue Decke in die Arme legte. Daraus lugte ein kleiner goldener Hundekopf mit großen Augen und noch größeren Ohren hervor: Golden-Retriever-Rüde Mr. Winter.

Winter fiel mir von Anfang an durch seine Gradlinigkeit auf. Schon als Winzling war er sehr klar in seinem Denken und Handeln und begriff sofort.

Bei einem der ersten Spaziergänge begleiteten uns meine beiden Enkel. Winter war damals noch keine zehn Wochen alt. Opa, du musst ihn anleinen, riefen die Kinder ganz aufgeregt, sonst läuft er uns weg! Das tut er ganz bestimmt nicht, erklärte ich ihnen – er braucht uns viel mehr als wir ihn! Wir waren auf einer großen Wiese und ich lief eine Zickzacklinie. Winter hielt die Spur ganz exakt ein, zwei Meter hinter uns, mit der Nase am Boden. Ihm war klar »Ich muss beim Rudel bleiben, alleine weiß ich noch zu wenig«. Das hat meine beiden Enkel sehr beeindruckt!

Als er schon älter war, zeigte Winter gerne seine Schwimmkünste und holte für mich unermüdlich die Dummys aus dem Wasser. Da kam eine Frau und war ganz beeindruckt, weil Winter schwamm wie ein Fisch. Ihr Hund lief bellend am Ufer entlang, weil auf den Wellen sein Ball trieb. Offensichtlich traute er sich nicht ins Wasser zu springen. Kann Ihr Hund nicht für uns den Ball holen, fragte mich die Frau. »Winter, Apport Ball«, sagte ich zu Winter und der tat ohne zu zögern, worum ich ihn bat. Naja, nicht ganz. Er schwamm lässig zu dem bunten Gummiball, drehte aber kurz vorher demonstrativ ab und hielt Ausschau nach seinen Dummys. So, als wollte er zu seinem Kollegen sagen »Du siehst ja, ich könnte, wenn ich wollte, aber hol du doch deinen Ball selbst.«

Ein weiteres Wassererlebnis war die Sache mit dem Schachtelhalm, den ich ihm mangels Dummy in die Flut warf. Wie ich erst beim Werfen merkte, war es ein Schachtelhalm mit Wurzelstock, der nur kurzzeitig auf der Oberfläche trieb und dann – wie Winter entsetzt feststellte – unterging. Ohne zu zögern tauchte er ebenfalls ab. Nur noch sein peitschender Schwanz war an der Wasseroberfläche zu sehen. Er ist ja ein Apportierhund und wollte den ertrinkenden Schachtelhalm unbedingt retten. Letztendlich hat er ihn dann doch nicht mehr erwischt. Das Ding sank wie ein Stein. Tauchen beibringen wollte ich ihm wirklich nicht. Ich habe das danach nie wieder ausprobiert, zumal Tatjana Kreidler alles andere als begeistert war von dieser Aktion!

Als freischaffender Architekt nahm ich Winter manchmal mit, wenn ich einen Kunden besuchte. An einem Tag ging es um den Umbau eines Optikergeschäfts in Frankfurts Berger Straße. Ich ließ Winter im Auto und kurbelte die Fenster ein wenig herunter.

Eigentlich kannte er das schon. Aber dieses Mal hatte er das Pech, dass die Müllabfuhr kam, während ich nicht da war. Ein riesiges LKW-Ungeheuer und laute Männer in gelben Uniformen, die klappernde Mülleimer herbeikarrten. Das alles spielte sich in der engen Straße direkt neben meinem Auto ab.

Als ich nach einer knappen halben Stunde zurückkehrte, überlief es mich heiß und kalt. Der Hund war weg. Vordersitze – Rücksitze – nichts. Gestohlen dachte ich benommen. Da entdeckte ich auf der Beifahrerseite ein kleines Hinterteil im Fußraum. Winter klemmte unter dem Sitz fest. Ich habe keine Ahnung, wie er sich darunter geschafft hat. Auf jeden Fall hatte ich alle Mühe, ihn unverletzt wieder zu befreien.

Anschließend bestand er darauf, die Heimfahrt auf meinem Schoß zu verbringen, und schaute dabei durch das Steuerrad auf die Straße. Ich habe ihn mehrfach runtergeschoben – umsonst. Ich musste also rechts oder links neben seinem Hundekopf vorbeischielen, was gar nicht so einfach war. Natürlich habe ich nach diesem Abenteuer zusammen mit ihm Müllmänner besucht, denen er heute keinerlei Beachtung mehr schenkt. Einen solchen Hundetransport im Auto habe ich fortan unterlassen.

Manchmal nahm ich Winter mit zum Sport. Beim Nordic Walking in der Gruppe warf er ein Auge auf meine Stöcke, akzeptierte aber, dass ich sie für mich reklamierte. Bloß am Ende der große Runde bestand er darauf, einen der 1,20 Meter langen Stecken zu tragen. Er war so stolz. Der Stock ragte links und rechts aus seinem Maul heraus, und wenn er sich seinen Weg durch die Gruppe pflügte, knickte so mancher meiner

Nordic-Walking-Kollegen ein, weil ihn Winters Beute unverhofft in der Kniekehle traf. Geschimpft hat keiner – aber alle haben sich angewöhnt, ab und zu einen Blick über die Schulter zu werfen.

Bei solchen Gelegenheiten fiel mir immer wieder auf, wie klug dieser Hund ist. Wenn er vor der Gruppe herlief, brauchte ich nur »Rechts!« zu rufen, und Winter steuerte nach rechts. Das hat viele verblüfft.

Wie viele Hunde verfügt Winter über eine exakt funktionierende innere Uhr. Bei der Umstellung von Sommer- auf Winterzeit hat er genau gemerkt, dass sein Futter länger auf sich warten lässt. Er wurde ein kleines bisschen unruhig, wollte aber auf keinen Fall aufdringlich sein, das ist nicht die Art eines Retrievers. Also stöhnte er bloß laut und vernehmlich und suchte sich einen Platz im Wohnzimmer, wo ihn alle sehen konnten. Dort legte er sich laut polternd hin. Nach einer Weile kam ein weiterer heftiger Seufzer. Da konnte ich nicht widerstehen und schaute zu ihm rüber. Wie ein Blitz stand er auf seinen vier Pfoten und wedelte erwartungsvoll mit dem Schwanz ...

Nach einem dreiviertel Jahr hatte sich Winter in ein zweckdienliches Mitglied unseres Haushalts verwandelt: Er trug seine Futterbeigaben zur Futterküche; er transportierte die Gemüseabfallschale nach der Entleerung zurück ins Haus, er suchte und fand leere PET-Flaschen, trug sie zum Kasten und kam mit einer vollen Flasche zurück; er apportierte allerdings auch Schuhe, Strümpfe, Küchenhandtücher unaufgefordert als Tauschmittel für ein dickes Lob. Ich kann guten Gewissens sagen: Winter hat die besten Voraussetzungen für einen sehr guten Assistenzhund.

Als Tatjana Kreidler den Bericht von Dieter Protzmann liest, muss sie schmunzeln. »Es stimmt«, sagt sie, »Wenn ich über die Geschichte vom Schachtelhalm nachdenke, oder über die Müllwagen-Story, sträuben sich mir die Nackenhaare. Es handelt sich dabei aus VITA-Sicht um eine etwas unorthodoxe, vielleicht sogar gefährliche Art, einen Welpen mit Alltagsstress in Berührung zu bringen. Aber es ging alles gut und ich würde diesen tollen, verantwortungsvollen Paten nie dafür tadeln, obwohl wir solche Situationen natürlich gemeinsam analysieren.«

Perfektion, das gilt für alle Teams, ist eben kein VITA-Ziel: Da ist Tom, der eine glückliche Hand mit Hunden hat, aber manchmal viel zu nachsichtig ist und sich jetzt mit Charly und Kate auf ein unsicheres Abenteuer einlässt, obwohl ihn Tatjana davor warnt.

Oder die 18-jährige Kim, die ihre temperamentvolle Labrador-Hündin Birdie innig liebt und mir ihr ein wunderbares Team bildet – nur zuweilen in der Öffentlichkeit nicht. Da steckt sie die sensible Hündin mit ihrem unsicheren Wesen an, und das Fußgehen am Rolli will einfach nicht so recht klappen.

Da ist Nina, die ihre Emily so gern hat, dass sie kein strenges Wort über die Lippen bringt und Emily manchmal nicht genügend fordert.

Oder Silke, die Großstadtpflanze, die mit ihrem Jack so gerne shoppen geht, obwohl der auf dem Land aufblüht.

»All dies beschäftigt mich sehr«, sagt Tatjana Kreidler, »und ich muss mich oft zügeln, damit ich mich nicht zu direktiv einmische. Trotzdem halte ich mit meiner Meinung nicht hinterm Berg und gebe den Teams entsprechende Hinweise, manchmal mit einem Schmunzeln: ›Lasst euch von euren Hunden nicht so um den Finger wickeln‹, sage ich zum Beispiel. Wenn wir aber bei VITA nach sorgfältigem Abwägen zu dem Ergebnis kommen, so wie es läuft, ist es okay für Mensch und Hund, weil es beiden gut geht, dann respektieren und akzeptieren wir diesen Mangel an Perfektion. Ich habe Verständnis dafür, auch wenn ich es mir manchmal anders wünsche. Denn ich habe nicht das Recht, Menschen zu verbiegen, damit sie meinen hohen Ansprüchen genügen.

Wenn ich heute zurückblicke, dann glaube ich, dass ich damit das Richtige tue. Denn ich bin stolz auf jedes einzelne dieser tollen Teams!«

Das zweite Jahr
Ausbildung im »Trainingszentrum Hümmerich« (ca. 12 Monate)
Sobald die Hunde eine gewisse Reife und ein gesundes Maß an Selbstbewusstsein erlangt und ihre Umwelt ausreichend erkundet haben, kommen sie ins Ausbildungszentrum. Das geschieht frühestens nach Beendigung

des ersten Lebensjahres. Tatjana Kreidler hat die Erfahrung gemacht, dass die Hunde im Durchschnitt erst mit 15 Monaten bereit sind, sich auf das Training zu konzentrieren.

Die Neuankömmlinge werden nicht zur Eile gedrängt und bekommen im Hümmerich genügend Raum, um sich einzugewöhnen. Tatjana Kreidler verlangt in dieser Zeit nicht viel von ihnen, sondern begegnet den »Neuen« mit viel Nachsicht, Verständnis und liebevoller Zuwendung. Auch die anderen Hunde trösten die Frischlinge über den Abschied von ihrem bisherigen Zuhause und die vielen Veränderungen hinweg.

Zwischen den Paten und ihren Schützlingen findet in den ersten sechs Wochen keine Begegnung statt, um die Junghunde gefühlsmäßig nicht zu belasten. Später, zum Beispiel beim Matching und der Zusammenführung, werden diese frühen Bezugspersonen aber immer wieder mit einbezogen. Der Kontakt zwischen Team und Pate liegt VITA sehr am Herzen.

Ist der Hund mental angekommen, fühlt er sich ins Rudel integriert und kennt die wichtigsten Regeln, kann das Training beginnen.

Tatjana Kreidler erinnert sich an Winters Ankunft in Hümmerich: »Heute früh zog Winter in Hümmerich ein. Mit seinem Körbchen, seinen Spielsachen und einem tieftraurigen Paten am anderen Ende der Leine. Beiden fiel der Abschied schwer. Doch auf Dieter wartet schon Homer, der nächste kleine Patenhund, und Winter ist abgelenkt durch die vielen neuen Gerüche und Eindrücke. Er muss sich an den Tagesablauf im Ausbildungszentrum gewöhnen und seinen Platz im Rudel finden. Die Hunde reagieren ganz unterschiedlich. Einige spielen mit ihm und lassen sich viel gefallen, andere weisen ihn in seine Schranken – allen voran meine Hündin Mighty, die sofort beginnt, den Neuankömmling zu erziehen.

Bei seiner Patenfamilie war er der Mittelpunkt, jetzt muss er meine Aufmerksamkeit mit anderen Hunden teilen. Jeder Hund verarbeitet das anders; Winter reagierte anfangs mit blankem Entsetzen. »Ich soll hierbleiben, und die andern dürfen zum Training mit raus? Das kann nicht sein, Du hast mich vergessen!« Sein fassungsloses Bellen begleitet mich, bis ich außer Hörweite bin. Langsam wird er aber sicherer, aus den vierbeinigen Konkurrenten werden Kollegen. Er begreift, dass für ihn trotz Rudelleben genügend Streicheleinheiten abfallen und dass er rund um die Uhr auf mich zählen kann.

Winter ist jetzt ein Jahr alt, und seine unbeschwerte Kindheit ist vorbei. Doch er soll künftig genau so viel Spaß am Lernen haben, wie bisher. Zwang, Strafen, Druck und böse Worte – sie sind in Hümmerich tabu; der maximale Tadel ist ein leises »Uiiii«.

Das Training gestaltet sich als spannendes Spiel. Die Hunde sind eifrig und voll Freude bei der Sache. Auch Winter ist dankbar für Regeln, begierig auf Neues. Er will ja lernen, ist jedes Mal stolz wie Oskar, wenn er gelobt wird. Das Leben ist und bleibt für diesen lebhaften Hund ein herrliches Abenteuer. Und als er merkt, dass das Dummy dabei eine wichtige Rolle spielt, kann er seine Begeisterung kaum zügeln. Lernen, Ruhe zu bewahren – das ist die erste Aufgabe, die sich ihm stellt.«

Fellow

Fellow wurde am 25. September 2007 in der Nähe von Hannover geboren, ein sogenannter Show-Golden aus dem Zwinger »of Graceful Delight«.

Tatjana Kreidler lernt Fellow mit sieben Wochen kennen: »Ich sehe ihn noch vor mir: er hatte Pranken wie ein Eisbär und sah auch so aus: ein flauschiges Wollknäuel mit dichtem, daunenweichem, weißem Fell. Beim Test lag er im Mittelfeld, fröhlich, unbekümmert, menschenbezogen. Mit viel Mühe konnte ich ihn dazu überreden, mir einen kleinen Ball zu bringen. Hergeben mochte er ihn nicht so recht, aber er hat es dann doch getan. Als wir ihn abholten, Ariane Volpert und ich, wollte uns die Züchterin zeigen, dass das mit dem Apportieren schon besser klappt. Sie warf ein Spielzeug, Fellow schnappte es sich und verkroch sich mit seiner Beute in die hinterste Ecke des weitläufigen Geländes. ›Diesmal geb ich dir's nicht‹, hat er sich wohl gedacht. Birgit, die Züchterin brauchte Minuten, um ihn in seinem Versteck ›auszugraben‹. Wir mussten alle herzlich lachen: von wegen Beute teilen.«

Im Auto hält sich Fellow tapfer, und auch seine erste Woche in der neuen Umgebung verläuft ohne Probleme.

Zehn Tage später macht er seinen ersten großen Ausflug in die weite Welt. Er darf mit nach Berlin, zur Spendengala von »Ein Herz für Kinder«. Stars gibt es bei der Gala reichlich: Shakira, Sarah Connor, Robin Gibb, Jane Fonda.

Doch Fellow sticht sie alle aus, denn keiner wird so oft gestreichelt wie er.

»Natürlich haben wir ihn abgeschirmt und dafür gesorgt, dass er genügend Schlaf bekommt«, erzählt Tatjana Kreidler, »Aber sobald er irgendwo auftauchte, wollten ihn alle knuddeln, sodass sich Thomas Gottschalk bei der Generalprobe genötigt sah, die Kameraleute darauf hinzuweisen, dass sie doch bitte nicht ausschließlich Fellow filmen sollten.«

Dann der große Auftritt: Lasst ihn ruhig auch mal runter, er muss nicht die ganze Zeit auf dem Arm bleiben, hatte Thomas Gottschalk gesagt. Und das darf er auch. Nachdem Fellow eine Weile auf der Krawatte von Johannes B. Kerner herumgekaut hat, der bei dieser Gala der VITA-Pate ist, beginnt er die Bühne zu erkunden und schlabbert als erstes den Wassernapf leer. Er nimmt alles völlig unbeeindruckt zur Kenntnis: die vielen Kameras, die Scheinwerfer, den vollen Saal. Dass da unten im Publikum mit Tränen in den Augen auch Birgit und Ralph Krieger sitzen, seine zukünftige Familie, und dass das kleine blonde Rollstuhl-Mädchen auf der Bühne für ihn irgendwann zum Mittelpunkt der Welt werden wird, ahnt Fellow natürlich noch nicht. Und auch bei Frieda kann von Liebe auf den ersten Blick nicht die Rede sein. Als Thomas Gottschalk sie fragt, ob das Wollknäuel da ihr zukünftiger Assistenzhund werden könnte, sagt sie eher abwehrend: »Weiß nicht«.

Viele Millionen Zuschauer verfolgen damals Fellows Auftritt im Fernsehen, und sicherlich ist es auch ein winzig kleines bisschen ihm zu verdanken, dass an diesem Abend über 12 Millionen Euro gespendet werden, für bedürftige Kinder in Deutschland und auf der ganzen Welt.

Ein paar Tage später zieht Fellow mit Körbchen, Schmusedecke und Spielzeug zu seiner Patin Ulrike Reimann. Über Hundeerfahrung verfügt sie zu diesem Zeitpunkt noch nicht, hat sich aber gründlich vorbereitet. Sie war im Vorfeld schon mehrfach in Hümmerich zu Gast, hat Trainingseinheiten und Welpenkurse besucht, stapelweise Hundebücher gelesen und lässt sich kurz vor der Übergabe noch einmal gründlich von Ariane Volpert einweisen. »Sie ging auf Nummer sicher, wollte einfach nichts falsch machen«, schmunzelt Tatjana Kreidler, »und das ist ihr auch gut gelungen.«

Fellow wächst in ihrer Obhut zu einem freundlichen, fröhlichen, neugierigen, unerschrockenen Junghund heran, voller Vertrauen in die Welt und in die Menschen. Wenn man mal vom Diebstahl und anschließenden Verzehr von fünf großen Fleischtomaten absieht, was prompt zu Durchfall führte, hat er keinerlei negativen Erfahrungen gemacht, obwohl das auch der beste Pate manchmal nicht verhindern kann.

Phase 1: Die Grundausbildung (ca. 4 Monate)

Die Ausbildung der Hunde erfolgt in verschiedenen Abschnitten, die auf den nächsten Seiten beschrieben werden. Die grobe Einteilung in Monate soll als Anhaltspunkt dienen. Jeder Vierbeiner (und jeder Mensch) bekommt die Zeit, die er braucht. Das Vorgehen variiert, die Grenzen und Übergänge sind fließend und richten sich nach der jeweiligen Hunde- und Menschenpersönlichkeit. Auch das folgende »Fallbeispiel Fellow«, aufgezeichnet von Tatjana Kreidler, greift nur einzelne Aspekte heraus und soll keine komplette Ausbildungsphase widerspiegeln.

Montag, 2. Februar

Fellow ist seit vier Wochen bei mir und hat sich problemlos ins Rudel eingefügt. Ein wunderbarer Hund: verspielt, aufgeweckt, offen, sicher, selbstbewusst und intelligent. Er lernt sehr schnell, ist anpassungsfähig und findet sich in den unterschiedlichsten Situationen zurecht. Menschen und anderen Tieren begegnet er freundlich und zeigt keinerlei Aggressivität.

Fellow reagiert mittlerweile sehr gut auf mich. Zurzeit arbeite ich mit ihm an den Basiskommandos, »Sitz«, »Leg dich«, »Bleib«, »Fuß«. Er braucht viel Lob und Motivation, und – ganz wichtig: Regeln. Eine klare Führung, die ihm auch Grenzen setzt. Dann arbeitet er freudig mit. Seinen Spieltrieb, seine Neugierde und seinen retrievertypischen »will to please« werde ich mir in allen Trainingsphasen zunutze machen.

Donnerstag, 12. Februar
Mit dem Kommando »Hier«, was so viel bedeutet wie »sofort zu mir kommen«, tut sich Fellow ein wenig schwer. Er lässt sich Zeit im Freilauf, reagiert nicht immer sofort. Also übe ich zunächst einfache Situationen, in denen er nicht abgelenkt ist. Ich ermuntere und motiviere ihn und lobe ihn überschwänglich, wenn er freudig zu mir eilt.

Mittwoch, 18. Februar
Es klappt schon viel besser mit dem Kommen und ich schraube den Schwierigkeitsgrad höher: Abrufen unter Ablenkung heißt jetzt die Devise. Das heißt, ich rufe Fellow genau dann zu mir, wenn er intensiv mit Schnüffeln beschäftigt ist oder im Rudel mitläuft. Wenn er jetzt mein Kommando ignoriert, mache ich ihm mit meiner Körpersprache unmissverständlich klar, dass ich damit nicht einverstanden bin: Ich gehe ein Stück auf ihn zu und tue meinen Unmut stimmlich kund, indem ich ihn mit einem leisen aber missbilligenden »Uiiii« rüge. Sobald er Notiz von mir nimmt, entferne ich mich wieder und lobe ihn überschwänglich, wenn er schlussendlich mit leuchtenden Augen vor mir steht.

Samstag, 28. Februar
Das Fußlaufen klappt jetzt schon gut, obwohl ich Überzeugungsarbeit leisten musste. Bei den Paten reicht es, wenn der Hund brav neben ihnen trabt. Am liebsten ohne Leine. Und jetzt ist Fußgehen plötzlich Präzisionsarbeit. Hundeohr an Menschenknie. Warum in aller Welt? Fellow mochte das anfangs partout nicht einsehen. Mit der Leine allerdings hat er überhaupt kein Problem. Und das ist gut so. Denn über die Leine fängt

die Sensibilisierung der VITA-Hunde an. Richtig eingesetzt, ist sie kein Werkzeug, das ihnen die Freiheit nimmt, sondern eines, das Bindung und Beziehung herstellt. Dies zu spüren, einen gemeinsamen Rhythmus finden, eine Einheit bilden, das ist ein wunderschönes Gefühl.

Dienstag, 17. März

Fellow macht große Fortschritte und lernt viel schneller als die meisten seiner Kollegen. Er weiß mittlerweile, dass er nicht einfach fröhlich aus der Tür stürzen darf, wenn es nach draußen geht, und dass er hinter dem Menschen hergehen muss, sobald der Weg enger wird. Er kann mittlerweile perfekt rückwärtsgehen und hört auch auf ganz leise Kommandos. Und er lernt, mich immer noch genauer als bisher zu beobachten, meine Signale wahrzunehmen, meine Gesten zu interpretieren, meinen Gesichtsausdruck zu deuten. Ich trainiere grundsätzlich ohne Hilfsmittel, abgesehen von der Hundepfeife und hin und wieder ein paar Leckerlis. Wir Menschen müssen uns für die Hunde interessant machen, damit sie auf uns achten. Das heißt, wir müssen sie durch unser Auftreten, unsere Persönlichkeit und vor allem unsere Stimme, genauer: durch die Tonlage, motivieren.

Freitag, 27. März

Fellow hält ohne zu Zögern an Bordsteinen, Stufen oder anderen Hindernissen inne und bleibt zurück, wenn Hürden zu überwinden sind. Auch im Straßenverkehr bewegt er sich mittlerweile gelassen und sicher. Auf das Kommando »Apport« hebt er freudig verschiedene Gegenstände auf, bringt sie auf kleine Distanzen zurück und gibt sie sanft aus.

Beim Dummy-Training hält er sich allerdings – anders als seine Kollegen aus Arbeitslinien – vornehm zurück. Ich muss mir immer wieder etwas Neues einfallen lassen, um ihn zu motivieren. So werfe ich ihm das Dummy ins Gebüsch oder einen steilen Abhang hinauf, damit er klettern muss. Das findet er dann spannend. Ein Dummy, das er einfach so von der platten Wiese pflücken soll? Da wendet er sich lieber den Mauselöchern zu. Ich nehme ihm das nicht übel. Im Vordergrund steht bei dieser Arbeit der Spaßfaktor.

Samstag, 4. April

Ein wunderschöner Tag, die Temperaturen klettern über 20 Grad – ideal für ein Training am Baggersee. Fellow war als Welpe in puncto Wasser vorsichtig. Seine Patin musste mit ihm schwimmen gehen, damit er das sichere Ufer verließ. Davon ist heute nichts mehr zu spüren. Mit einem Riesenplatsch springt Fellow in die Flut, um seine Dummy-Beute zu retten. Er apportiert übrigens am liebsten Gummi-Enten oder Stoff-Dummys in Entenform. Da ist er kaum zu halten.

Freitag, 10. April

Die Basis ist gelegt, Fellow ist kein »Azubi« mehr, sondern hat sich zum »Gesellen« gemausert. Die Grenzen zwischen den einzelnen Trainingsphasen sind natürlich fließend. Aber immer gilt: Je länger ein Hund Zeit zum Lernen hat, desto sicherer wird er. In den letzten Tagen haben wir »Ziehen« geübt. Wenn er dieses Kommando beherrscht, kommt »Drücken« an die Reihe. Für Fellow wird es bald kein Problem mehr sein, Türen und Schubladen zu öffnen.

Nach wie vor wird neu Erlerntes von mir überschwänglich gewürdigt. Doch langsam reduziere ich jetzt mein Lob, bis irgendwann ein leises »Gut so« oder »Prima« reicht.

Ziel meiner Arbeit ist, dass die Hunde eine Aufgabe nicht erfüllen, weil danach eine Belohnung auf sie wartet, sondern dass sie eine intrinsische Motivation entwickeln. Das heißt, dass sie sich der Aufgabe aus innerem Antrieb zuwenden. Es soll die Aktion selbst sein, die einen besonderen Wert für sie besitzt, weil sie zum Beispiel ihr Neugierverhalten auslöst oder ihnen schlicht Spaß macht, wie etwa die Dummy-Arbeit.

Phase 2: Das »Advanced Training« (ca. 6 Monate)
Mittwoch. 22. April

Fellow verknüpft mittlerweile zuverlässig alle Kommandos mit der Ausführung. Seine Apportierleistungen haben sich weiter verfeinert. Ausgehend von den Kommandos »Schieben« und »Drücken« lernt er jetzt,

Schubladen zu öffnen und zu schließen. In Menschenmengen, Geschäften und Restaurants bewegt er sich ruhig und sicher – und er ignoriert andere Hunde während der Arbeit, auch wenn ihm das sehr schwer fällt. Denn Fellow spielt für sein Leben gern mit Artgenossen.

Freitag, 24. April
Ein gutes Stück Arbeit in diesem Trainingsabschnitt ist das Rollitraining, das dann beginnen kann, wenn der Hund absolut sicher, ausdauernd und sensibel Fuß geht. Ein Rollstuhl hat eine unangenehme Eigenschaft: Er rollt tatsächlich, und es gilt zu verhindern, dass die Hundepfoten zur falschen Zeit am falschen Ort sind. Alles andere wäre fatal, denn ein solch schmerzhaftes Erlebnis kann das Training um Wochen zurückwerfen.

Gehen am Rolli: Dieser Ausbildungsschritt ist für die Hunde vielleicht der schwerste überhaupt, weil er eine ungeheure Transferleistung erfordert. Plötzlich ist da ein Rad aus kaltem Metall, wo früher das Menschenbein war, und der Mensch, der da im Rollstuhl sitzt, ist nicht nur kleiner, er bewegt sich auch ganz anders. Statt »Ohr an Knie« heißt es jetzt »Ohr an Bremse«. Viele Signale, die Fellow bislang Orientierung boten, haben sich verändert. Er muss jetzt auf ganz andere Dinge achten, und ich muss aufpassen, dass für meinen vierbeinigen Schüler kein Stress entsteht. Also beginne ich mit ganz kleinen Schritten. Auf meinem nächsten Spaziergang mit dem Hunderudel nehme ich den Rollstuhl einfach mit. Fellow findet das anscheinend völlig normal. Auch als ich mich in den Stuhl setze und ein Stück rollere, kommt er wie immer zu mir, zeigt keinerlei Unsicherheit und setzt sich ohne zu zögern neben den Rolli.

Freitag, 1. Mai
In den letzten Tagen habe ich das Rollitraining kontinuierlich gesteigert. Fellow springt mir mittlerweile auf den Schoß und betrachtet sich die Welt aus der Rollifahrerperspektive. Dann lasse ich ihn wieder ein kleines Stück nebenher laufen und lobe ihn wortreich, als das klappt. Ich habe keine Eile, rede mit ihm leise und bedacht. Der Rollstuhl soll für ihn etwas außerordentlich Positives sein.

Montag, 11. Mai

Gestern bin ich mit Fellow die erste Rechtskurve gerollt. In ein paar Tagen geht es dann links herum. Das ist schwieriger, weil der Hund dabei innen läuft und die Gefahr für die Pfoten deshalb größer ist. Fellow zeigt beim Rolli keinerlei Scheu oder Zurückhaltung. Andere Hunde tun sich da schwerer. Wenn ich das Training beende, lobe ich ihn, lasse ihn von der Leine und stehe dann ganz bewusst und langsam auf. Jetzt sind wir fertig, signalisiere ich ihm damit, und gebe ihn frei.

In den folgenden zwei Monaten wird das Training vertieft und ausgebaut.

Fellow wird unter anderem lernen, zwei Aufgaben miteinander zu verbinden, zum Beispiel eine Schublade zu öffnen, um ein Portemonnaie herauszuholen.

Er muss in Zukunft selbst Entscheidungen treffen, das heißt, er muss unaufgefordert an jedem Bordstein stehen bleiben und immer und überall sicher am Rollstuhl laufen.

Ich bin stolz auf ihn. Fellow ist ein Hund, der den Sinn seines Tuns erkennen muss. Dann arbeitet er freudig, präzise und absolut zuverlässig. Wenn er etwas als »richtig« abgespeichert hat, bleibt er dabei. Schritt für Schritt wird er jetzt an seine zukünftigen Aufgaben herangeführt. Ich begegne ihm mit Respekt und freundlicher Autorität und lerne seine Stärken und Schwächen noch besser kennen und schätzen.

Sonntag 24. Mai

Es ist soweit. Obwohl das »Advanced Training«, also das Training für Fortgeschrittene, noch lange nicht abgeschlossen ist, können wir jetzt entscheiden, welcher Mensch mit welcher Behinderung zu Fellow passt und umgekehrt. Der kluge Kerl ist jetzt voll entwickelt, besitzt die nötige Reife und ist damit nach menschlichem Ermessen sicher einschätzbar. Wenn das »Match« gemacht ist, kann er ganz gezielt auf seine zukünftigen Aufgaben bei seinem menschlichen Partner vorbereitet werden.

Das Matching

Welcher Mensch passt zu welchem Hund und umgekehrt? Da alle Hunde genau wie wir Menschen unterschiedlich sind, selbst wenn sie aus dem gleichen Wurf stammen, harmoniert nicht jeder Mensch mit jedem Hund und umgekehrt. Wer also passt zu wem? Die Antwort lässt sich nicht in vorgestanzte Formen pressen. Manchmal sind es Gegensätze, die sich perfekt ergänzen, manchmal braucht ein schüchternes Kind aber auch einen zurückhaltenden, hochsensiblen Hund, der seinem kleinen Menschen behutsam den Raum gibt, zu wachsen. Entscheiden lässt sich das nur mit viel Empathie und Fachwissen. Es gibt Fälle, in denen es trotz scheinbar idealer Konstellationen nicht zur Teambildung kommt.

Wenn der Vierbeiner seinen zukünftigen Partner »nicht riechen« kann oder der Mensch partout keinen Zugang zum Hund findet, ist kein Kompromiss möglich. Der Annäherungsprozess wird abgebrochen, und es wird über andere Konstellationen nachgedacht. Die Chemie muss in einem Team stimmen, sonst funktioniert das Zusammenspiel nicht. Entscheidungsgrundlage sind die Persönlichkeitsprofile, die die VITA-Mitarbeiter von Hund und Bewerber erstellen und miteinander abgleichen. Die folgenden Kriterien liefern Hinweise, ob zwei Kandidaten ein Team werden können oder nicht.

Bedürfnisse Welche Interessen, Bedürfnisse und Gewohnheiten hat der Mensch und passen die zu den Eigenschaften des Hundes? Welches Handicap hat der Bewerber und welche Aufgaben soll der Hund erfüllen? Passen sie zu dessen Stärken und Schwächen?

Wesen und Temperament Harmonieren die beiden Profile, die Persönlichkeit, das Temperament, das soziale Verhalten? Ist der Bewerber eher extrovertiert und aktiv oder zurückgezogen und ruhig? Neigt er zur Dominanz oder Nachgiebigkeit? Ist er eher lebensfroh oder depressiv?

Lebensstil des Bewerbers Der Hund muss zu den Vorstellungen, den Lebensumständen, den sozialen Gewohnheiten und dem Umfeld seines menschlichen Partners passen. Mit anderen Worten: Er muss sich bei ihm wohl fühlen können.

1

Mighty, die Golden Retriever Hündin, mit der alles begann ...

2

Tatjana und Ariane bei der Arbeit mit Kindern.

VITA steht immer hinter seinen Teams. Tatjana übt »Sit« mit Silja und Camie.

Das Ausbildungszentrum
in Hümmerich

Trainingseinheiten in
Hümmerich

4

Unvermeidliche Papier-
arbeit bei VITA

Gemeinsames Dummy-
training mit den Teams

Von- und miteinander
lernen und leben

5

»Zusammenleben« bei
VITA

Schirmherrin Dunja Hayali (kniend) und Fürsprecher Martin Rütter (fünfter von links) sind zu Besuch bei VITA

Frieda, Robin und Can haben bei VITA Freundschaft geschlossen.

Gemeinsames Dummytraining – zusammen die Natur erleben, die artgerechte Beschäftigung genießen und pures Glück sowie Freiheit empfinden

Team-Training in Hümmerich

Tatjana Kreidler mit ihrer Hündin Mighty

Ulrike Eichin mit ihrem Hovawart Belas

Dr. Ariane Volpert mit Anuschka, Linus und ihrer Amy

Freudig und mit Stolz bringt Mighty einen Korb zu Tatjana.

Auch im Winter macht Levin und Ashley das Training großen Spaß.

Alzheimerhund Valentin im Seniorenheim

Jack hilft beim Einkauf.

Jay reicht Tatjana ein Dummy.

Tatjana übt »Anschauen« mit Robin.

Frieda und Fellow – ein eingespieltes Team

Robin und Vitus beim Dummytraining am See

Assistenzhunde öffnen Türen – auch in die Gesellschaft.

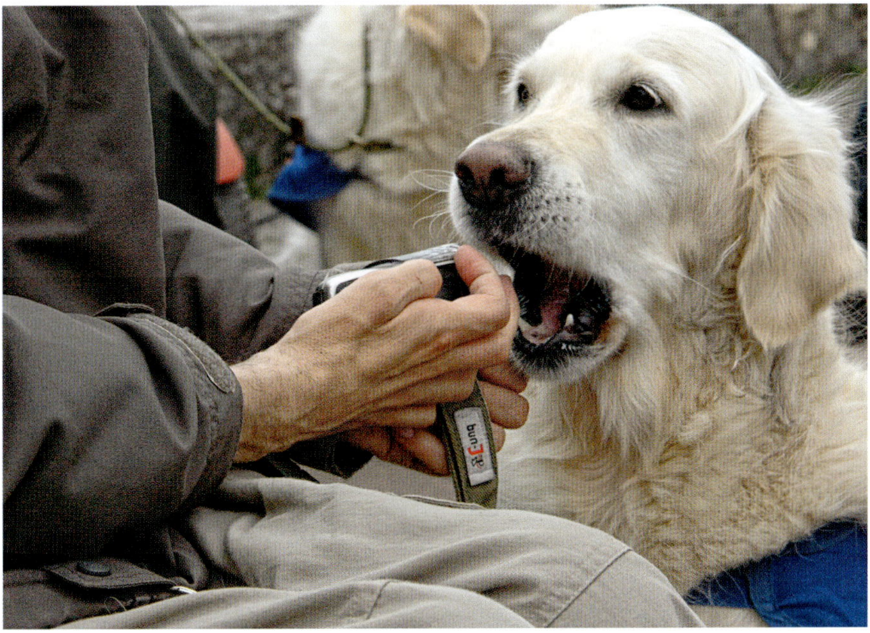

Fay reicht Tom sein Handy.

Fellow unterstützt Frieda beim Leine anziehen.

Jessie öffnet für Janina die Schublade.

14

Louis hilft Thorsten beim Ausziehen der Jacke.

Fellow zieht Frieda die Socke aus.

Gelebte Bindung und Beziehung

Robin & Vitus sind beste Freunde.

Pauline kuschelt innig mit ihrer Eve.

Der Ausgleich – das gemeinsame Hobby der VITA-Teams. Flint bei der Dummyarbeit.

VITA-Team Kim & Birdie

VITA-Teams in der Zusammenführung und Nachbetreuung mit
den Ausbildern

VITA-Team Frieda & Fellow

VITA-Chefin Mighty

VITA-Team Nina & Emily
bei der Dummyarbeit am See

VITA-Team Moses & Jule

VITA-Team Janina & Jessie

Hunde als Helfer und Therapeut:
Mighty zieht Pauline durchs Wasser.

VITA-Team Esther & Stanley
auf dem Pfingstturnier

VITA-Team Miriam & Lotte
bei der Dummyarbeit

VITA-Team Tom & Fay

VITA-Team Janis & Vincent
während des Stadttrainings

VITA-Team Johanna & Homer hoch konzentriert während des Dummy-Trainings

VITA-Team Levin & Ashley

Mr. Winter gibt Can sanft das Dummy in seine Hände.

Erstes VITA-Kinderteam Pauline & Eve

VITA-Team Angelina & Fluke
während ihrer Zusammenführung

VITA-Team Silke & Jack
auf dem Weg zur Dummy-
arbeit am See

VITA-Team Thorsten & Louis
bei der Dummyarbeit, die
Lieblingsbeschäftigung der beiden

VITA-Team Domi & Miss Sophie
kurz vor dem Spaziergang

VITA-Team Robin & Vitus

VITA-Team Robin & Connor
üben »Mütze ausziehen«.

22

VITA-Team Sabrina & Lotti
bei der Dummyarbeit

VITA-Team Andrea & Jay

Jonas wird von Tobias nach Beendigung der Übung ausgiebig gelobt.

VITA-Team Tom & Charlie

VITA-Team Christian & Keck

Constanze mit Alzheimerhund
Valentin

VITA-Team Silja & Camie

VITA-Team Jakob & Watson

VITA-Team Jenson & Doreen

Ausgelassenes Spielen am See

VITA-Patin Angelika Evans
mit Partout

VITA-Patin Cindy Cope mit Madison
während des Wiesbadener Markt-
Trainings

Besuch von VITA-Botschafter
Bernie Blanks in Hümmerich

Spannung – was dürfen wir als
nächstes tun?

VITA-Pate Dieter Protzmann mit Mr. Winter im »Zwiegespräch« bei der Dummyarbeit

VITA-Pate Wolfgang Schneider mit Pepper

Mr. Winter reicht die Zeitung an.

VITA-Patin Marina Dahinten mit Fly

VITA-Patin Regina Jung mit Elsa

VITA-Patin Ulrike Reimann
mit Fellow

Ariane Volpert mit Doreen

VITA-Nachwuchs Emilia und Elsa
am See

CWT-Richter Malcolm und Lynn Stringer, Werner Haag, Rupert Hill

VITA-Teams beim CWT in Wiesbaden, Jagdschloss Platte

CWT-Richter Robert Kaserer, Werner Haag und Rupert Hill

VITA-Team Can und Mr. Winter beim CWT

VITA mit Botschafterin Elisabeth Eversfield beim Pfingstreitturnier

VITA-Teams beim Training & Workingtest in Tirol

Veranstaltung »Don't Stop Believin« zu Gunsten von VITA

Tatjana Kreidler mit den VITA-Teams bei der Sendung »Ein Herz für Kinder« mit Thomas Gottschalk

Tatjana Kreidler und Dr. Ariane Volpert bei der VITA Charity Gala mit Dunja Hayali, Bernie Blanks und Susanne Conrad

Tatjana Kreidler mit weiteren Preisträgerinnen und Paten bei der Verleihung der
Goldenen Bild der Frau 2008

VITA-Team Robin & Vitus mit der Bundesministerin für Arbeit und Soziales,
Dr. Ursula von der Leyen, bei der Gala »Goldene Bild der Frau« in Berlin

… Mighty, die uns immer begleiten wird und in jedem einzelnen Team weiterlebt.

Körperlicher Vergleich Auch Größe, Gewicht und Beweglichkeit des Bewerbers müssen mit dem Temperament des Hundes übereinstimmen. Die Profile müssen zusammenpassen wie Schloss und Schlüssel. Der Hund ist dabei das Schloss, der Mensch der Schlüssel. Nur wenn alles stimmt, können beide Partner effektiv, vertrauensvoll und zum gegenseitigen Nutzen zusammenarbeiten. Vor allem bei Kindern erfordert das »Matching« ein hohes Maß an Weitblick, pädagogischem Geschick und eine profunde Kenntnis der kindlichen Psyche.

Scheinen alle Voraussetzungen gegeben, kommt es zum »Matching«, das heißt, zwischen Mensch und Hund findet ein erstes Treffen statt, bei dem sich die beiden ein wenig kennenlernen, sich sozusagen »beschnuppern« können. Sie verbringen Zeit mit gemeinsamem Kuscheln und gehen zusammen mit der Ausbilderin spazieren. Die folgenden Tage des Matchings in Hümmerich liefern durch Gespräche und intensive Beobachtung Klarheit darüber, ob die Chemie zwischen Bewerber und Hund stimmt.

Bei einem Besuchstermin im neuen Zuhause des Hundes wird geprüft, ob er sich dort wohlfühlen kann. Schließlich fällt die endgültige Entscheidung. Besonders komplex ist die Situation bei Kindern, da hier auch die Eltern eine wesentliche Rolle spielen.

Fast für jede »Hundepersönlichkeit« findet sich der »richtige« Mensch und umgekehrt. Ziel ist ein ausgewogenes Geben und Nehmen; beide sollen sich in harmonischer Weise ergänzen und zu einem perfekten Team zusammenwachsen. Für Fellow ist die kleine Frieda die Richtige.

Warum? »Weil die Profile perfekt übereinstimmten«, erklärt Tatjana Kreidler. »Ein ausgeglichener Hund, der absolut berechenbar und kuschelig ist, und als Show-Golden nicht ganz so viel Beschäftigung und Auslauf braucht wie seine Kollegen aus den Arbeitslinien. Dieser ruhige Vertreter seiner Art kommt zu einer sehr aktiven, quirligen Familie. Fellow, der Fels in der Brandung – das schien mir sehr passend. Frieda braucht einen Partner, der sie erdet und immer wieder mal ›bremst‹. Fellow lässt sie schlicht abblitzen, wenn sie ihn, wie es manchmal ihre Art ist, laut und herrisch behandelt. Er wendet sich dann einfach ab.«

Wieder einmal liegt Tatjana Kreidler richtig: Die Chemie stimmt, Familie und Hund liegen auf einer Wellenlänge, große Sympathie auf beiden Seiten – damit ist die Entscheidung getroffen.

Phase 3: die Spezialausbildung (ca. 2 Monate)

Im Anschluss an das »Advanced-Training« beginnt für den Hund eine spezielle Ausbildungsphase. Aufbauend auf dem bisher Erlernten, erlangt er Fertigkeiten, die für seinen zukünftigen Partner wichtig sind.

Bei Frieda hat es Fellow nicht allzu schwer. Als Tetraspastikerin kann sie sich im Rollstuhl nicht sonderlich gut bewegen, also lernt er zum Beispiel, wie er dem kleinen Mädchen nach einem gemeinsamen Spaziergang aus der Jacke helfen kann. Bei der Zusammenführung entzückt er Frieda, weil er auf Anweisung Postbote spielt zwischen Eltern und Kind und der Mutter »Bescheid sagt«, wenn Frieda Hilfe braucht. Fellow lernt auch verstehen, dass ihm Frieda aufgrund ihrer Spastik die Gegenstände nicht so sanft aus dem Fang nehmen kann, wie er das gewohnt ist. Nach kurzer Irritation ist das für ihn kein Problem mehr.

Viele nützliche Dinge erarbeiten sich die VITA-Teams auch später, im gemeinsamen Alltag. Das ist ausdrücklich so gewünscht. Bei der Zusammenführung wird genau erklärt, auf welche Weise man einem Hund beispielsweise »Schuhe ausziehen« beibringen kann. Die Methode lässt sich dann beliebig verallgemeinern – Strümpfe ausziehen, Handschuhe ausziehen, Mütze ausziehen … der Kreativität sind keine Grenzen gesetzt. Die meisten Teams haben Spaß daran, etwas Neues zu lernen, und ganz nebenbei wird dadurch das Band zwischen Mensch und Hund immer fester.

Die Geschichte von Frieda & Fellow

Das Jahr 2000. Birgit Krieger und ihr Mann Ralph freuen sich auf ihr Wunschkind. Zunächst verläuft die Schwangerschaft völlig normal, doch dann setzen überraschend die Wehen ein. Im 7. Monat – viel zu früh. Die

Ärzte im Krankenhaus können die Geburt nicht länger hinauszögern, aber sie beruhigen die junge Mutter. Die Entwicklung des Babys sei weitgehend abgeschlossen, jetzt müsse es nur noch wachsen, und das könne es auch auf der Frühchenstation.

Die Geburt ist unproblematisch. Die kleine Frieda wiegt 1330 Gramm und kommt sofort in den Inkubator. Die Hebamme gratuliert. Das Baby sei zwar klein und nicht besonders schwer, aber das wolle nichts heißen. Das Ehepaar Krieger ist erleichtert, und langsam verdrängt Freude die Angst um ihr Kind. Drei Wochen lang wechseln sie sich am Wärmebettchen ihrer Tochter ab und fühlen sich trotz Frühgeburt wie eine ganz normale junge Familie.

Dann kommt die Schreckensnachricht: Bei Frieda wurden Zysten im Kopf entdeckt. »Die können nichts, aber auch alles heißen, sagte man uns«, erzählt Birgit Krieger und bekommt rückblickend Gänsehaut. »Das war der Horror schlechthin. Denn wir wussten nicht, was los ist. Der Professor versuchte uns zu beruhigen, doch wir haben ihm nicht mehr geglaubt.« Es beginnt ein Leben in quälender Ungewissheit. »Wir wussten nicht, was mit Frieda genau los ist, und was da noch auf uns zukommt. Es war schrecklich.«

Frieda ist ein unruhiges Baby und hält Birgit und Ralph auf Trab. Noch trösten sie sich, denn andern Eltern geht es ähnlich. Doch nach und nach machen sich Defizite bemerkbar. Krabbeln, hochziehen, von all dem, was andere Kinder im ersten Lebensjahr tun, ist Frieda weit entfernt. Nach zwölf langen Monaten steht die Diagnose fest: Cerebralparese, Tetraspastik.

Medizinerlatein. Birgit und Ralph Krieger löchern die Ärzte, durchforsten das Internet. Erfahren, dass damit motorische Störungen in Folge einer frühkindlichen Hirnschädigung gemeint sind. Ein »irreparabler Defekt«, dass 90 Prozent der betroffenen Kinder nie Laufen lernen und viele auch in ihrer geistigen Entwicklung zurückbleiben.

Birgit steht unter Schock. Sind die Zysten schuld an Friedas Problemen oder ein Sauerstoffmangel bei der Geburt? Die Kriegers wissen es bis heute nicht.

Mit drei kommt Frieda in den Kindergarten – und in den Rollstuhl. »Wir haben uns lange an die Hoffnung geklammert, dass sich daran noch etwas ändert. Aber mittlerweile wissen wir, dass sie nie eine Fußgängerin sein wird«, erzählt die Mutter. »Sie kann ein wenig an der Hand laufen, ist aber sehr schnell erschöpft. Es ist ein ständiges Gucken und Üben, damit sie im wahrsten Sinn des Wortes ihren Weg im Leben findet.«

Die Eltern fördern ihr Kind, wo immer möglich. »Nichts fliegt ihr zu. Sie muss alles lernen, so wie Menschen nach einem Schlaganfall. Die konnten es aber mal und wissen zumindest, wie es geht.«

Friedas Spastik macht sich zunehmend bemerkbar. »Ihr Gehirn schickt ihr ständig falsche Signale; ›alles anspannen‹, zum Beispiel und Frieda muss sich sehr anstrengen, um dagegen anzugehen. Natürlich ist auch die Feinmotorik betroffen. Reißverschluss zumachen, Knöpfe schließen, das ist unendlich mühsam oder gar nicht möglich, weil sie dauernd verkrampft.«

Trotzdem ist Frieda ein liebes, ein fröhliches Kind und findet im Kindergarten schnell Freunde. »Eigentlich geht Frieda super mit ihrer Behinderung um, und wir sind sehr stolz auf sie. Natürlich hat sie schon früh gemerkt, dass sie anders ist als andere Kinder, doch sie beklagt sich niemals, hat noch nie gefragt, ›Mama, warum kann ich das nicht?‹ Aber je älter sie wird, desto deutlicher spürt sie natürlich ihre Grenzen.«

Mit knapp sieben Jahren kommt Frieda in eine integrative Grundschule. Sie freut sich auf den neuen Lebensabschnitt, kann dem Unterricht gut folgen und ist bei ihren Klassenkameraden und den Lehrern ausgesprochen beliebt. Natürlich dauert alles viel länger. Das Lesen fällt ihr schwer, das Schreiben auch. Die räumliche Wahrnehmung fehlt ihr völlig, ihr schwächstes Fach ist Mathe.

Frieda arrangiert sich mit ihren Handicaps, sie findet immer jemanden, der ihren Rolli schiebt, und wenn etwas nicht klappt, holt sie sich Hilfe. Ein bisschen zu schnell, findet die Mutter, die sich für ihre Tochter mehr Selbstständigkeit wünscht: »Beim Anziehen zum Beispiel, könnte sie mehr Ehrgeiz entwickeln und nicht immer sofort nach der Mama rufen. Außerdem würde es nichts schaden, wenn sie ein wenig mehr Verantwortung übernimmt.«

Frieda ist sieben, als sie mit ihren Eltern wie jedes Jahr einen Rolli Day in der Eifel besucht. Dort kommt es zu einer folgenreichen Begegnung. Sie treffen Thomas Riehl mit seiner VITA-Hündin Fay. Oder besser gesagt, Birgit Krieger trifft ihn, denn Frieda guckt demonstrativ weg. Sie hat panische Angst vor Tieren, ganz besonders vor Hunden. »Dabei ist ihr nie etwas passiert«, berichtet die Mutter.« Mir war diese Angst ein Rätsel. Vielleicht lag es daran, dass sie nicht weglaufen kann. Große Hunde gucken ihr direkt ins Gesicht. Wenn uns ein Hundebesitzer mit seinem Vierbeiner entgegenkam, mussten wir die Straßenseite wechseln, und selbst dann wollte sie nicht vorbeigehen. Es war unglaublich. Die Größe des Hundes spielte dabei überhaupt keine Rolle. Ich habe Fay gestreichelt und Frieda von ihrem weichen Fell erzählt. Doch sie wollte nichts davon hören.«

Bei Birgit Krieger wirkt die Begegnung jedoch nach. Ein Hund für Frieda, die ja keine Geschwister hat. Ein Gefährte, der auf sie aufpasst, immer für sie da ist und den sie lieb haben kann. Der Gedanke setzt sich fest.

Ein paar Wochen später treffen sie Tom und Fay zufällig am VITA-Stand auf der RehaCare in Düsseldorf wieder. Frieda hält ihre Mutter am Ärmel fest: »Mama, geh nicht zu den Hunden!« Doch Birgit Krieger blättert schon in einer Informationsbroschüre. Sie hatte früher selbst einen Hund, der ihr allerbester Freund war. Das Gespräch mit Tatjana Kreidler gibt den Ausschlag. Sie schwärmt ihrem Mann Ralph von den VITA-Hunden vor und überzeugt ihn. Ganz im Gegensatz zu Frieda, die von all dem nichts hören will.

Aber die Kriegers bewerben sich trotzdem und haben Glück: »Wir wurden im Januar 2007 nach Bonn zum Bewerbergespräch eingeladen. Frieda hielt gar nichts davon. Sie sträubte sich mit Händen und Füßen. Doch ich war mir meiner Sache sicher. Dann muss ich mein Kind eben zu seinem Glück zwingen, dachte ich mir, was soll's!«

Vor dem Treffen waren wir ganz schön aufgeregt. Wir hatten erwartet, dass man uns auf Herz und Nieren prüft. Es war aber dann völlig entspannt, und wir erzählten ganz locker von Frieda und uns. Mit vielen neuen Eindrücken und Gedanken fuhren wir wieder nach Hause. Und Frieda? Sie hatte bei den Hunden ihren ersten zaghaften Annäherungsversuch gewagt. Ich fand es toll!«

Wieder zu Hause, holt die Kriegers der Alltag ein. Doch bei Frieda ist ein Funken übergesprungen. Sie spricht viel von den Hunden, die Erwachsenen hingegen versuchen, alles ein wenig zu relativieren. Bloß nicht zu viel Hoffnung machen, damit die Enttäuschung nicht zu groß wird.

»Ich weiß ehrlich gesagt nicht mehr, wann der erlösende Anruf kam, aber er kam und wir konnten unser Glück kaum fassen. Unsere Frieda würde einen VITA-Assistenzhund bekommen! Wann, wusste natürlich noch niemand, aber das spielte erst mal keine Rolle. Frieda war noch so klein und hatte immer noch Angst vor Tieren. Wir hatten Zeit, und dann war da auch der Respekt vor der großen Aufgabe, die irgendwann auf uns zukommen würde. So konnten wir uns langsam rantasten.«

Im Dezember wieder eine große Überraschung. Die Kriegers dürfen mit nach Berlin, zur Spendengala »Ein Herz für Kinder«. Die Stiftung wird Friedas Hund finanzieren! Im Vorfeld werden mit Frieda Filmaufnahmen für die Show gemacht. »Wir fuhren alle zusammen ins Trainingszentrum nach Hümmerich«, erinnert sich Birgit. »Ich weiß noch wie heute, wie es war, als sich die Wohnzimmertür für Frieda und mich öffnete und all die Hunde auf uns zukamen. Ich fühlte mich wie in einer anderen Welt. Ich ahnte nicht, wie sehr sich dieses erste Gefühl noch vertiefen würde. Alles strahlte solch eine Ruhe aus. Keine Spur von Hektik. Und das obwohl zehn oder zwölf Hunde um uns herum wuselten. Meine Frieda war ganz tapfer, und von da an taute sie mehr und mehr auf. Zaghafte Berührungen hier, kleine Streichler dort und sie lachte. Sicher noch ein wenig mit Unsicherheit gemischt, aber kein Vergleich zu vorher.«

Der Besuch in Berlin, die glamouröse Gala, Friedas Film, den bei der Live-Sendung ein Millionenpublikum sieht, Frieda zusammen mit

Thomas Gottschalk auf der Bühne, was für ein Erlebnis. Für die Kriegers ist es ein Geschenk. Birgit Krieger nimmt vieles wie im Traum und unter einem Schleier von Tränen wahr. Die Eltern sind so stolz auf ihre Tochter. Und noch jemand hat an diesem Abend seinen ersten großen Auftritt – ein weißer, flauschiger, tapsiger, großpfotiger und knopfäugiger Hundewelpe mit Namen Fellow. Genau eben jener Hund, der gut eineinhalb Jahre später treuester Freund und Begleiter von Frieda werden sollte. Aber das wissen die Kriegers damals natürlich noch nicht.

»Im Jahr 2009«, erinnert sich Birgit Krieger, »hatte das Warten ein Ende: Friedas Matching stand an. Nun würde sich entscheiden, welcher der Hunde zu Frieda passt. Welcher Vierbeiner würde sich für unsere Frieda entscheiden? Würde es ein heller Golden Retriever sein, wie es sich Frieda von Anfang an gewünscht hatte? Und was soll ich sagen – es wurde Fellow! Inzwischen ein großer, schöner, weißer, junger Golden-Retriever-Rüde. Immer noch großer Kopf, große Pfoten, braune Knopfaugen und rosa Nase. Fellow, was so viel heißt wie Freund, Begleiter. Frieda war so glücklich und ich hatte mal wieder Freudentränen in den Augen, und auch das sollte nicht das letzte Mal sein.

Bald stand fest, wir würden die Sommerferien 2009 mit der Zusammenführung von Frieda und Fellow im Westerwald verbringen. Noch wusste keiner von uns, was für eine aufregende, intensive, unvergessliche Zeit uns bevorstand. Wie sehr sich unser Leben verändern würde. Wie sehr wir eintauchen würden in diese andere Welt. In die VITA-Welt, in der die Zeit anders läuft und andere Prioritäten gelten. Und was es heißt, Teil der VITA- Familie zu sein.«

Als ich Frieda kennenlernte, hatte sie entsetzliche Angst vor Tieren und wollte gar keinen Hund. Aber Frieda hat mich überrascht. Bei jedem Besuch in Hümmerich traute sie sich näher an die Hunde heran, anfangs nur mit der Mama zusammen. Doch irgendwann saß sie ganz allein mit Fellow auf dem Boden und schmuste mit ihm. Die Sympathie war gegenseitig. Jetzt, dachte ich, ist die Zeit gekommen, sie interessiert sich von sich aus für Hunde und wir können überlegen, ob es einen gibt, der zu ihr passt. Dabei hatte ich schon Fellow im Kopf. Er war zu diesem Zeitpunkt noch sehr jung, kam erst im Januar 2009 ins Ausbildungszentrum. Im Juli trafen sich die beiden zum zweiten Matching. Schon beim ersten Mal hatten sie ausgiebig zusammen gekuschelt und Fellow hat für sie apportiert, jetzt ließ er sich ganz auf Frieda ein.

Wenig später begannen wir mit der Zusammenführung. Fellow hat es uns leicht gemacht. Trotz seiner Jugend ruhte er in sich. Er hat vieles ganz selbstverständlich übernommen, fand das alles okay, er mochte Birgit und Frieda. Doch die musste ich erst mal auf den Boden der Tatsachen holen. Sie war ungeduldig, manchmal sogar zickig, und sprach im Befehlston mit Fellow. Pass auf Frieda, sagte ich zu ihr, du musst Dein Verhalten ändern, weder ich noch Fellow tun etwas für dich, wenn du uns so anschnauzt. Ich habe an diesem Punkt viel mit ihr gearbeitet, auch am Thema »teilen«. Das war eine andere Schwachstelle.

Über Friedas Zusammenführung mit Fellow gibt es gar nicht so viel zu erzählen. Sie lief beinahe zu gut. Fellow verhielt sich fabelhaft und alle waren glücklich. Auch Ralph, der Papa, der Frieda drei der sechs Wochen betreute, war völlig integriert und half gut gelaunt, wo er nur konnte. Birgit hatte es ein wenig schwerer. Sie traf in Hümmerich auf andere Menschen mit Behinderung und wurde, was Friedas Zukunft betrifft, mit ihren verschütteten Ängsten konfrontiert. In langen Gesprächen haben wir versucht, das aufzuarbeiten.

Meiner Meinung hatten sich die Eltern bis zu diesem Zeitpunkt nie wirklich mit Friedas Handicap auseinandergesetzt. Sie wollten ihre Behinderung nicht akzeptieren, haben sie nach Kräften verdrängt, und erst hier begonnen, sich damit wirklich zu beschäftigen, den Tatsachen ins Auge zu sehen und trotzdem nicht alles schwarz in schwarz zu malen.

Von Friedas Fortschritten war ich wirklich beeindruckt. Sie bemühte sich rund um die Uhr um Fellow, legte dabei ein enormes Engagement an den Tag und auch ein Wissen – ich weiß gar nicht, woher sie das hat. Sie hat sich vermutlich viel bei Robin abgeguckt. Ihr Ehrgeiz hat aber auch Schattenseiten, manchmal behandelte sie Fellow immer noch herrisch, erkannte ihren Fehler aber sofort. Es war der Kampf des ersten Jahres, ihr immer wieder zu sagen: Frieda, so nicht! Sie war so selbstbewusst, dass ich Tricks anwenden musste, um sie zu beeindrucken. Fellow sieht so traurig aus, sagte ich zum Beispiel, kann es sein, dass Du gerade eben nicht wirklich freundlich zu ihm warst? Eine Gratwanderung, beim ersten Mal fing Frieda prompt an zu weinen. Denn natürlich will sie ihrem geliebten Fellow nichts Böses.

Friedas Mutter erzählt:»Irgendwann war klar, dass die Wahl auf Fellow fällt. Frieda wollte ihn und keinen anderen. Für mich auch heute noch ein kleines Wunder – alle VITA-Hunde sind toll – aber Fellow ist etwas ganz Besonderes. Der große Hund, die großen Pfoten, der große Kopf, dieser Blick, bei dem ich sofort dahinschmelze, seine Art zu laufen – eine wirklich beeindruckende Erscheinung, für mich kommt kein Hund an ihn heran. Er war einfach genau der Richtige.

Fellow ruht in sich, während Frieda das Energiebündel schlechthin ist. Er liegt einfach da und gähnt, wenn wir ihn rufen, frei nach dem Motto ›Ich weiß gar nicht, was ihr alle habt, wozu die Hektik?‹, dann kommt er ganz gemächlich. Er ist die ideale Ergänzung.

Hümmerich hat etwas Magisches. Ich erlebte Frieda dort ganz neu. Alles war sehr emotional und das Zusammenleben mit den unterschiedlichsten Charakteren auf engem Raum war anstrengend. Aber ich habe dabei auch viel gelernt. Es war mein erster Kontakt mit Behinderten – zuvor hatte ich ihn wohl eher vermieden. Die Konfrontation war gut, aber auch nicht leicht. Da waren Kinder, zwei, drei Jahre älter als Frieda, und ich hatte schwer daran zu knapsen, dass ich sah, wo die Reise mit ihr hingehen könnte. Die Gespräche mit Tatjana und den anderen Menschen vor Ort haben mir geholfen, das zu verarbeiten.«

Die Zusammenführung vergeht wie im Flug. Frieda und ihr neuer Gefährte spazieren durch diese sechs Wochen, als wäre alles kein Problem.

Im Herbst 2009 reist Tatjana mit Fellow zum Probewohnen nach Köln. Der Hund schnüffelt sich ein, in seinem neuen Domizil. Nach drei gemeinsamen Tagen soll es wieder zurück nach Hümmerich gehen. Hände schütteln und los geht's. Fellow springt brav ins Auto, guckt dann aber Tatjana bittend an. Was ist los, Fellow, fragt sie, willst du hierbleiben? Der große Retriever läßt sich das nicht zweimal sagen und ist wie der Blitz wieder draußen. Okay, sagt Tatjana, ganz wie Du meinst.

»Wir mussten erst mal schlucken«, lacht Birgit Krieger. »Ich dachte, wir haben noch Zeit, uns innerlich auf ihn einzustellen. Es ist ja nur ein Hund. Aber in diesem Augenblick war es so, als drückte man uns unverhofft ein Baby in den Arm, und ich dachte, huch, was mach ich jetzt, und wie mach ich's richtig?«

Und tatsächlich fangen jetzt die Probleme an. Kaum ist Fellow bei den Kriegers eingezogen, klingelt in Hümmerich auch schon das Telefon. »Fellow hat die Couch besetzt, was sollen wir tun?«, »Hilfe, jetzt liegt er im Bett!«, »Er knurrt ins Dunkle hinein, wenn er etwas Ungewöhnliches hört. Warum tut er das?« Die Kriegers haben Angst, mit Fellow spazieren zu gehen. Was, wenn er anderen Hunden begegnet? Sie fühlen sich der Situation nicht gewachsen.

Also organisiert Tatjana Kreidler Unterstützung. Fellows Patin reist mit guten Ratschlägen im Gepäck nach Köln, außerdem Tierärztin Ariane Volpert und der VITA-Mitarbeiter Till.

Bei einem der letzten Hilferufe bricht Tatjana Kreidler in schallendes Gelächter aus, obwohl Birgit am anderen Ende der Leitung in Tränen aufgelöst ist. Ralph hatte den Hund Gassi geführt und ihn auf freiem Feld von der Leine gelassen – normalerweise kein Problem. Diesmal entdeckt Fellow aber spielende Kinder. »Stell Dir vor«, schluchzt Birgit, »dem einen hat er die Mütze vom Kopf geholt, dem zweiten das Handy abgenommen, und dem dritten wollte er die Handschuhe ausziehen! Ralph ist fix und fertig!«

»Warum freut ihr euch nicht«, flachst Tatjana, »Handy apportieren, beim Ausziehen helfen, das ist doch sein Job!« Dann wird sie ernst. Für sie ist die Sache klar: »Der Hund hat keinen Respekt vor Euch. Und ihr gebt ihm keine Sicherheit. Solange Ihr euch so unwohl mit ihm im Gelände fühlt, wird sich daran auch nichts ändern.«

Von da an sind die Kriegers bei jeder sich bietenden Gelegenheit in Hümmerich. »Da müssen wir durch«, sagt sich Birgit, »und auch stärker werden. Um unseretwillen und auch für Fellow!« Tatjana Kreidler sucht mit den Kriegers schwierige Situationen auf, und die Familie fängt noch einmal ganz von vorne an, mit dem Hund und an sich selbst zu arbeiten. Bei der Zusammenführung war das nicht in diesem Maß nötig, weil Fellow immer alles richtig gemacht hat. Jetzt gilt es, ihm klar zu machen, dass er in der neuen Umgebung nicht aus der Spur laufen darf.

Mittlerweile sind diese Probleme längst Vergangenheit. Frieda ist jetzt elf, kommt bald in die sechste Klasse, und der Alltag mit Fellow funktioniert weitgehend reibungslos. Die Familie ist in den Kölner Süden umgezogen, wohnt ebenerdig, damit Frieda und Fellow alleine losziehen können. In den Geschäften ringsum ist das muntere Team gern gesehen, und dort, wo andere Hunde draußen bleiben müssen, hat der sanfte Retriever Sonderrechte.

Wenn man Frieda nach Fellow fragt, sprudelt sie sofort los. »Ich bin ja eigentlich keine, die besonders still ist«, sagt sie, und man glaubt es ihr sofort aufs Wort. »Aber Fellow macht es mir *noch* leichter, andere Leute kennenzulernen. Und ich bin viel sicherer geworden. Und selbstbewusster. Und ich bleib auch mal allein. So wie heute. Da ist Mama beim Elternsprechtag, aber der Fellow ist ja da.« Fellow, der Freund und Begleiter, um den sie die anderen Kinder beneiden: »Die sagen, die hätten noch nie so einen lieben Hund gesehen …«, erklärt Frieda stolz. »Ihm kann ich alles sagen, er hat immer ein offenes Ohr. Und«, fügt sie schelmisch hinzu, »er gibt keine Widerworte!«

Frieda übernimmt Verantwortung und sorgt für Fellow so gut sie kann. Aber das fordern ihre Eltern auch ein. Das Füttern zum Beispiel ist ihre Aufgabe. »Sie ist viel offener und selbständiger geworden«, sagt die Mutter, »ihre Konzentrationsfähigkeit hat sich unglaublich gesteigert, ihre Fähigkeit, sich auszudrücken ebenso, und sie fürchtet sich nicht mehr vor dem Alleinsein. Fellow ist ja da. Früher war das ganz extrem. Kaum verließ ich das Zimmer, da rief sie auch schon, ›Wo gehst du hin?‹ Jetzt können wir sogar abends mal zwei Stunden weg.

Auch Ralph und mich hat Fellow verändert. Klar, er nimmt uns viel von unserer freien Zeit, drei Stunden am Tag sind einfach belegt. Aber das ist kein Thema. Die Spaziergänge mit ihm möchte ich nicht mehr missen. Viele Dinge sehe ich jetzt mit anderen Augen. Auch um Frieda mache ich mir nicht mehr so viele Sorgen. Nicht nur, weil jetzt Fellow immer an ihrer Seite ist. Sie wird ihren Weg schon finden.

Ein Urlaub ohne Hund? Daran ist nicht zu denken. Wo wir hingehen, da geht er auch hin. Sogar im Kino war er schon dabei. Mit dem blauen VITA-Deckchen, das ihn als Assistenzhund ausweist, ist das kein Problem.«

»Glücklich«, sagt Frieda zum Abschluss unseres Gesprächs, »glücklich war ich eigentlich vorher schon. Aber jetzt bin ich noch ganz anders glücklich, weil ja der Fellow da ist.«

Ein Hund in Kinderhände?

Während meines Studiums hatte ich mich intensiv mit den kindlichen Entwicklungsphasen beschäftigt – und ich hatte erlebt, wie positiv die mir anvertrauten Heimkinder auf meine Hündin Cindy reagierten. Deshalb mochte ich nicht akzeptieren, was man mir in England kategorisch erklärte: »Ein Hund gehört nicht in Kinderhände. Kinder sind viel zu unreif, sie können keine Verantwortung übernehmen. Du wirst Schiffbruch erleiden, wenn Du es versuchst!« Meine innere Stimme sagte mir, dass das nicht stimmt. Und ich entschloss mich, ihr zu folgen.

Das habe ich zu keinem Zeitpunkt bereut. Über die Hälfte der Teams, die VITA in den letzten zwölf Jahren ausgebildet hat, sind Kinderteams. Bei jeder Zusammenführung habe ich dazugelernt und im Laufe der Zeit hat sich meine Methode immer weiter verfeinert. Sie bezieht viel psychologisch-pädagogisches Fachwissen und alle verantwortlichen Familienmitglieder in die Ausbildung mit ein.

Abhängig von ihrem Entwicklungsstand und ihrem Alter übernehmen Kinder ein gutes Stück Verantwortung für ihren Gefährten. Das Lenken und Leiten des kleinen Teams, das regelmäßige Training mit dem Hund und die Sorge für sein Wohlergehen übernimmt ein Elternteil. Eine schwierige Aufgabe, nicht nur, weil immer wieder neue Situationen und damit auch neue Fragen auftauchen. Die Eltern müssen sehr konsequent sein und Kind und Hund eine Struktur und klare Regeln vorgeben, ohne die beiden zu demotivieren.

Gleichzeitig müssen sie Geduld haben und so viel wie nötig, aber so wenig wie möglich eingreifen. Auf keinen Fall dürfen sie der Versuchung erliegen, dem Kind beim Versorgen des Hundes Dinge abzunehmen, die es alleine bewältigen kann, nur weil sich dadurch die Abläufe in ihrem durchgeplanten Alltag beschleunigen lassen.

Bei der Zusammenführung weisen wir die Eltern immer wieder auf solche Gefahren hin und erklären ihnen, was unter einer positiven, motivierenden und strukturierenden Einflussnahme zu verstehen ist. Die Art, wie sie ihre Botschaften formulieren und ihre Stimmlage spielen eine große Rolle. Ein harsches und genervtes »Warum tust du das nicht?« bewirkt das Gegenteil. Sie müssen im Umgang mit dem Vierbeiner Vorbild sein für ihr Kind und mit viel Geduld dafür sorgen, dass Kind und Hund den Spielraum, die Zeit und die Ruhe haben, um zu einem harmonischen Team zusammenzuwachsen.

Der Lohn für die Mühe der Eltern ist groß. Der Hund kann bei ihrem Kind so viele Dinge auslösen, kann Selbständigkeit, Selbstbewusstsein und soziale Kompetenzen steigern, kann Motorik, Kreativität und Sprachentwicklung fördern und das Kind unabhängiger von fremder Hilfe machen.

Bei meiner Arbeit mit den Teams habe ich immer ein Ziel im Kopf und überlasse wenig dem Zufall. Wenn eine Situation auch nur ansatzweise ins Negative läuft, fange ich das sofort auf. Ich versuche dann herauszuarbeiten, was schon gut klappt und welche Fortschritte in den letzten Tagen gemacht wurden. Dann finden wir immer einen neuen Ansatzpunkt, um das, was schieflief, zu korrigieren.

Anders ist es, wenn sich ein Kind dem Hund gegenüber herrisch und ungeduldig verhält, wenn es ihn wie einen Computer programmieren will. Das ist bei uns absolut indiskutabel, wobei wir wissen, dass Kinder und Heranwachsende manchmal das Bedürfnis haben, ihre Macht zu erproben, ohne dass das gleich negativ zu bewerten ist. Oft lasse ich den kleinen Zornigel in die Situation hineinlaufen. Die Botschaft des Hundes ist unmissverständlich: »Wenn du mich im Befehlston abrufst und mich nicht lobst, wenn ich komme, dann verweigere ich mich dir.«

Ich erinnere mich bei dieser Gelegenheit an eine Episode mit Moses und Jule.

Der Junge war damals sechs Jahre alt, und wir haben gemeinsam in einem Einkaufszentrum geübt. Jule ging etwas zu weit voraus. »Hol Jule doch bitte zu dir zurück«, sagte ich zu Moses. Gemeint war natürlich das Kommando »Zurück«. Doch Moses nahm die Aufforderung wörtlich, rollerte, ehe ich eingreifen konnte, nach vorn, griff Jule ins Fell und setzte sie mit einem Ruck neben sich. Ohne lange nachzudenken, packte ich ihn ebenfalls am Kragen, hob ihn aus dem Rolli und sagte ihm freundlich »So fühlt sich das an!« Moses war völlig perplex, aber er hatte verstanden. Heute erzählt er diese Geschichte, und was er daraus gelernt hat, gerne und immer wieder.

Auch die Kommandos erarbeiten sich die Kinder gemeinsam mit ihrem Hund. Wichtigste Regel: Kein Druck, keine laute Stimme, kein Befehlston, kein Schimpfen, wenn etwas nicht funktioniert. Die Übung ruhig und geduldig so lange wiederholen, noch mal und noch mal, bis sie klappt. Und dann natürlich loben, was das Zeug hält. Das Zauberwort bei VITA lautet »dranbleiben«.

Apropos loben: Hunde unterscheiden mühelos, ob ein Lob von Herzen kommt oder ob es nur ein Lippenbekenntnis ist. Dann ist es nicht viel wert. Das bestätigen auch die älteren Teams. Für Kinder eine spannende Erkenntnis. Dadurch lernen sie, sich nicht auf mich und das, was ich von ihnen angeblich »erwarte«, zu konzentrieren, sondern auf ihren Freund.

Die richtige Stimmlage zu finden, fällt Kindern übrigens gar nicht so schwer. Komplizierter sind für sie das Timing und die Aufgaben, bei denen sie mehrere Dinge auf einmal tun müssen, zum Beispiel rollern und gleichzeitig ihren Hund führen. Wir nehmen uns dafür sehr viel Zeit, damit die Kinder die einzelnen Schritte umsetzen und verinnerlichen können.

Verantwortung sollen die Kinder gerne für ihren vierbeinigen Freund übernehmen und stolz und glücklich sein, dass sie für ihren Hund sorgen dürfen. Bei den Trainingseinheiten erarbeiten wir uns dieses Bewusstsein gemeinsam. Ein sechsjähriges Kind kann mit dem Auftrag »Schau immer, dass der Napf mit Wasser gefüllt ist!« nicht viel anfangen. Es muss verstehen, warum das wichtig ist, indem es sich in den Hund hineinversetzt. Ich frage zum Beispiel: »Überleg doch mal, was könnte denn dein Hund jetzt brauchen?« und wir beobachten zusammen, wenn der Vierbeiner genüsslich seinen Napf leerschlabbert.

Wie viel Verantwortung ein Kind übernehmen kann, hängt von seinem Alter, seinem Handicap und seiner Reife ab. Ein Zehnjähriger kann in der Regel unter Aufsicht seiner Eltern selbständig kleine Spaziergänge mit dem Hund machen. Wie er Übungen aufbaut, bekommt er zunächst von uns, später von den Eltern gezeigt. Er kann seinen Hund bürsten, das Essen zubereiten, die Struktur des Tages im Auge behalten, das obligatorische Brötchen immer zur gleichen Zeit »verabreichen« und beim Streicheln darauf achten, ob sich im Fell Zecken verstecken und ob Ohren, Zähne und Augen gesund sind.

All diese Dinge besprechen wir oft in kleinen Gruppen. Die jungen Teams lernen dabei von den älteren und auf diese Weise transportiert sich ganz selbstverständlich die VITA-Philosophie: Nur wenn es dem Hund gut geht, kann er sein Potenzial entfalten, und nur über eine positive Bindung und Beziehung können Mensch und Hund glücklich miteinander werden.

Mittlerweile hat VITA 15 Rolli-Kinder und ihre Hunde in ein gemeinsames Leben geschickt. Pauline war die erste. Ihre Eve steht ihr mittlerweile seit genau zehn Jahren zur Seite. Die Erfahrungen zeigen, dass die Nachbetreuung bei Kinderteams besonders wichtig ist. Kinder entwickeln sich, sie kommen in die Pubertät, sie wechseln die Schule, ihre Krankheit schreitet vielleicht voran, neue Probleme kommen hinzu, ihre Interessen und ihre Lebensumstände verändern sich schneller als bei Erwachsenen.

Kind und Hund müssen deshalb immer wieder neu aufeinander eingestimmt werden. Die Kinder freuen sich auf die Nachbetreuung in Hümmerich, und viele kommen in ihren Ferien auch »einfach so« für ein paar Tage oder sogar Wochen vorbei. Zum Auftanken, Lernen und Spaß haben. Darüber freuen wir uns natürlich. Gleichzeitig machen wir uns darüber Gedanken, wie man diese recht neue Entwicklung ins Konzept aufnehmen kann.

Zusammenführung: Das Team findet sich

Ist die letzte intensive Trainingsphase beendet, kommt es zur Zusammenführung. In dieser mindestens sechswöchigen Zeitspanne werden wichtige Weichen für das spätere Zusammenleben gestellt. Nirgendwo sonst wird die Annäherung von Mensch und Hund ähnlich intensiv und individuell begleitet. Bei VITA sind die künftigen Teams Tag und Nacht in eine familiäre Gemeinschaft eingebunden.

Die Rollifahrer haben auch außerhalb der Trainingszeiten viel Gelegenheit und Ansporn, soziale Kompetenz zu entwickeln, die VITA-Mitarbeiter im Umgang mit den Hunden und die Hunde in unterschiedlichen Alters- und Ausbildungsstufen im Rudel zu erleben. Gerade für Kinder ist das eine komplett neue und beglückende Erfahrung. Dabei lernen nicht nur die Menschen, sondern auch die Hunde voneinander. Ein erfahrener Assistenzhund ist den Anfängern Vorbild und gibt ihnen Sicherheit.

Wann immer möglich, findet eine Zusammenführung »im Doppel« statt. Davon profitieren vor allem die Kinder, die sich gegenseitig stützen und helfen und miteinander Spaß haben. »Alte Hasen« stehen ihnen dabei zur Seite, erfahrene VITA-Teams, die tage- oder wochenweise zur Gruppe hinzu stoßen und ihr praktisches Wissen an die Neuen weitergeben. Ihrem Entwicklungsstand entsprechend übernehmen die Kinder ein wachsendes Maß an Mitverantwortung für ihren vierbeinigen Partner.

Das Lenken und Leiten des neuen Teams ist aber Aufgabe der Eltern, die ihrerseits in Hümmerich in eigenen Trainingseinheiten und unabhängig vom Kind den Umgang mit dem neuen Familienmitglied erlernen. Sie müssen den Assistenzhund später führen, ihm eine Linie geben und dafür sorgen, dass all seinen Bedürfnissen verlässlich Rechnung getragen wird. Die Erfahrung zeigt, dass hunde-unerfahrene Erwachsene viel Anleitung brauchen. Sie sind entweder zu »streng« oder zu »nachgiebig« und benötigen ein hohes Maß an Sicherheit, damit sie ihrem Kind später sinnvoll zur Seite stehen können.

Die Theorie, die der ganzen Familie vermittelt wird, reicht von Grundlagen wie den Kommunikationsformen des Hundes über Lerntheorien und Methoden bis hin zu tiermedizinischem Fachwissen. Begleitet wird der Prozess der Annäherung zwischen Hund und Mensch von intensiven pädagogischen und psychologischen Gesprächen und der therapeutischen Auseinandersetzung mit Problemen, die oft nichts mit der konkreten Situation zu tun haben, meist aber in die Tiefe gehen, sehr vielschichtig sind und wichtig für die Teambildung.

Auch Eltern müssen sich in die neue Situation hineinfinden, wenn sie beispielsweise mit unangenehmen Wahrheiten konfrontiert werden oder gar einzelne Aspekte ihres Erziehungsstils auf dem Prüfstand stehen.

Der Hund bringt alle Voraussetzungen mit, um sich bedingungslos in das Team einzufügen. Nun hängt es davon ab, inwieweit sich der Mensch mit Behinderung auf ihn einlassen kann und wie viel er in diese Partnerschaft investiert. Es ist von enormer Bedeutung, dass er seinem Gefährten offen, wahrhaftig und mit Respekt gegenübertritt. In ihrer Ausbildung wurden die Hunde dafür sensibilisiert, auf kleinste verbale und nonverbale Zeichen zu reagieren. Unstimmigkeiten und Widersprüche nimmt der Vierbeiner sofort war, unklare Anweisungen kann er nicht zuordnen. In seiner Verunsicherung spiegeln sich meist die Fehler seines menschlichen Teampartners.

Indem sich die Ausbilder Stück für Stück zurücknehmen und die Rollifahrer ein wachsendes Maß an Verantwortung übernehmen, findet ein Transfer von Bindung und Beziehung statt. Der Hund orientiert sich immer stärker an seinem zukünftigen Teampartner, der Ausbilder rückt mehr und mehr in den Hintergrund. Das Ziel ist erreicht, wenn sich der Hund im Konfliktfall klar für »seinen Menschen« entscheidet, wenn er also beispielsweise ihm folgt und nicht dem Trainer, der sich in eine andere Richtung entfernt. Nichts wird erzwungen. Wer mehr Zeit braucht, bekommt sie auch.

Natürlich reichen sechs Wochen nicht aus, um aus zwei sich anfänglich fremden Wesen ein perfektes Team zu machen. Das passiert später, im gemeinsamen Alltag. Es ist ein steter Prozess des gemeinsamen Lernens, sowohl von- als auch miteinander. Auf ihrem gemeinsamen Weg wachsen Vertrauen und Respekt. Unterstützt und begleitet wird dieser Prozess in allen Phasen durch das VITA-Team.

Konkret werden bei der Zusammenführung unter anderem die im folgenden beschriebenen Trainingsziele angestrebt.

1. Phase

Sie knüpft gewissermaßen an das Matching an. Mensch und Hund haben Zeit, sich in aller Ruhe anzunähern. Das Kuscheln ist ein wichtiges tägliches Ritual, und jede Annäherung, jede Kontaktaufnahme des Hundes wird mit Zuwendung, Streicheln und einem Leckerli belohnt. Das Tier soll das Gefühl bekommen, dass es schön und erstrebenswert ist, die Nähe genau dieses Menschen zu suchen.

Seinem Teampartner wird in dieser Zeit viel Theorie zum Verhalten des Hundes und den Möglichkeiten der Einflussnahme vermittelt. Er lernt Details über die Physiologie und mögliche Erkrankungen seines zukünftigen Gefährten, erfährt, wie er ihn gesund ernährt und wird ganz praktisch in der Fell-, Ohren- und Zahnpflege des Hundes unterwiesen.

Parallel dazu beginnt das Rollitraining ohne Hund. Viele Kinder mit Behinderung wurden in bester Absicht viel zu lange von den Eltern geschoben, sind entsprechend unselbständig. In Hümmerich lernen sie, sich alleine fortzubewegen, soweit ihnen das möglich ist. Wie sonst sollen sie später mit ihrem Hund spazieren gehen? Also machen sie zunächst einmal »Krafttraining«. Mit wachsender Begeisterung und gemeinsam mit Gleichaltrigen rollern die Kinder Kurven, Achten und Schlangenlinien. Dabei werden sie von den VITA-Mitarbeitern immer wieder daran erinnert, dass ihr künftiger Gefährte neben ihnen eine ganze Menge Platz für sich und seine Pfoten braucht. Ein schnittiger U-Turn nach links? Keine gute Idee. Spätestens nach dem zweiten schmerzhaften Erlebnis sagt der Hund: Nein danke, das war's.

Eine weitere Lektion heißt: Verantwortung übernehmen und mitdenken. Wenn es ins Training geht, müssen Leckerlis im Gepäck sein, später auch Leine und Pfeife.

Außerdem helfen die Kinder täglich beim Futter richten und brauchen dazu ihre ganze Konzentration: Wie viele Hunde, wie viele Näpfe? Wie viel Obst und Gemüse muss vorher geschnippelt werden, wieviel Trockenfutter abgemessen und wie viele Packungen Hüttenkäse geöffnet? Die Näpfe sind in Nullkommanichts leer und werden anschließend gemeinsam gespült und abgetrocknet.

2. Phase

Auch in der zweiten Phase der Zusammenführung stehen Kuscheln und Theorie auf dem Stundenplan. Durch das Kommando »Komm, komm«, wird der Hund ermuntert, seinem Menschen zu folgen, auch wenn sich dieser entfernt. Es ist eine optionale Aufforderung, die der Hund befolgen kann (Lob!) aber nicht muss (keine Reaktion).

Durch das Kommando »Anschauen« soll der Hund lernen, Blickkontakt aufzunehmen. Das klappt sehr schnell, wenn sich der Mensch ein Leckerli vor das Gesicht hält, das Kommando wiederholt und den Hund bestärkt, sobald dieser hoch schaut.

Sobald das Leckerli nach unten geführt wird, und der Hund den Blick von seinem Menschen löst, gibt dieser das Signal »Okay«. Jedes Kommando muss durch ein solches »Okay« aufgelöst werden. Der Hund soll lernen, dass der Mensch darüber entscheidet, ob eine Situation fortdauert oder nicht.

3. Phase

So wie das Kuscheln und die Pflege des Hundes, wird nun auch das Dummytraining fester Bestandteil des Alltags in Hümmerich. Retriever haben die Anlage, Dinge zu apportieren, und schon in der Welpenzeit wird diese Eigenschaft gefördert und geschult. Sie ist die Basis für viele spätere

Trainingseinheiten. Die Hunde apportieren gerne und fast immer mit Begeisterung. Nun müssen sie lernen, den apportierten Gegenstand – meist ist es eben das geliebte Dummy – ihrem Menschen sicher in die Hand zu legen.

Der sollte das Dummy richtig annehmen – aufrecht sitzend und wenn möglich von unten mit der geöffneten Hand. Viele Menschen mit Behinderung können allerdings durch ihre körperlichen Einschränkungen nicht sicher und schnell zugreifen, also muss der Hund das Dummy eventuell länger im Maul behalten.

Das Kommando »Hier« bekommt jetzt große Bedeutung. Wird der Hund damit herbeigerufen, muss er auch kommen. Das heißt, der Mensch darf das Kommando nur einsetzen, wenn er relativ sicher sein kann, dass der Hund dem Befehl auch Folge leistet. Wenn alles klappt, wird der Vierbeiner mit einem dicken Lob und einem Leckerli belohnt. Kommt er nicht, greift in der Anfangsphase noch der Trainer ein, damit der Rollifahrer auch weiterhin nur mit positiven Erlebnissen verknüpft ist.

Hat der Hund nun den Belohnungshappen bekommen, kann ihn sein Mensch mit dem Kommando »Fuß« links (in besonderen Fällen auch rechts) neben den Rollstuhl holen, wo sich der Vierbeiner – unterstützt von einem leisen »Sit« – sofort hinsetzen soll. Danach folgt, wie nach jeder erfolgreich absolvierten Übung, ein bestärkendes »Jawohl«, »Prima« oder »Gut so«.

Nähert sich eine potenzielle Gefahr, ein anderer Hund, ein Auto, ein Reiter oder ein Radfahrer, positioniert sich der Rollifahrer am Wegesrand so, dass der Rollstuhl zwischen dem Hund und dem sich nähernden Objekt steht. Dabei lässt der Mensch seinen Gefährten keine Sekunde aus den Augen und löst die Situation erst auf, wenn sich die »Gefahr« weit genug entfernt hat.

Der Mensch übernimmt nun auch die tägliche Fütterung des Hundes. Der hat von Anfang an gelernt, dass er trotz des vor ihm stehenden Futters seine Bezugsperson anschauen und auf das erlösende »Okay« warten muss.

4. Phase

Der »Teampartner Mensch« hat mittlerweile verinnerlicht, dass er seinem Hund bei jedem Positionswechsel genügend Raum geben muss, damit er ihn mit dem Rolli nicht bedrängt oder verletzt. Eine schmerzhafte Erfahrung mit Rollstuhlreifen würde das Vertrauensverhältnis zum Menschen schmälern und die Arbeit am Rolli stark beeinträchtigen. Jetzt wird die Arbeit an der Leine bedeutsam. Mensch und Hund lernen, auch mit einer »festen Verbindung« den richtigen Abstand zu halten.

Die Leine muss immer locker sein und darf den Hund nicht beeinträchtigen. Dieser wiederum muss sich dem Tempo des Menschen im Rolli anpassen. Läuft der Hund auch nur ein paar Zentimeter zu weit voraus, wird er sofort korrigiert, indem der Rollifahrer stehenbleibt, und das Kommando »Zurück« gibt. Schon die kleinste Rückwärtsbewegung muss durch ein motivierendes »Ja, ja« bestärkt und die korrekte Positionierung ausdrücklich gelobt werden. Auch an Ein- und Ausgängen darf der Hund niemals vorauseilen, sondern muss immer mit oder hinter dem Rollifahrer durch die Tür gehen.

Das An-und Ablegen der speziell für Retriever gefertigten Moxon-Leine bedarf ebenfalls der Übung. Es handelt sich um eine Kordel aus festem Material, die an einem Ende eine Schlaufe bildet. Beim Anlegen hält der Mensch die geöffnete Schlaufe in Richtung Hundekopf, gibt das Kommando »Leine« und ermuntert den Hund, den Kopf durch die Schlaufe zu stecken. Ist seine Feinmotorik eingeschränkt, muss der Hund dabei mithelfen und die Leine nach dem Kommando »Leine, Apport« aufheben, wenn sie zu Boden fällt. Eine willkommene Abwechslung, die immer wieder in den Übungsalltag eingebaut werden kann.

Bisher haben Mensch und Hund nur die Tage miteinander verbracht, nachts schlief der Vierbeiner im Rudel. Jetzt ist es an der Zeit, dem Tier die Wahl zu lassen, ob es auch die Nächte bei seinem Partner verbringen will. Der nimmt ihn mit in sein Zimmer, zeigt ihm sein Körbchen und gibt ihm dort eine Kaustange. Die Zimmertür bleibt nachts immer offen, damit der Hund jederzeit hinausgehen kann und der Kontakt zu seiner neuen Bezugsperson nicht erzwungen wird. In der Regel suchen die Hunde auch bei offener Tür die Nähe zu ihrem Menschen und bleiben im Zimmer.

5. Phase

Haben Mensch und Hund in ihrer Interaktion ein gewisses Maß an Sicherheit erlangt, ist es an der Zeit, sich neuen Situationen zu stellen. Dazu gehören die Trainingseinheiten in der Stadt, die Spaziergänge zu zweit, ohne Trainer, oder der Tierarztbesuch.

Vor allem das Stadttraining, mit den vielen Ablenkungen durch Fußgänger, Autos oder andere Hunde ist eine Herausforderung. Der Hund nimmt Gerüche und Geräusche viel intensiver wahr, als wir das tun, und erlebt – trotz aller Vorbereitung – eine starke Reizüberflutung. Auch der Rollifahrer findet sich in einer ungewohnten Situation wieder. Er reagiert oftmals mit Unsicherheit und Nervosität, die sich auf den Hund überträgt.

Der Hund muss sich zudem auf viele Richtungs- und Tempowechsel einstellen. An Ampeln gilt es, geduldig zu warten, an Bordsteinkanten muss er sein Tempo verlangsamen und besonders aufmerksam sein. Artgenossen und Menschen, die ihn ansprechen oder streicheln wollen, soll er ignorieren. In den Geschäften ist es oft eng. Der Hund muss sich angewöhnen, auch hinter dem Rollstuhl zu gehen oder ruhig in einer Ecke liegen zu bleiben, bis er wieder abgeholt wird. Sein menschlicher Teampartner wiederum muss lernen, die Gefahren für seinen Hund zu erkennen, einzuschätzen und dementsprechend vorausschauend zu handeln.

6. Phase

In dieser letzten Phase der Zusammenführung wird das Training in den Lebensraum des Menschen mit Behinderung verlegt. Mit Hilfe der Ausbilderin lernt das Team, die Alltagssituationen in diesem Umfeld zu meistern. Dabei ist ein Besuch am Arbeitsplatz oder in der Schule vorgesehen, die Spazierwege und der nahe Lebensraum werden erkundet, der Weg ins Büro, zur Schule oder zum Einkaufen eingeübt und die Fahrt im Auto oder mit öffentlichen Verkehrsmitteln.

Basis für die Bewältigung all dieser Herausforderungen ist die intensive Bindung, die sich während der Zusammenführung zwischen den beiden Teampartnern entwickelt hat.

Zunächst gibt der Trainer noch Tipps für die Organisation des Alltags und zieht sich dann immer weiter zurück, bis Hund und Mensch auf sich allein gestellt agieren. – Stets mit dem Wissen und der Sicherheit, dass die VITA-Mitarbeiter als Ansprechpartner immer zur Verfügung stehen und jederzeit helfend eingreifen können. Außerdem haben die Teams die Möglichkeit, am wöchentlichen Dummy-Training teilzunehmen. Zur Nachbetreuung kehren sie in regelmäßigen Abständen ins Ausbildungszentrum zurück. Mit einem Assistenzhund zu leben, bedeutet nicht nur, rund um die Uhr einen treuen Freund an der Seite zu haben, sondern es ist auch das Angebot, Teil der VITA-Familie zu sein.

Rund drei Monate dauert dann die »Stabilisierungsphase«, in der das Gelernte gefestigt wird, das Team Routine und Sicherheit entwickelt und die Bindung stetig wächst. Sein »will to please« ist vorhanden und die ausschließlich positiven Erfahrungen während seiner Ausbildung haben den Hund zu einem ausgeglichenen und ruhigen, aber auch fröhlichen Gefährten gemacht, der seinem Menschen viel Sicherheit und Freude schenken kann.

Friedas Mutter erzählt: Die VITA-Familie

Es kamen die Sommerferien im Jahr 2009 und Frieda und ich fuhren in den Westerwald, für die nächsten drei Wochen mein Zuhause. Dann war mein Mann Ralph an der Reihe. Für Frieda würden es sechs Wochen werden. Eine intensive Zeit, in der Frieda und Fellow zueinander fanden. Frieda lernte alle wichtigen Kommandos kennen und Fellow liess sich von ihr führen. Es wurden Dummy-Trainings gemacht und jede Menge gekuschelt. Auf eine ganz selbstverständliche Art akzeptierte Fellow

Frieda nach und nach als seine neue Bezugsperson. Es gab viel Theorie und Praxis. Ab und zu fuhren wir zum speziellen Dummytraining an einen Baggersee bei Darmstadt, oder nach Wiesbaden und Düsseldorf zum Stadttraining. Die sechs Wochen vergingen wie im Flug. Die Heimreise traten wir erst mal ohne Fellow an, doch im September war es dann soweit: Tatjana verbrachte einige Tage mit uns in Köln, und dann zog Fellow in sein neues Zuhause um.

Erst durch diese intensiven Wochen und die ganze darauffolgende Zeit habe ich verstanden, was der lockere Spruch »VITA-Uhren gehen anders« bedeutet. In Hümmerich ist immer was los. Hier treffen so viele unterschiedliche Menschen aufeinander. Menschen mit und ohne Behinderung, Groß und Klein, Alt und Jung. Jeder hat hier seine eigene Geschichte, seinen Rhythmus, seine großen und kleinen Sorgen. Und dann natürlich die vielen Hunde, die versorgt und trainiert werden wollen. Wenn man nach Hümmerich fährt, gehört man auf eine unkomplizierte Art dazu. Man bringt sich überall mit ein. Jeder geht jedem zur Hand. Es ist tatsächlich wie in einer großen Familie. Man muss es einfach erlebt haben: da sind 15 Menschen oder mehr, Rollstuhlfahrer und Fußgänger, und zwei Dutzend Hunde! Es wird zusammen eingekauft, lecker gekocht und gegessen. Das Haus muss bei so vielen Menschen und Tieren in Ordnung gehalten werden, ebenso der große Garten, ständig stehen kleinere und größere Reparaturen an, es gibt immer etwas zu tun. Jeder kann sich hier mit seinen besonderen Fähigkeiten einbringen.

Man trainiert gemeinsam und lernt mit- und voneinander. Frieda bekommt Tipps von Teams, die schon länger zusammen sind. Es findet permanent ein reger Austausch statt. Plus Unterstützung in wirklich allen Lebenslagen. Frieda trifft bei VITA auf Gleichgesinnte jeder Altersklasse. Zu Hause ist sie meist nur mit Fußgängern zusammen. Ältere Rollstuhlfahrer können ihr hier Dinge zeigen und erklären. Zum einen, was den Hund betrifft, zum anderen ganz praktische Dinge: Wie komme ich mit meinem Rollstuhl besser und alleine vorwärts, wie könnte ich lernen, aus meinem Rollstuhl rein oder raus zu kommen, mich an- und auszuziehen und vieles mehr.

Aber auch die anderen können von Frieda lernen. Neuen Bewerbern mit Kindern, die jünger als Frieda sind, kann sie weiterhelfen und zeigen, was sie drauf hat: Was tun, wenn mein Hund nicht Fuß am Rollstuhl läuft, wie motiviere ich ihn noch mehr, damit er mir den Stift aufhebt und apportiert, wie lernt er überhaupt, meinen Stift aufzuheben? Das stärkt dann wieder ihr Selbstbewusstsein.

Wir Eltern können uns mit den anderen Eltern von Rollstuhlkindern unterhalten, Fragen stellen und Antworten finden. Für mich persönlich war es sehr wichtig, mit Jugendlichen im Rollstuhl zu sprechen. Das hilft mir in Bezug auf mein Kind und seine Zukunft. Wie haben sie es geschafft, selbständig zu werden und ihr Leben, ihren Alltag zu meistern?

Es werden Geschichten erzählt, die einen zum Weinen und Lachen bringen. Man könnte Bücher darüber schreiben. Wie oft sitzen wir abends nach dem Essen noch gemeinsam am Tisch und reden über dies und das. Das Kind ist hundemüde und müsste schon längst im Bett liegen. Denn am nächsten Morgen heißt es ja wieder früh aufstehen, kurzer Spaziergang mit den Hunden, Fütterung, Frühstück und dann geht's bei Wind und Wetter raus zum Trainieren. Und doch fällt es schwer, sich von solchen Gesprächen zu lösen und zu Bett zu gehen.

Mit so vielen verschiedenen Charakteren auf engem Raum zusammenzuleben, erfordert Rücksichtnahme, Organisation, Absprachen und Flexibilität. Doch trotz aller Planungen kann es eben doch anders kommen als man denkt, länger dauern, später werden. Wie oft wollten wir schon früher von einem VITA-Treffen nach Hause fahren und sind dann doch hängengeblieben. Wir freuen uns immer auf die festen Events wie den Charity Working Test, das Pfingstturnier, die RehaCare oder die mit viel Liebe gestaltete Weihnachtsfeier. Das sind feste Termine, die halten wir uns frei.

Natürlich kommt dazwischen noch mal das eine oder andere Treffen dazu. Wenn wir es einrichten können, sind wir dabei. Und oft entscheiden wir uns auch sonntags nach dem Frühstück spontan dazu, in Hümmerich anzurufen und zu fragen, ob wir vorbeikommen können. In Hümmerich feiert, wer will, mit anderen VITAs Ostern, Weihnachten oder Silvester. In unseren Ferien ist es ganz klar, dass wir einige Tage zum Training kommen. Das ist wichtig und gut für das Team, hier wird der Alltag ausgeblendet und man konzentriert sich voll und ganz auf seinen Hund.

Hümmerich ist halt Hümmerich. Hier kommen die Hunde und die Teams zuerst. Vorrangig geht es ja um das Leben mit einem Assistenzhund. Und was das für ein großes Glück bedeutet, spüre ich immer wieder aufs Neue. Mir geht jedesmal das Herz auf, wenn ich die Teams sehe, ihnen beim Training zuschaue. Wenn sich die Blicke von Hund und Mensch treffen oder man den »will to please« des Hundes sieht. Den stolzen Rollstuhlfahrer, der das Glück hatte, einen solchen Assistenzhund zu bekommen. Dadurch fühlt er sich nicht mehr von den Fußgängern auf seinen Rollstuhl begrenzt oder gar nur bemitleidet. Er wird anders angeschaut und angesprochen. Bei den Hunden spürt man, wie wohl und gebraucht sie sich bei ihren Menschen fühlen.

Es ist schön, den Zusammenhalt von VITA zu erleben, ein Teil dessen zu sein. Wir haben dadurch viele, wertvolle Menschen kennengelernt. Zu Fellows Patin verbindet uns eine enge Freundschaft und wir treffen uns regelmäßig.

Frieda ist durch VITA und ihren Fellow ein noch offeneres, selbstbewussteres Mädchen geworden. Sie hat uns schon ganz oft sehr stolz gemacht. Ihre Angst vor Tieren hat sie durch VITA völlig verloren. Frieda bleibt mittlerweile mit Fellow alleine zu Hause und hat an Selbständigkeit gewonnen. Sie sind zu einem tollen Team geworden. Um nichts in der Welt würde sie ihren Fellow wieder hergeben wollen, und wir bereuen keinen Tag, diesen Weg eingeschlagen zu haben. Es erfüllt uns mit Stolz, zur VITA -Familie zu gehören.

Der »Lern- und Kommunikationsraum« Hümmerich

Birgit Krieger hat vieles von dem, was den »Lern- und Kommunikationsraum« in Hümmerich ausmacht, sehr treffend beschrieben. Es ist ein ganz besonderer Ort, geschaffen für Menschen und Hunde, an dem sie mit- und voneinander lernen können. Vieles von dem, was dort geschieht, lässt sich nur schwer in Worte fassen, vor allem, wenn es die Kinder betrifft. Sie agieren nicht so rational wie Erwachsene, sind um ein vielfaches offener und emotionaler und saugen die Atmosphäre in Hümmerich förmlich in sich auf. Wenn man ihnen, so wie es Tatjana Kreidler tut, nahe bringt, wie ein Hund die Welt sieht, warum er so und nicht anders reagiert, wie er sich mitteilt und was seine Bedürfnisse sind, was ihn freut und was ihn belastet, können sie sich sehr schnell auf seine Ebene – die Ebene der analogen Kommunikation – begeben. »Wie Bindung und Beziehung entstehen, kann man nur begrenzt erklären«, sagt Tatjana Kreidler »Gerade den Kindern muss man es vorleben: den liebevollen Umgang mit dem Hund, die Wertschätzung und den Respekt. Kinder müssen sie erleben, die Ruhe, die Geduld, die Konsequenz, die Freude an der gemeinsamen Arbeit. Wenn ich einen Hund motiviere, überträgt sich das auf das Kind und schlägt sich in einer gelösten, heiteren Atmosphäre nieder. Auch deshalb sind die Wochen, die ein Kind hier in Hümmerich verbringt, so wichtig.«

Den Erwachsenen geht es ähnlich. Sie verlassen ihren Alltag und tauchen ein in diese ganz spezielle »Hümmerich-Welt«. »Manche kommen mit der völlig falschen Erwartung, dass sie von mir einen vierbeinigen Assistenten gebrauchsfertig geliefert bekommen, und nur noch lernen müssen, wie man die einzelnen Tools abruft«, berichtet Tatjana Kreidler. »Manchmal sage ich dann sarkastisch: ›Die Bedienungsanleitung für den Hund liegt in eurem Zimmer neben dem Bett‹, und es ist tatsächlich schon vorgekommen, dass am angegebenen Ort prompt danach gesucht wurde.

Bald gibt es dann aber das große Erwachen. Die Neulinge stellen plötzlich fest, dass diese wohlerzogenen Hunde nicht ansatzweise nach ihrer Pfeife tanzen, sondern dass sie sich ihr Vertrauen, ihren Respekt, ihren freudigen Gehorsam und vor allem ihre Liebe mühsam erarbeiten müssen.«

Dabei hilft ihnen die Umgebung. Das große Landhaus in Hümmerich ist nicht steril oder spartanisch, sondern einladend und gemütlich.

Ein geschmackvoll eingerichtetes Zuhause mit blank polierten Holzfuß-
böden, warmen Farben, gemütlichen Sofas und schönen alten Möbeln.
Überall stehen frische Blumen, und der Blick aus dem Fenster verliert
sich im Grünen.

Wären da nicht die vielen Körbchen, käme kein Besucher auf die
Idee, dass in diesem Haus ein gutes Dutzend Retriever leben. Nichts
riecht hier nach Hund, selbst dann nicht, wenn es draußen regnet. Alles
ist blitzsauber; keine Schmutzspuren im Gang, keine herumliegenden
Kauknochen, keine Flecken, keine Haare auf dem Teppich. Auf Hygie-
ne wird nicht nur aus optischen Gründen so großer Wert gelegt – viele
Menschen mit Behinderung haben ein geschwächtes Immunsystem und
müssen vor Bakterien und Viren so gut es geht geschützt werden.

Diese »vorbereitende Umgebung«, das Ambiente, das das Trainingszentrum prägt, trägt als Teil des ganzheitlichen Konzepts (Körper, Geist
und Seele) ganz wesentlich zum Erfolg der Arbeit bei. Denn die intensiven Prozesse während der Zusammenführung bereiten einen Bewerber
nicht nur auf das künftige Miteinander mit seinem Hund vor – sie führen
auch (oft genug zum ersten Mal) zu einer emotionalen Auseinandersetzung mit der eigenen Person, der Behinderung, den persönlichen Lebensumständen. Alle im Team helfen den Betroffenen dabei, aus einer Krise
wieder herauszufinden – ein »Wohlfühlort« wie Hümmerich ist aber für
die Aufarbeitung solch existenzieller Fragestellungen unabdingbar.

Die Mutter von Robin II erzählt

Das erste Mal wurde ich bei der Spendengala »Ein Herz für Kinder« im
Dezember 2007 auf VITA aufmerksam. Gebannt verfolgte ich damals
das Gespräch zwischen Thomas Gottschalk und den VITA-Kindern und
wusste, so ein Vierbeiner, das wäre eine tolle Sache für unseren Sohn
Robin. Aber, so wies ich mich gleich zurecht, es ist unerschwinglich und
somit unerreichbar. Trotzdem besuchte ich hin und wieder die Homepage von Tatjana Kreidler und ihren Assistenzhunden.

Und heute, fünf Jahre später – ich kann es kaum glauben – geht der
Traum in Erfüllung: Dank der Unterstützung des Rotary-Clubs Wangen

befinden wir uns mitten in der Zusammenführung, und noch in diesem Sommer wird Connor bei uns einziehen. Connor, der »König der Löwen«, wie wir ihn manchmal nennen, mit seinen riesigen Pfoten und seinem Herz aus Gold.

Dass mit unserem Nesthäkchen etwas nicht stimmt, wussten wir schon während der Schwangerschaft. Doch ein Abbruch kam nicht in Frage. Wir kriegen das schon hin, sagten wir uns, und nach der Geburt schien auch alles gar nicht so »schlimm«. Die Defizite wurden erst nach und nach diagnostiziert und füllen mittlerweile ganze DIN-A4 Seiten. Armbetonte, spastische Hemiparese, hinkendes Gangbild, Skoliose, kann nur kurze Strecken gehen, nicht gerade sitzen, viele OPs und Vollnarkosen. Und es kam immer mehr hinzu.

Robins Handicaps bestimmen unser Familienlieben. Ich musste meinen Beruf als Krankenschwester aufgeben, dafür arbeitet mein Mann umso mehr, damit das Geld reicht. Die beiden älteren Brüder von Robin stecken ständig zurück. Mal eben im Urlaub nach Italien ans Meer? Das geht eben nicht.

Und dann diese Blicke und das Flüstern hinter unseren Rücken. Man hört es, wenn man vorbei geht. »Guck doch mal, was ist denn mit dem los?« Ha! Bald wird es heißen »Guck doch mal, der tolle Hund!«

Connor wird Freude in unser Leben bringen, ein wenig mehr Leichtigkeit, und er wird Robin von unserer Hilfe unabhängiger machen.

Ich freue mich so sehr für unseren Jüngsten. Robins Schule ist 30 Kilometer entfernt, und er hat hier keine Freunde. Nur die Nachbarskinder, und wenn die auf ihren Inlinern davonsausen, dann bleibt er immer traurig zurück. »Die meinen das nicht böse«, sage ich ihm, wenn er wieder und wieder nach dem »Warum« fragt. Doch das tröstet ihn nicht. Nun hat er bald Connor, und dann gibt es das Wort »allein« nicht mehr für ihn.

Robin ist schon jetzt ganz verändert. Wir mussten ja lange auf Connor warten und haben deshalb schon im Vorfeld viel Zeit im Trainingszentrum verbracht. Wenn wir nach Hümmerich fahren, steigt Robin ins Auto ein und fünf Stunden später wieder aus, und die Mundwinkel kleben immer noch links und rechts an den Ohren.

Kurz vorher, wenn endlich die große Eiche auftaucht, an der ich ins Dorf abbiegen muss, dann fühle ich mich immer so, als ob ich das Gleis 9 ¾ überquere und auf direktem Weg nach Hogwarts bin. Harry-Potter-Leser wissen, wovon ich rede.

Ich weiß nicht, wer den Satz erfunden hat, dass die VITA-Uhren anders gehen, aber er stimmt. Die Tür zum Ausbildungszentrum öffnet sich, und wir stehen inmitten einer großen Schar schwanzwedelnder Hunde. Es sind unüberschaubar viele Pfoten, Schnauzen und Ruten, die uns begrüßen. Und dann sehen wir auch schon all die vertrauten Gesichter. Es sind schon richtig kleine Freundschaften entstanden. Man kann sich austauschen, um Rat fragen, bekommt Tipps von den Eltern der anderen Kinder-Teams, eine große Familie, die auch gemeinsam kocht und sich dann um den großen Esstisch versammelt. Die Hunde liegen derweil satt zu unseren Füßen. Sie bekommen ihre Mahlzeiten grundsätzlich zuerst.

Hümmerich und VITA – für uns ist das wie ein Sechser im Lotto. Und wenn wir das nächste Mal auf der Fahrt Harry Potters Eule Hedwig begegnen, würde mich das nicht wundern.

Der Teamqualifikationstest

Offiziell beendet ist die Ausbildungszeit erst, wenn Mensch und Hund gemeinsam den sogenannten Teamqualifikationstest (TQ-Test) bestehen. Er basiert auf den Richtlinien der Europäischen Vereinigung für Assistenzhunde (ADEu), geht aber noch weit darüber hinaus. Damit wird die erfolgreiche Zusammenführung dokumentiert.

Drei Tage dauert die theoretische und praktische Prüfung. Schauplätze sind Wiesen, Wald, Stadt und Innenräume. Auch ein Seminar zu tierärztlichem Basiswissen wird in diesem Zusammenhang absolviert. Hund und Mensch müssen vier Richtern beweisen, dass sie sowohl alltagstauglich als auch für Extremsituationen gerüstet – kurz, ein gutes Team sind. Der TQ-Test wird in der Regel alle zwei bis drei Jahre wiederholt. Damit wird gewährleistet, dass jedes Team seiner Verantwortung nachkommt und das Wissen immer wieder aufgefrischt wird.

Das Zertifikat wird den Prüflingen im Rahmen einer feierlichen Zeremonie überreicht. Das Team ist jetzt »qualifiziert« und hat bestimmte Rechte. Assistenzhunde sind beispielsweise steuerbefreit, dürfen in der Flugzeugkabine mitfliegen und in der Regel überall in der Öffentlichkeit dabei sein.

»Einen Hund nach intensiver Ausbildungszeit ›seinem‹ Menschen zu übergeben, fällt immer schwer«, sagt Tatjana Kreidler, »Denn natürlich ist mir jeder Vierbeiner auf seine Art ans Herz gewachsen. Das kann auch gar nicht anders sein, sonst wäre ich nicht mit ganzer Seele dabei. Wenn dann aber der vorläufige Schriftzug ›VITA-Team in Ausbildung‹ nach dem Teamqualifikationstest von der blauen Assistenzhunddecke entfernt wird, freuen wir uns mit dem Teampartner. Wir wissen, dass unsere Hunde ihrer neuen Aufgabe glücklich und voller Hingabe nachgehen werden.«

»Ihrem Menschen« offiziell übergeben werden die Hunde dann im Rahmen einer kleinen Feier beim Wiesbadener Pfingstturnier vor der wunderschönen Kulisse des Biebricher Schlosses.

Christians Mutter erzählt

April 2012. Drei aufregende, sehr anstrengende und doch erfolgreiche Tage liegen hinter uns. Der erste Team-Qualifikationstest von Christian und Keck, bei dem wir als Eltern auch gefragt waren: Lenken und Leiten des Teams! Was nicht immer einfach ist. Jeder mit Kindern weiß, wie schwierig Erziehung manchmal sein kann. Hinzu kommt noch, wie mein Mann meint, zwei Familienmitglieder im »Ausnahmezustand«: Sohn in der Pubertät und die Mutter in den Wechseljahren. Das ist spannend!

Sieben Teams wurden geprüft: Von »alten Hasen« wie Tom und Charlie und Thorsten und Louis bis hin zu Neulingen wie uns. Schön, dass auch Janina und Jessie dabei waren. So haben wir nach gemeinsamer Zusammenführung auch den TQ-Test gemeinsam bewältigt.

Am Freitag war Beginn mit der Theorie. Mein Sohn und ich haben uns das aufgeteilt. Ich habe den schriftlichen Teil übernommen: Tiermedizin und Umgang mit dem Hund. Vor 20 Jahren in der Schule wäre es mir sicher leichter gefallen, schriftliche Tests zu schreiben. Lampenfieber kam auf. Nach zwei Stunden war ich dann auch fertig und sehr erleichtert. Christian hat einen Teil des mündlichen Tests und dazu den praktischen Teil der Tiermedizin gemacht. Dabei ging es zum Beispiel um das Anlegen eines Druckverbandes und ähnliche Dinge.

Beim Frühstück am Samstagmorgen war ich eindeutig aufgeregter als mein Sohn. Der erste Teil der praktischen Prüfung war dran: Stadttraining in Wiesbaden. Jetzt galt es, sich nicht nur in der Theorie als Team zu beweisen. Eine der Aufgaben war, den Hund auf einem belebten Platz abzurufen: geschätzte Distanz 30 Meter. Neben uns traf sich ein Frauenkränzchen und diskutierte lautstark. Da ist es gar nicht so einfach, sich auf den Hund zu konzentrieren. Dann kreuzten viele Menschen den Weg über die gedachte Linie zwischen Mensch und Hund. Das Team verlor sich schon mal aus den Augen. Anschließend gab es dann alles: Tränen der Anspannung und freudige Gesichter nach »Bestehen« der letzten Aufgabe – das Wetter hielt auf seine Weise mit: Regen und Sonnenschein.

Nachmittags dann Dummy-Training am Jagdschloss Platte. Christian, der Jüngste, war mit Keck als erster dran. Keck brachte freudig wedelnd die Dummies zurück. Schön, wie viel Freude die beiden dabei hatten. Zum Abschluss: Ein Essen im nahen Gasthof und Austausch über den Tag. Die VITA-Familie an einem Tisch.

Weiter ging es dann am Sonntag in Hümmerich. Jetzt stand, wie Frau Dr. Ariane Volpert sagte, die Kür auf dem Programm: Geschicklichkeit und Sensibilisierung. Christian und Keck waren mit so viel Begeisterung dabei, dass sie auch das Rollern an den Cavalettis, also an Hindernissen zeigten, obwohl das eigentlich den Auffrischern vorbehalten ist. Anschließend ein hervorragendes Mittagessen, zubereitet von vielen Helfern. Wie immer in Hümmerich, haben wir gemeinsam gegessen, in zwei Schichten und in zwei Reihen, aber alle zusammen.

Danach ging es drinnen weiter. Ich hatte den Eindruck, das war für meine Beiden schon fast wie normaler Trainingsalltag in Hümmerich. So entspannt und angenehm war die Atmosphäre mit den Richtern. Schuhe ausziehen? Kein Problem. Freudig stellten sie sich den Aufgaben.

Ich war fasziniert zu sehen, wie die Teams, die schon lange zusammen sind, agieren und aufeinander eingespielt sind. Da bedarf es nur noch kleiner Fingerzeige oder leiser Kommandos, und der Hund weiß, was dran ist. Auch die Richter waren toll. Obwohl jede Aufgabe eigentlich gleich lautet, schafften sie es, diese für die Teams unterschiedlich zu gestalten, abhängig vom Alter der Prüflinge, ihren Fähigkeiten und der Dauer des Zusammenseins mit ihrem Hund. Diese individuelle Beurteilung der Teams bedeutet für die Prüfer bereits im Vorfeld einen großen Aufwand und sehr viel Fingerspitzengefühl.

Dann kam der große Augenblick: Die Bekanntgabe der Ergebnisse und die Verleihung der Urkunden. Um es vorneweg zu nehmen: Alle Teams haben bestanden. Die Freude war groß. Natürlich haben Christian und Janina ganz feierlich ihre Aufnäher »Wir sind noch in Ausbildung« von den Deckchen ihrer Hunde entfernt! Das musste gefeiert werden.

Dann folgten noch einige abschließende Worte von Tatjana Kreidler und Ariane Volpert. Thorsten hat es am Schluss wunderbar auf den Punkt gebracht: Alle unsere Hunde sind einzigartige Juwelen und wir, ihre Teampartner, sind die Fassung, die die Juwelen halten und zum Strahlen bringen.

Die Geschichte von Janina & Jessie

»Jessie hat mein Leben verändert«, beginnt Janina ihren Bericht. »Ich sage das nicht, weil ich denke, dass das die VITA-Leute so erwarten.« Sie stockt, in ihren Augen glänzen Tränen. »Es ist mir ein echtes Anliegen. Ich muss immer weinen, wenn ich das sage, aber das alles bedeutet mir so viel.«

Janinas Start ins Leben stand unter keinem guten Stern. Sie ist ein Frühchen, kommt schon im siebten Monat zur Welt. Ihre Lungen sind noch nicht fertig ausgebildet und bei der Geburt läuft vieles schief. »Vielleicht war die Medizin noch nicht so weit, damals vor 30 Jahren«, sagt sie, »ich konnte jedenfalls nicht selbst atmen und die Sauerstoffunterversorgung hat einen Teil meines Gehirns zerstört. Und zwar jenen Teil, der für die Koordination der Bewegungen zuständig ist.

Die Diagnose war für meine Eltern ein harter Schlag: Infantile Cerebralparese. Eine spastische Lähmung, die die gesamte Entwicklung verzögert. Diese Erkrankung gibt es in vielen Ausprägungsgraden, bei mir betrifft sie den ganzen Körper. Ich konnte zum Beispiel lange nicht sprechen, weil man dazu ja auch den Kiefer kontrollieren muss, und die Zunge. Das war mir nicht möglich.

Die Prognose war äußerst schlecht. Es hieß, ich hätte eine schwere geistige Behinderung. Weil auch die Augenmuskeln betroffen waren und ich niemanden so richtig anschauen konnte, dachte man, es sei noch viel schlimmer, als es tatsächlich war.

Die Beziehung meiner Eltern ist daran zerbrochen. Sie haben sich scheiden lassen, als ich zwei Jahre alt war. Meine Mutter bekam das Sorgerecht – mein Vater zog weit weg und durfte mich alle zwei Monate besuchen. Dann wurde er selbst krank, und ich habe ihn nur noch in großen Abständen gesehen. Ich bin mit meiner Mutter in der Nähe von Heidelberg geblieben, da war ich dann mit der Mama alleine.«

Viel mehr möchte Janina nicht über ihre schwierige Kindheit erzählen, auch nicht über ihre Eltern, zu denen sie zeitweise den Kontakt völlig abbrach. Stattdessen berichtet sie mit nüchternen Worten über die vielen Krankenhausaufenthalte und Operationen und über ihren harten Kampf um einen Platz im Leben.

Es ist beeindruckend, was diese junge Frau, teilweise ganz auf sich allein gestellt, mit übergroßer Selbstdisziplin und einem unbändigen Willen erreicht hat und wie viel Fröhlichkeit sie trotz allem verbreitet.

»Mit sieben Jahren hat man mich in die Sonderschule gesteckt, so hieß das damals. Man merkte aber schnell, dass ich da falsch war. Also wechselte ich an die Grundschule am Ort, zusammen mit ganz normalen Kindern. Dann wurde ich schon wieder gebremst: In der ganzen

Gegend gab es nirgends einen barrierefreien weiterführenden Zweig, sodaß ich eine Schule für Körperbehinderte besuchen musste. Ich bekam damals oft zu hören: Überschätze dich nicht. Wenn du die Hauptschule abschließt, hast du viel erreicht! Aber ich wollte mehr, und wusste auch, dass ich es schaffen kann.«

Janina hat Glück im Unglück. Mit 15 muss sie von ihrer Mutter weg und besucht ein Internat. Dort findet sie Lehrer, die an sie glauben, und besteht das Abitur.

Obwohl Janina im Alltag sehr viel Hilfe braucht, organisiert sie sich eine eigene Wohnung und erkämpft sich ein selbstbestimmtes Leben. Unterstützt von ambulanten Pflegekräften, sogenannten »persönlichen Assistenten«. An der PH Heidelberg nimmt sie ein Studium der Sonderpädagogik auf. Ihr Hauptfach ist Englisch. Janina hat zwei große Träume: Sie möchte für einige Zeit in den USA leben – und sie wünscht sich einen Hund.

Wunsch Nummer eins geht bald in Erfüllung: Sie bekommt ein Stipendium für die USA. Geplant ist ein Semester, die junge Frau bleibt aber drei Jahre in West Virginia, macht ihren Bachelor in Social Work, kommt nach Deutschland zurück und beginnt, sich eine neue Existenz aufzubauen.

Im Herbst 2008 besucht Janina in Düsseldorf die Fachmesse RehaCare. Eigentlich ist sie auf der Suche nach einem neuen Rollstuhl, stattdessen entdeckt sie einen Hund im Gewühl, folgt ihm mit ihrem Elektro-Rolli und landet am VITA-Stand. Ein hübscher weißer Golden Retriever liegt da und beobachtet interessiert das Messetreiben.

Wenig später treffen weitere Hunde ein, ihre Besitzer: Rollifahrer wie sie. Die Teams verbreiten fröhliche Gelassenheit. Janina sitzt einfach nur da und lässt alles auf sich wirken. Ein Wink des Himmels, denkt sie – Zeit für Wunsch Nr. 2. Sie nimmt alle Broschüren mit, die sie ergattern kann, liest sie sorgfältig durch und bewirbt sich bei VITA.

Jochen Jung, ihr Gesprächspartner beim Bewerbertreffen, kann sich noch genau an ihr Auftreten erinnern. Sie rollerte mit den Worten zur Tür herein: »Ich sag's Euch gleich, ich hab kein Geld und einen an der

Klatsche«. »Ich war perplex«, erzählt Jochen, »aber ich fand sie toll!« Und Janina schafft es in die engere Auswahl.

Janina lernt Till Mootz kennen, einen engagierten VITA-Mitarbeiter, der nach einem Unfall ebenfalls im Rollstuhl sitzt. Till kommt auch aus Darmstadt, wo Janina mittlerweile das Fach Soziale Arbeit im Masterstudiengang belegt hat. Er nimmt sie mit nach Wolfskehlen, dem Hunde-Übungsgelände am See. Dort lernt Janina das Dummy-Training kennen – und Jessie.

Es ist Liebe auf den ersten Blick. Jessie ist damals noch ganz jung, total verschmust und spürt die Zärtlichkeit im Blick der jungen Frau, die da etwas sperrig in ihrem Elektro-Rolli sitzt. Till versucht Janina zu bremsen: »Warte, warte, nicht so schnell! Du weißt ja noch gar nicht, ob es klappt. Und außerdem entscheidet Tatjana, welcher Hund zu wem passt!« Doch Janina hört gar nicht hin. Sie hat nur Augen für die hübsche blonde Golden-Hündin, die gerade mit Begeisterung ein Dummy aus dem Wasser holt. Von nun an ist sie mit Tills Unterstützung so oft wie möglich beim Training dabei.

»Obwohl ich beim Dummytraining in strömendem Regen klatschnass und von Wind und Sand wie ein Schnitzel paniert wurde und bei Kälte durchgefroren war bis auf die Knochen«, schreibt sie später in einem Brief »wuchs mit jedem Besuch meine Sehnsucht nach einem eigenen Assistenzhund. Das half mir dabei, Ängste zu überwinden. Ich wurde mutiger, stellte mich Herausforderungen. War ich bislang immer auf die Begleitung eines persönlichen Assistenten angewiesen, so springe ich zwischenzeitlich immer häufiger über meinen Schatten und bin viel unabhängiger geworden.«

»Janina war hin und weg von Jessie«, erinnert sich Tatjana, »und ich fand es sehr schön, die beiden zu beobachten. Janina konnte es kaum glauben, dass Jessie ihr so unbefangen das Herz zu Füßen und das Dummy in den Schoß legt – sie wollte diesen Hund. Mit jeder Faser ihres Körpers. Gleichzeitig hatte sie große Angst, Jessie nicht gerecht werden zu können, und fragte mich, ob ich ihr das zutraue. Wir schaffen das, hab ich ihr gesagt. Ich habe es ihr versprochen und sie hat mir vertraut.«

Das Matching im März 2010 ist jetzt eigentlich nur noch Formsache. Danach steht endgültig fest: Janina und Jessie werden ein Team. Die Tatsache, dass die damals 27-jährige keinen Cent bezahlen kann, weil sie von staatlicher Unterstützung lebt, spielt dabei keine Rolle.

Der Countdown läuft, doch für Janina bedeutet es noch eine »gefühlte Ewigkeit«, bis die Zusammenführung endlich beginnt. »Jessie hat mich schon verändert, als sie noch gar nicht bei mir war. Seit ich wusste, dass sie zu mir kommt, konnte ich alles, was mich sonst immer so belastet hat, viel besser wegstecken. Nee, ich krieg so einen tollen Hund, da kann ich doch nicht mehr traurig sein!«

Die Zusammenführung läuft weitgehend nach Plan. Tatjana Kreidler sieht, wie viel Liebe, Fürsorge und Wertschätzung die junge Frau Jessie entgegenbringt, und nach anfänglichen Schwierigkeiten wird aus den beiden allmählich ein Team.

Doch es gibt andere Probleme. »Mir war ihr Misstrauen und manche ihrer Handlungen fremd«, sagt Tatjana Kreidler. »Sicher hängt das damit zusammen, dass ihr ganzes Leben ein ständiger Kampf war. Janina ist ein ganz liebenswerter, toller Mensch, aber durch ihre Vorgeschichte eben auch kompliziert.«

Erst nach und nach registriert Tatjana, dass Janina zwar vieles alleine kann, aber dass sie doch mehr Hilfe braucht, als es anfangs schien. Vor allem hat Janina eine an Panik grenzende Angst, in einer hilflosen Situation alleine gelassen zu werden. Sie braucht ihre Assistenten, die ihr sonst im Alltag zur Seite stehen, auch für die Psyche. Nach Hümmerich können die Helfer nicht mit. Der Platz dort ist begrenzt, und das VITA-Team übernimmt deren Aufgaben. »Wir haben das Ausmaß ihrer Angst unterschätzt«, erzählt Tatjana Kreidler. »Es war noch ziemlich am Anfang. Um acht Uhr sollte eine Mitarbeiterin in ihrem Zimmer stehen, um ihr aus dem Bett zu helfen, aber sie verspätete sich um eine Viertelstunde. Als sie schließlich kam, war Janina völlig aufgelöst. In ihrer Panik war sie nicht einmal mehr in der Lage gewesen, das Handy zu bedienen. Von nun an haben wir dafür gesorgt, dass immer jemand da ist für sie, und dass sie genau dann Hilfe bekommt, wenn sie sie braucht.

Auch wir haben dazu gelernt. Wir haben lange Gespräche geführt. Und es liegt auf der Hand, dass der Schlüssel zu Ihren Problemen in ihrer schwierigen Kindheit liegt. Es fehlt ihr schlicht das Urvertrauen. Sie ist so oft enttäuscht worden, dass sie sich auf niemanden verlässt, sie kann nicht glauben, dass man sie mag. Man muss es ihr immer und immer wieder versichern. ›Warum tust Du das für mich?‹, hat sie mich einmal gefragt. ›Weil Du es mir wert bist‹, habe ich ihr geantwortet und dabei jedes Wort auch so gemeint.«

»Das mit dem Misstrauen stimmt«, sagt Janina und kämpft mit den Tränen. »Aber es ist schon viel besser geworden. Ich arbeite hart an mir. Früher habe ich immer nur das Schlechte in den Menschen gesehen, heute kann ich auch vertrauen, aber es dauert sehr, sehr lange. Anfangs dachte ich zum Beispiel immer, Tatjana nimmt mir Jessie bestimmt wieder weg. Mittlerweile weiß ich, dass diese Angst irrational ist und sie das niemals tun würde. Auch die anderen Menschen in Hümmerich lassen mich nicht hängen. Sie sind da, wenn ich sie brauche.«

So wie Jessie. Jessie bringt die junge Frau zum Lachen und trocknet ihre Tränen. Nichts kann ihre Liebe erschüttern. Sie ist die Konstante in Janinas Leben und wird sie nie freiwillig verlassen. Sie arbeitet mit Freude und Hingabe für sie – jeden Tag aufs Neue. Und deshalb ist dieser Hund so wichtig für sie, viel wichtiger als es ein menschlicher Therapeut jemals sein könnte.

»Jessie tut ganz viele Dinge für mich«, erzählt Janina, nachdem ihre vierpfotige Partnerin mit in die Heidelberger Zweizimmer-Wohnung eingezogen ist, und strahlt, »Türen und Schubladen öffnen, Schuhe und Socken ausziehen zum Beispiel. Sie hebt mir auch ständig etwas auf. Bücher, die Fernbedienung, das Telefon, Stifte, Hausschuhe, aber vor allem ist sie einfach immer da. Sie liegt an meiner Seite und sie ist da. Sie zaubert unglaublich viel Freude in mein Leben. Wir haben viele Rituale – sie merkt zum Beispiel, wenn ich wach werde, egal wann, auch mitten in der Nacht, und dann steht sie neben meinem Bett und guckt mich fragend an ›Kann ich dir was helfen?‹ Morgens sehe ich sie in ihrem Körbchen neben meinem Bett liegen. Und dann wedelt sie. Und dann kommt sie. Und dann legt sie ihren Kopf neben meinen Kopf und sagt ›Guten Morgen, jetzt gucken wir mal, was uns der Tag so bringt!‹ Und dann stehe ich auf und gehe mit ihr durch den Tag. Dieses morgendliche Ritual ist für mich das Größte.«

Doch es ist nicht nur die Unterstützung im Alltag, die Janina so viel hilft. Jessie holt sie aus ihrer Isolation. »Es ist ziemlich lustig, weil sich alle Menschen freuen, wenn wir kommen. Sie lächeln immer, sobald sie Jessie sehen. Ich erzähle gerne über mein Leben mit ihr. Oft kann ich an der Uni gar nicht in Ruhe arbeiten, weil dauernd irgendwer was wissen will. Ich habe viel mehr Kontakt als früher und treffe bei unseren Spaziergängen jede Menge netter Leute. Sie sehen den großen weißen Begleiter an meiner Seite, und schwupps ist Jessie das Thema Nr. 1. Und plötzlich ist es gar nicht mehr so wichtig, ob ich einen Rollstuhl benutze oder irgendwie komisch aussehe, das fällt dann nicht ins Gewicht. Ich gehöre einfach dazu, und das ist für mich ein ganz neues Gefühl.

Kürzlich hatte ich ein tolles Erlebnis. Ein Hundebesitzer schmeißt seinen Ball weit in den Neckar, sein Hund läuft aufgeregt am Ufer auf und ab, traut sich aber nicht rein. Jessie hat den Ball nicht einmal fliegen sehen. Na gut, dachte ich mir, lassen wir's mal drauf ankommen. Ich fahre also hin, mit meinem Rollstuhl, und frage, kann ich ihnen helfen? Der Mann guckt völlig konsterniert und überlegt wohl, ob ich ihn veräppeln will. Ich muss lachen: Ich hab da so 'ne Expertin, sage ich und pfeife nach Jessie. Wie der Blitz ist sie an meiner Seite. Ich schicke sie voran, sie springt ins Wasser, hält schnurgerade auf den Ball zu und legt ihn mir zwei Minuten später tropfend in den Schoß. Mittlerweile haben sich noch mehr Zuschauer eingefunden, und alle sind beeindruckt. Solche Geschichten erlebe ich oft. Da kann man echt ein Buch drüber schreiben!«

Janina und Jessie sind mittlerweile unzertrennlich. Die Hündin ist überall dabei. Janina nimmt ihren »weißen Fleck«, wie sie sie nennt, mit zum Einkaufen, zum Arzt, in die Bibliothek, zur Uni.

Die beiden kommen prima miteinander klar – vielleicht sogar ein bisschen zu gut, stellt Tatjana Kreidler bei einem Besuch fest: »Ich hatte Janina schon in Hümmerich gesagt, es ist wunderschön, dass du diesen

Hund so liebst. Aber vergiss nicht: Du musst sie auch führen, sie braucht eine starke Hand. Doch Janina konnte sich nicht dazu überwinden, energischer durchzugreifen. Die Freiheit, die sie sich für sich wünschte, wollte sie wenigstens dem Hund geben. Warum soll ihre Jessie nicht im Wald rumschnüffeln, wenn es dort so gut riecht, warum soll sie nicht im Wasser planschen, wenn ihr danach ist? Und so hab ich sie wieder getroffen mit einem Hund, der vor dem Rolli ging statt neben ihr, und der im Prinzip völlig aus dem Ruder lief. Für mich eine Katastrophe. Ich habe versucht, ihr das freundlich beizubringen: Hör zu, Janina, wenn das so weiter geht, kannst du sie irgendwann gar nicht mehr handeln. Sie hat es schließlich eingesehen und kam zur Nachschulung nach Hümmerich. Es folgten ein paar sehr harmonische Trainingseinheiten, und dann lief alles wieder nach Wunsch.«

Dass sie sich auf VITA wirklich verlassen kann, spürt Janina an jenem schwarzen Tag im September 2011. Es ist ein ganz normaler Morgen. Den ersten Spaziergang mit Jessie hat sie schon hinter sich und will jetzt mit ihr in die Universitätsbibliothek, ein paar Bücher ausleihen. Sie fährt mit ihrem Rolli einen Weg, den sie gut kennt. Doch dieses Mal ist sie unachtsam: »Ich muss eine Bodenunebenheit übersehen haben, das Vorderrad blockierte und der Rollstuhl kippte um. Ich stürzte auf die Wiese, war zwar angeschnallt, konnte mich aber nicht halten. Jessie, die im Freilauf war, kam sofort zu mir. Ihre Anwesenheit beruhigte mich. Doch viel mehr konnte sie für mich nicht tun. Ich hatte mir meine Hüfte gebrochen – damit war das eingetreten, wovor ich mich immer gefürchtet hatte. So viele Leute haben mir im Vorfeld gesagt: Du hast doch keine Familie, wie willst du dann einen Hund halten? Wer soll sich um ihn kümmern, wenn mit Dir was ist? Tatjana wusste um meine Angst und hatte mir schon ganz am Anfang versprochen, dass ich mir keine Sorgen machen muss um Jessie. Ich war völlig aufgelöst und hab sie noch aus dem Krankenwagen angerufen. Tatjana hat ihr Versprechen gehalten. Ein paar Stunden später war Jessie bei ihr, eine Assistentin hat sie ins Rhein-Main-Gebiet gebracht, und ich konnte mich aufs Gesundwerden konzentrieren. Doch das dauerte Wochen. Nach einer Weile habe ich im Krankenhaus den Aufstand geprobt. Ich hatte keine Geduld mehr. Die Ärzte wollten mich zwei Wochen behalten, aber ich wollte nur raus, zurück zu Jessie.«

Das VITA-Team versorgt sie per Brief und Fax mit Jessie-Nachrichten, Jessie-Fotos und vielen guten Wünschen. Doch es hilft nichts. Janina verlässt die Klinik zum frühestmöglichen Termin.

»Das Wiedersehen mit Jessie war unglaublich. Ich stand eine Viertelstunde zu früh unten vor dem Haus und erzählte jedem, der vorbeikam, dass gleich mein Hund kommt. Die Assistentin sagt, sie hätte mich noch nie so aufgeregt erlebt. Und dann war sie da, sprang aus dem Auto und rannte auf mich zu. Der ganze Hund hat gewackelt vor lauter Freude. Das Erstaunliche ist, dass sie sofort gemerkt hat, dass sie vorsichtig mit mir umgehen muss. Normalerweise springt sie bei der Begrüßung hoch und mit den Vorderpfoten auf meinen Schoss, aber das hat sie nicht getan. Vielleicht spürte sie, dass mir das wehtun würde.«

Heute arbeitet Janina zwei bis drei Tage pro Woche in einem Beratungszentrum für Mädchen und Frauen mit Behinderung. Mit Jessie natürlich. Wenn sie ihr Masterstudium in Darmstadt beendet hat, wird man sie dort übernehmen. Sie hat Freunde, organisiert ihren Haushalt und steckt viel Zeit in das tägliche Training mit Jessie. Vielleicht schafft sie sich irgendwann ein Auto an, damit sie ein wenig flexibler ist. Aber das sind Zukunftspläne.

Frage: Ist sie glücklich? Janina schweigt einen Moment »Ja«, sagt sie dann, »denn da ist noch etwas, das für mich unendlich wertvoll ist. Es ist VITA – die Gemeinschaft, das füreinander da sein. Ich war mein ganzes Leben allein. Jetzt bin ich es nicht mehr. Das Bewusstsein, dazuzugehören, zu einer ganzen Gruppe toller Menschen, die mir den Rücken stärken und mich so akzeptieren, wie ich bin – das ist wundervoll. Plötzlich habe ich nicht nur Jessie. Ich habe fast so etwas wie eine Familie.«

Die Nachbetreuung – ein Hundeleben lang

VITA lässt seine Teams niemals alleine. Die Nachbetreuung währt ein Hundeleben lang. Ein weitreichendes Versprechen, das dem Wohlergehen beider Partner dient. Die Hunde, vor allem aber die Menschen verändern sich. Kinder werden älter, Krankheiten schreiten voran, es entstehen neue Probleme, die gelöst werden müssen. In allen schwierigen Situationen springt VITA mit Rat und konkreter Hilfe ein. Sollte sich zum Beispiel der gesundheitliche Zustand des Menschen verändern, so wird sein vierbeiniger Freund im Rahmen seiner Möglichkeiten von VITA für neue Aufgaben trainiert. In speziellen Situationen (z. B. Krankenhausaufenthalt) kann der Hund bei VITA untergebracht werden.

Mindestens sechs Mal im Jahr kommen die Teams zu unterschiedlichen Aktivitäten nach Hümmerich oder ins Rhein-Main-Gebiet, um Gelerntes aufzufrischen, Neues zu erfahren oder am Teamqualifikationstest teilzunehmen. Stammt der Assistenzhund aus einer sogenannten Arbeitslinie oder ist ein Show-Golden mit ähnlichen Anlagen, muss das Team mindestens dreimal pro Jahr ein Dummy-Intensivtraining absolvieren und auch zuhause regelmäßig trainieren. Eine absolute Notwendigkeit, um diese Energiebündel sinnvoll auszulasten. Diese Regeln sollen sicherstellen, dass die Hunde einen hohen Ausbildungsstand halten, die Rollifahrer mit neuen Ideen und vor allem neuer Motivation nach Hause gehen und VITA die Gelegenheit hat, Fehlentwicklung frühzeitig zu erkennen und gegenzusteuern.

Im Laufe der Zeit hat sich immer weiter herauskristallisiert, wie außerordentlich wichtig und sinnvoll diese Nachbetreuungen sind, aber auch wie aufwendig und manchmal aufreibend. Da wird Wissen aufgefrischt, viel Neues gelernt, werden Fehler erkannt. Oft liegt die Lösung auf der Hand und es reicht ein kleiner Tipp, manchmal sucht man in stundenlangen Gesprächen gemeinsam danach. Das Lernen mit- und voneinander nimmt in Hümmerich sehr viel Raum ein. Erfahrungen werden ausgetauscht und plötzlich öffnen sich neue Wege und Möglichkeiten. Viele Kinder kommen ohne Eltern, weil sie sich hier sicher und geborgen fühlen. Erwachsene wollen hier auftanken, ihre Sorgen vergessen, Zeit und Raum haben, um zu sich selbst zu finden und sich ihren Ängsten zu stellen – immer mit dem Wissen, dass sie, wenn nötig, aufgefangen werden. Jeder wird so akzeptiert, wie er ist, mit all seinen Stärken und Schwächen, wird ernst genommen und ist auf eine unkomplizierte Art und Weise Teil des Ganzen.

Für alle, auch für die Mitarbeiter, ist dieses Miteinander manchmal sehr anstrengend, doch wer bei VITA einsteigt, muss es schlicht mitbringen, das persönliche Engagement und die Bereitschaft, nicht auf die Uhr zu sehen. Wer einen Nine-to-five-Job will, ist hier fehl am Platz. Die Belohnung ist eine zutiefst sinnstiftende Arbeit, die immer wieder von neuem bereichert und durchzogen ist von ganz viel Gänsehautfeeling.

Juristisch gesehen bleibt der Verein zeitlebens Eigentümer des VITA-Hundes. Die Familien der gehandicapten Kinder oder die Erwachsenen mit einer Behinderung sind die Besitzer. Im Extremfall muss der Assistenzhund wieder zurückgegeben werden, wenn es ihm dort, wo er ist, nicht gut geht. Natürlich ist VITA zunächst bemüht, eine Lösung im Sinne des Hundes und »seines Menschen« zu finden, und bislang ist der »Ernstfall« auch noch nicht eingetreten. Trotzdem muss sich der Verein diesen Schritt bei grober Zuwiderhandlung vorbehalten. Die VITA-Richtlinien sind in diesem Punkt kompromisslos und immer im Sinne des Hundes.

Was macht die Kreidler-Methode einzigartig?

1. **Der Hund steht immer im Mittelpunkt.** Nur wenn es ihm gutgeht, wenn er sich sicher fühlt, wenn seinen Bedürfnissen Rechnung getragen wird und wenn Bindung und Beziehung zu »seinem Menschen« stimmen, kann er seinen Auftrag als Assistenzhund erfüllen. Alles andere bedeutet Stress und führt nicht zum gewünschten Erfolg.
2. **Wertschätzung und Respekt.** Nicht nur der Mensch, auch der Hund wird als Individuum respektiert. Das Training zielt nicht darauf ab,

ihm Schwächen abzutrainieren; sie werden als individuelle Besonderheit akzeptiert. Der Hund soll nicht gebrochen werden (was bei so sensiblen Tieren leicht möglich ist), sondern freudig für »seinen Menschen« arbeiten.

3. **Kein Drill und kein Druck.** Lernen durch motivierendes Lob und Belohnung (positive Verstärkung), Verlässlichkeit und Konsequenz.

4. **Tiefes Verständnis.** Kinder (und natürlich auch Erwachsene) bekommen keine »Gebrauchsanweisung« für ihren vierbeinigen Partner geliefert. Sie lernen mit Hilfe der Ausbilder, ihn zu verstehen. Sie werden ermuntert zu beobachten, wie er sich in unterschiedlichen Situationen verhält, wie er kommuniziert, was ihn motiviert und welche Bedürfnisse er hat. Kurz, sie lernen, die Welt mit den Augen ihres Hundes zu sehen.

5. **Die Sensibilisierung.** Sie ist der Kern der Ausbildung. Der Hund lernt, für und mit dem Menschen zu fühlen. In der Praxis bedeutet das: kein lautes Wort, viel Geduld und motivierendes Lob, Vermittlung von Wertschätzung und Respekt. Umgekehrt lernt der Mensch, die Sprache des Hundes zu verstehen und seine Signale zu deuten.

6. **Ganzheitlicher Ansatz auf psychologisch-pädagogischem Fundament.** VITA hat die gesamte Entwicklung eines Menschen im Blick. Der Hund soll nicht nur Helfer im Alltag sein, er soll viel mehr bewirken: Durch ihn entfalten Kinder und Erwachsene mehr Selbstbewusstsein, Sicherheit, Verantwortungsgefühl, Unabhängigkeit und Lebensfreude; sie lernen zurückzustehen und anders mit sich und ihrer Umgebung umzugehen. Ihre Selbstwahrnehmung ändert sich, und der Umgang mit persönlichen Schwächen und Handicaps.

7. **Intrinsische Motivation.** VITA-Hunde lernen, einen »Job« nicht deshalb zu erfüllen, weil anschließend eine Belohnung auf sie wartet, sie sollen sich der Aufgabe aus einem inneren Antrieb heraus zuwenden. Es ist die Aktion selbst, die einen besonderen Wert für sie besitzt, weil sie ihr Neugierverhalten auslöst oder ihnen schlicht Spaß macht.

8. **Größte Sorgfalt bei der Teambildung.** VITA nimmt beim sogenannten »Matching«, also der Zusammenstellung der Teams, auf die

Hundepersönlichkeit genauso viel Rücksicht, wie auf den möglichen Teampartner. Nicht nur der Hund muss zum Menschen passen, auch der Mensch zum Hund. »Wer glaubt, die beiden müssen sich ›zusammenraufen‹, liegt falsch«, sagt Tatjana Kreidler. »Die Chemie muss stimmen. Von Anfang an. Sonst entsteht keine Harmonie.«

9. **Intensität der Zusammenführung.** Bei vermutlich weltweit keiner anderen Organisationen ist die Phase der Annäherung von Mensch und Hund so zeitintensiv und von vergleichbarer Intensität wie bei VITA. Nirgendwo sonst wird bei der Zusammenführung mit so viel psychologisch-pädagogischem Fachwissen und so individuell auf jeden einzelnen Bewerber und jede Hundepersönlichkeit eingegangen. Bei anderen Organisationen dauert der Prozess oft nur zwei Wochen und findet in größeren Gruppen statt. Die Menschen sehen ihre Hunde nur während der Trainingszeiten, statt mit ihnen zu leben. Bei VITA sind die zukünftigen Teams in eine familiäre Gemeinschaft eingebunden und profitieren davon – getreu dem ganzheitlichen Ansatz – in jeglicher Hinsicht. Neben den täglichen Trainingserfolgen erweitern gerade Kinder in diesen sechs Wochen mit wachsendem Selbstbewusstsein ihre soziale Kompetenz und ihre Kommunikationsfähigkeit beträchtlich, Eltern erfahren pädagogische Unterstützung und sehen ihre Kinder in neuem Licht. Nicht umsonst ist von der »VITA-Familie« die Rede, denn die Kontakte und Freundschaften, die zwischen den Rollifahrern entstehen, haben auch im Alltag Bestand.

10. **Integration.** Fußgänger und Rollifahrer tauschen sich beim Zusammentreffen im Ausbildungszentrum, beim Dummy-Training, bei Events und Veranstaltungen auf einer Ebene aus, auf der die Behinderung keine Rolle spielt.

11. **VITA betreut seine Teams ein Hundeleben lang.** Dieses Versprechen, das der Verein den Teams mit auf den Weg gib, reicht sehr weit und dient dem Wohlergehen beider Partner. Wenn ein VITA-Hund stirbt, und sein Mensch dies wünscht, bekommt er so schnell wie möglich einen neuen vierbeinigen Gefährten an die Seite gestellt.

12. **Der Hund darf Hund sein.** Das Wohl des Hundes hat oberste Priorität. Deshalb sollen VITA-Hunde neben ihrem anstrengenden Job auch ein ganz normales Hundeleben führen. Sie dürfen schwimmen, schmusen, toben, spielen und ihre geliebten Dummys apportieren. Das Dummy-Training ist nicht nur Bestandteil der Ausbildung, sondern auch gemeinsames Hobby der Teampartner.

Die Geschichte von Silke & Jack
Silke erzählt: »Ich wurde 1972 in Bad Soden geboren und bin in Kronberg aufgewachsen. Meine Eltern ahnten vor meiner Geburt nicht, dass mit mir etwas nicht stimmt – im Gegenteil, die Ärzte bereiteten sie auf Zwillinge vor. Damals gab es noch keine hochleistungsfähigen Ultraschallgeräte und die Schwangerschaft verlief normal. Umso größer war der Schock.

Meine Krankheit nennt sich Diastrophische Dysplasie oder Lamy-Maroteaux-Syndrom. Das ist eine Kleinwuchsform, bei der alle Knochen und Gelenke deformiert sind. Durch einen genetischen Defekt deformieren sich meine Gelenke unter meiner eigenen Körperlast. Das begann schon im Mutterleib und war gleich zu sehen. Meine Eltern durften mich gar nicht in die Arme schließen, ich kam sofort per Notarzt in die Uniklinik und blieb dort drei Monate lang.

Meine Eltern waren jeden Tag bei mir in der Klinik, dort haben die Ärzte alles Mögliche mit mir gemacht. Ich hatte auch noch eine Gaumenspalte, die operiert werden musste. Die erste von vielen, vielen OPs.

Nach drei Monaten hieß es dann plötzlich: Sie können ihre Tochter mit nach Hause nehmen. Meine Eltern waren gar nicht darauf vorbereitet, für sie kam es völlig überraschend. Der Arzt hat wohl zu ihnen gesagt, »die« können Sie gleich ins Heim geben, die wird nie sprechen oder laufen lernen, die Mühe brauchen Sie sich gar nicht erst zu machen. Meine Oma hat mir das später erzählt und sich immer noch fürchterlich aufgeregt.

Mein Vater war Steuerberater und Wirtschaftsprüfer. Meine Mutter arbeitete damals noch in einer Bank, aber es war für meine Eltern schnell klar, dass sie zuhause bleibt und sich um mich kümmert. Ein Heim? Diese Frage stellte sich nie. Im Gegenteil. Meine Eltern kämpften dafür, dass ich nicht ausgegrenzt wurde. Ich ging in einen ganz normalen Kindergarten und wuchs ganz normal mit den Nachbarskindern auf. Bei mir zuhause hieß es immer, es gibt für alles eine Lösung.

Meine Eltern hatte eine gut funktionierende Rollenteilung – meine Mutter war immer für mich da, auch emotional, mein Vater sorgte für das Geld, das uns alle Freiheiten gab, und hatte die entsprechende Durchsetzungskraft nach Außen, wenn es darum ging »nehmen die mich oder nehmen die mich nicht?« Wenn mich jemand aufgrund meiner Behinderung zurückwies, im Kindergarten oder in der Schule, machte er Ärger und erreichte alles, was er sich vornahm.

Natürlich war ich nicht auf dem gleichen Level wie die anderen Kinder. Alles, was mit Bewegung zu tun hatte, entwickelte sich verzögert und eingeschränkt. Ich war ständig im Krankenhaus und wurde mindestens einmal im Jahr operiert – meistens an den Beinen, um die Kontrakturen wegzukriegen. Ich hatte immer Schienen als Kind und musste nachts ins Streckbett, wie ein Maikäfer festgeschnürt. Ich habe geschrien, es war ganz schrecklich. Heute habe ich das verdrängt. Für meine Eltern war es noch viel grausamer als für mich.

Dass ich anders bin als andere, habe ich gemerkt, als ich in den Kindergarten kam. Da setzt meine Erinnerung auch ein. Ich wollte da nicht gerne hin, und das hatte einen konkreten Grund: Am Ende unserer Straße erwartete mich jeden Morgen Dennis, der Knutscher. Der fand mich süß und wollte mich küssen – das wiederum wollte ich nicht. Ich weiß nicht, ob ich wusste, dass ich behindert bin. Aber ich brauchte Hilfe, um mich vor seinen feuchten Küssen zu schützen. Dennis der Knutscher war das einzige, was mich am Kindergarten störte. Meine Mutter hat ihn übrigens kürzlich wieder getroffen. Heute würdest du dich bestimmt gern von ihm knutschen lassen, sagte sie – es ist ein sehr gut aussehender Mann aus ihm geworden!

Als es um den Wechsel in die Grundschule ging, musste die Rektorin von meinem Vater »überzeugt« werden. Ein behindertes Kind? Dafür gibt es doch spezielle Einrichtungen, hieß es damals. Es wurde aber dann alles super positiv geregelt, ich kam sogar in die gleiche Gruppe wie im Kindergarten.

Für Mitschüler, die mich von früher kannten, war ich überhaupt nichts Besonderes. Sie haben sich schützend vor mich gestellt, wenn andere mich hänselten. Das war für mich eine sehr positive Erfahrung. Im Großen und Ganzen ist damals alles ganz prima gelaufen.

Ich habe vier Jahre die Grundschule besucht, bin dann zur Gesamtschule gewechselt und kam dort problemlos in den gymnasialen Zweig. Da hab ich dann auch Abitur gemacht. Katastrophal schlecht war ich in Mathe und Deutsch; Sprachen hingegen mochte ich immer gerne und sehr kreativ war ich auch. Ich habe ein Kunstabitur gemacht. Kunst und Latein – eine tolle Mischung!

Die Diastrophische Dysplasie ist sehr selten in Deutschland. Es ist eine Erbkrankheit. Meine Eltern sind beide Träger des rezessiven Gens, und Geschwister hätten mit 50 prozentiger Wahrscheinlichkeit die gleiche Krankheit wie ich. Deshalb haben meine Eltern auch keine Kinder mehr bekommen, aber sie zogen eine Adoption in Erwägung.

Was willst du haben, ein Geschwisterchen oder einen Hund? Dieser legendäre Satz fiel, als ich in der ersten Klasse war. Ich hatte damals eine Freundin, Melanie, sie wohnte in Schönburg und hatte einen Yorkshire Terrier. Den fand ich ganz toll. Ich bin ihm ständig hinterher gelaufen, obwohl ich sehr lauffaul war und mich viel lieber im Buggy schieben ließ.

Ein Brüderchen oder einen Hund? Was für eine dumme Frage. Da musste ich nicht lange überlegen, einen Hund natürlich.

Es musste der gleiche sein, wie der von Melanie. Ein Yorkshire Terrier. Wir fuhren zu mehreren Züchtern und haben uns die Welpen angeguckt. Als ich Tommy kennenlernte, war er sechs Wochen alt und so groß wie eine Coladose. Er kam auf mich zugekullert und nuckelte sofort an meinem Finger. Der ist es, das war klar.

Zwei Wochen später haben wir ihn abgeholt. Wenn ich heute die Fotos sehe, denke ich, oh Gott, der arme Hund. Ich habe ihn heiß und innig geliebt und wirklich überall mit hingeschleppt. Tommy wurde leider nur neuneinhalb Jahre alt, Er wurde krank und starb schließlich an Nierensteinen.

Meine Mutter hat mir sofort viel Verantwortung für den Hund übertragen. Ausflüge in die Stadt durften ab sofort nicht länger als vier bis fünf Stunden dauern. Schließlich wartete zuhause Tommy auf uns, und der war nicht gern allein. Er hatte es wirklich gut bei uns. Im Yorkshire Club hieß er »der Bär«, weil er ziemlich groß war. Als wir zum ersten Mal von dort zurückkamen, mit passender Schleife im Haar und einer todschicken Leine, sagte mein Vater so geht er nicht mit ihm vor die Tür, die Schleife kam raus, und fortan wurde eben der Pony geschnitten. Nerzöl und Seidenpapier als Haarspitzenkur … auf keinen Fall durchs Gras toben, weil sonst die Haare abbrechen könnten? Wie bitte? Tommy durfte alles. Er wälzte sich gerne im Schlamm, hatte einen Meckyschnitt und sah aus wie ein Punker.

Im Gegensatz zu Jack, der sich freut, wenn er gekämmt wird, hasste Tommy die Haarpflege und verschwand postwendend unter dem Ehebett, sobald meine Mutter die Schublade mit den Bürsten öffnete. Und zwar in der Mitte, dort, wo man nicht hinkam. Und wenn in der Nachbarschaft eine Hündin läufig war, saß er am Fenster und heulte den Mond an. Dieser Hund hatte wirklich Charakter

Tommy motivierte mich zum Laufen – weite Strecken waren es allerdings nie. Quer durch die Wohnung oder die halbe Straße hoch. Bis zum 14. Lebensjahr ließ ich mich lieber von meinen Eltern im Buggy herumschieben. Ich wollte nie einen Rollstuhl. Wozu auch? Ich war ja nicht »richtig« behindert! Damit hätte ich mein Handicap festgeschrieben. Auch heute habe ich keinen, sondern bewege mich mit meinem Dreirad oder den Gehstützen fort.

Obwohl ich viele Freunde hatte, war Tommy für mich sehr wichtig. Ein Hund zum Kuscheln. Ich konnte ja nicht wie die anderen Kinder auf der Straße herumtollen. Also blieb ich zuhause und Tommy leistete mir Gesellschaft. So war ich nie allein.

Bis zur Pubertät war alles eigentlich völlig unkompliziert. Dann fingen meine Freunde an, abends auszugehen und coole Partys zu feiern.

Ich merkte, dass ich nicht mehr so oft gefragt wurde, ob ich mitkommen mag, oder dass man mir es gar nicht erzählte. Das machte mich natürlich traurig. Ich erinnere mich noch, dass man mich zu einer Silversterparty wieder auslud, mit der Begründung, ich wäre ein Sicherheitsrisiko, man könne nicht verantworten, dass mir was passiert.

Trotzdem hab ich mir nie Freunde ausgesucht, die brav zuhause saßen und klassische Musik hörten. Ich wollte immer mit den richtig coolen Jungs und Mädchen zusammen sein, die auch mal verrückte Dinge machten. Ich war nie eine Streberin mit pinkfarbenen Polyester-Pullis. Das ist auch heute noch so.

Lieber bin ich alleine, als dass ich meine Zeit mit langweiligen Menschen verbringe.

Natürlich gibt es auch mal Kompromisse, und natürlich sind nicht alle Leute, die klassische Musik hören, langweilig. Nach außen wirke ich vielleicht manchmal mainstreammäßig angepasst, weil ich erfolgreich bin und meinen Weg gehe, aber meine Freunde wissen, dass ich anders bin.

Meine Eltern haben mich in dem Bewusstsein erzogen, dass es wichtig ist, meinen Kopf zu gebrauchen, einen anspruchsvollen Job zu haben und den auch gut zu machen. Es war immer klar, dass ich mir einen Beruf suchen werde, der mich unabhängig macht und mit dem ich für mich selbst sorgen kann.

Überhaupt war mein Elternhaus sehr unkonventionell. Mein Vater war zwar Steuerberater und hatte damit eigentlich einen sehr konservativen Job, aber er trug Jeans mit Löchern und fuhr ne Harley. Bei uns war immer Musik, ein offenes Haus, es wurde viel gefeiert und gelacht. Ein inspirierendes Umfeld, lebensfroh, finanziell entspannt, unabhängig, und es gab nur Menschen, die hinter mir standen.

Alles, was ich gut konnte, wurde gefördert. Auf der Straße spielen ging nicht, also war Zeichnen und Malen angesagt. Und da wurden dann sämtliche Techniken ausprobiert: Bleistift, Öl, Aquarell, Kohle, Porzellanmalen, Seidenmalen. Zuhause, im Atelier meiner Mutter, oder bei Kursen in der Volkshochschule. Allein oder zusammen mit den Nachbarskindern.

Gesundheitlich war es ein Auf und Ab. Jeden Tag, bis das Längenwachstum abgeschlossen war. Mit 15 hatte ich meinen vorläufig letzten orthopädischen Eingriff – meine deformierte Wirbelsäule wurde begradigt und versteift.

Danach musste ich mich erstmal von den ganzen OPs erholen. Damals hab ich dann auch einen Rollstuhl gekriegt, und die Gehstützen.

Bei Klassenfahrten brauchte ich Assistenz – Hilfe beim An- und Ausziehen, beim Gang zur Toilette, beim Waschen, im Prinzip bei allem.

Mit 16 habe ich einen zweiwöchigen Kurs in Heidelberg gemacht, im ehemaligen Contergan-Zentrum. Dort ist man darauf spezialisiert, den Patienten die nötigen Hilfsmittel an die Hand zu geben. Damit kann ich alleine zur Toilette gehen und mich selbständig an- und auskleiden. Schneller geht es aber, wenn mir jemand hilft. Heute ist es mein Mann Ecki zum Beispiel und natürlich auch Jack. Er zieht mir oft Schuhe und Hosen aus, und das genieße ich. Ich teile meine Ressourcen ein, und habe kein Problem damit, Hilfe in Anspruch zu nehmen.

Als Tommy starb, war Familientrauer angesagt. Er hat mir schrecklich gefehlt und war erst mal nicht zu ersetzen. Deshalb wollte auch niemand sofort einen neuen Hund. Aber nach einiger Zeit war klar, es fehlt etwas im Haus. Niemand freute sich, wenn man nach Hause kam und niemand trug einem Bälle nach. Also machten wir uns auf die Suche, wälzten Bildbände und besuchten Hundeausstellungen. Meine Mutter wollte gern einen Bearded Collie, die Wahl fiel aber dann auf einen Golden Retriever. Wir wollten nicht irgendwo einen kaufen und haben uns eine verantwortungsvolle Züchterin gesucht. Eine Engländerin, die mit einem Deutschen verheiratet war und sich genau mit den Zuchtlinien auskannte. Wir durften den Winzling nicht selbst auswählen, sie entschied, welcher Welpe zu welchem Bewerber passt. So kam Annie zu uns. Ich war damals 16. Sie war so sanft mit mir, hat mich nie umgerannt oder umgestupst, mit meinen Eltern hingegen tobte sie durch den Garten. Annie war der perfekte Familienhund; sie stellte sich auf jeden ein und hatte trotzdem ihren eigenen Charakter. Wir beide waren unzertrennlich und konnten uns ohne Worte verständigen,

Annie begleitete mich bis zu meinem 30. Lebensjahr, war immer für mich da, hat mich aufgemuntert und getröstet, auch damals, als mein Vater schwer krank wurde und schließlich starb.

Nach dem Abi wusste ich noch nicht so recht, wo die Reise hingehen soll. Deshalb bin ich erstmal vier Wochen lang nach San Francisco geflogen und habe dort eine ehemalige Nachbarin besucht. Dort hat es mir prima gefallen, ich habe mir in Berkley Bewerbungsunterlagen besorgt und in Erwägung gezogen, in den USA zu studieren. Meine Eltern fanden das gut, und ich habe eine Weile jede Woche Englischunterricht bei einer New Yorkerin genommen.

Als es dann konkret wurde und ich meinem Vater mitteilte, dass ich in Amerika Kunst studieren will, schob er einen Riegel vor. Wie willst Du damit Geld verdienen, fragte er mich. Ich hätte mir auch Mikrobiologie vorstellen können, aber im Labor hätte ich Schwierigkeiten mit dem Greifen bekommen.

Ein Medizinstudium kam leider auch nicht in Frage. Das Sozialministerium teilte mir mit, dass ich mit meiner Behinderung keine Approbation kriegen würde.

Also schrieb ich mich für Jura ein – es war der Wunsch meines Vaters und für mich eine reine Vernunftsentscheidung. Ich wusste, dass ich mir nur durch ein gewisses finanzielles Polster die Freiheiten sichern konnte, die ich mir wünschte. Ich konnte mir vorstellen, für einen großen internationalen Konzern als Anwältin zu arbeiten. Sogar eine so trockene Materie wie Vertragsrecht schreckte mich nicht.

Auch mein Amerika-Wunsch ging in Erfüllung. Meine Eltern finanzierten mir ein Semester in Florida, das habe ich sehr genossen. Als ich zurückkam, fehlte mir nur noch ein einziger Schein. Den Kontakt zu meinen Kommilitonen hatte ich durch den Auslandsaufenthalt ein wenig verloren. Ich habe versucht, neue Freunde zu finden, aber das war nicht so einfach. Ich erinnere mich, dass ich mich einer Lerngruppe anschließen wollte, Studenten, die ich vom Sehen kannte. Als ich nachfragte, hieß es aber, ich würde »gruppendynamisch nicht zu ihnen passen«. Dann halt nicht, hab ich mir trotzig gesagt.

Eigentlich verfügte ich über eine gute Portion Selbstbewusstsein – das war aber tagesform- und phasenabhängig. Oft war ich auch das Primelchen, das sich alles zu sehr zu Herzen nimmt oder an sich selbst zweifelt. Es gab viele Dinge, die mich sehr verletzt haben, sonst würde ich mich nicht so deutlich daran erinnern. Aber ich hatte immer eine Familie, die hinter mir stand, und Freunde, die mich auffingen.

Damals wie heute gibt es einen gewissen Prozentsatz an Menschen, die ich nicht erreiche, die mit meiner Behinderung nicht umgehen können. Aber ich kann und will sie nicht erziehen. Meine Eltern haben mir beigebracht, dass immer ich es sein muss, die den ersten Schritt geht, weil es für andere viel zu schwierig ist, auf mich zuzukommen. Das klappt natürlich nicht immer. Ich musste lernen, Ablehnung zu akzeptieren und nicht verbissen um etwas zu kämpfen. Wenn irgendwas nicht klappt, dann kommt etwas anderes, das besser ist – das war und ist mein Lebensmotto.

Mich hat nie gestört, dass ich behindert bin. Ich hab mir seltsamerweise auch nie gewünscht, normal groß zu sein, ich wollte einfach nur normal behandelt werden. Das klingt komisch, ist aber so. Klar gab es bei mir auch dunkle Phasen, aber das habe ich nie groß zum Thema gemacht.

Der Ablösungsprozess von meinen Eltern fiel mir nicht leicht. Obwohl sie mich zur Selbständigkeit erzogen haben, konnte ich schlecht loslassen. Die Zeit in den USA hatte ich mir regelrecht verordnet. Das muss ich hinkriegen, sagte ich mir. Alleine.

Mein zweites Staatsexamen habe ich im Februar 1999 gemacht. Es bedeutete Sicherheit und Zukunft. Mein Vater wollte das unbedingt noch erleben. Vier Tage später ist er gestorben.

Im Januar 2000 hatte ich meinen ersten Job – Regierungsrätin bei der Bezirksregierung Düsseldorf. Nur eine Durchgangsstation, denn mein Berufswunsch war klar: ich wollte Staatsanwältin werden und nichts anderes. Meine Ausbilderin hat mich darin sehr bestärkt. Einmal wurde ich nicht eingeteilt, weil es keine Robe in meiner Größe gab. Da schrie sie ins Telefon, das kann doch nicht wahr sein. So kannte ich es von zuhause.

In dieser Zeit passierte viel: Annie starb. Mit vierzehneinhalb Jahren. Es war schrecklich. Sie hinterließ eine große Lücke. Ich hatte meine erste längere Beziehung – sie dauerte bis zum Sommer 2003. Ich traf auf einer Veranstaltung für Kleinwüchsige Ecki, meinen jetzigen Mann. Wir haben drei Wochen gemailt, drei Wochen telefoniert, uns getroffen und dann war alles klar. Ich wechselte im März 2001 zur Staatsanwaltschaft nach Frankfurt.

Und: Ich lernte VITA kennen. Bei der RehaCare in Düsseldorf. Beruflich war ich zu diesem Zeitpunkt schon etwas gesettelt. Ich wollte wieder einen Hund, aber es war mir klar, dass ich nicht hinter einem quirligen Welpen herlaufen kann. Ich bin dann ein paar Jahre um den VITA-Stand herumgeschlichen. 2005, als Ecki und ich uns die Wohnung am Frankfurter Mainufer kauften, schien der Augenblick gekommen. »Jetzt kann ich am Fluss spazieren gehen und mit dem Fahrrad zur Arbeit fahren«, ich will einen Hund. Ecki war einverstanden. Ich habe einen sehr persönlichen Bewerbungsbrief an VITA geschrieben, dann ging die Sache ihren VITA-Weg. Beim ersten Treffen haben mir Tatjana, Tom und Ariane Löcher in den Bauch gefragt. Danach war klar, ich kriege einen Hund, blieb bloß die Frage, wann.

Ich habe in den darauf folgenden Monaten viele VITA-Veranstaltungen besucht und war von der Arbeit des Vereins sehr angetan. Irgendwann fiel mir ein großer, sanfter Golden Retriever Rüde mit klugen Augen auf. »Das ist Jack«, sagte Tatjana, »halt ihn mal kurz«, und verschwand im Gewühl. Wir schauten uns an, Jack und ich, und ahnten nicht, dass uns Tatjana genau beobachtete. 2007 wurde ich zum Matching eingeladen. Das ganze Haus war voller Hunde. Ich nahm am großen Esstisch Platz, und da hat sich Jack plötzlich unaufgefordert hinter mich auf den Stuhl gesetzt und wollte nicht mehr weg. Die Sache war klar. Und so wurde es ein ganz schnelles und kurzes Matching.

Ich fand Jack von Anfang an toll, aber Tatjana machte mich auch auf seine Schwächen aufmerksam. Damals erschrak er oft, wenn jemand von hinten kam, oder er knurrte auch mal, wenn ihm etwas sehr unheimlich war. Das darf ein Assistenzhund natürlich nicht. In seinem Fall war es eine Ausnahme, er grummelte nur, wenn er sich bedroht fühlte, aber er wurde nie aggressiv. Tatjana hat ihn in verschiedenen Situationen getestet und festgestellt, dass er ausweicht, wenn er es gar nicht mehr aushält. Heute, wo er sich sicher fühlt und mir vertraut, zeigt er dieses Verhalten überhaupt nicht mehr.

Wir besprachen das Für und Wider, Tatjana besuchte mich mehrmals in Frankfurt und stellte mir frei, mich einem anderen Hund zuzuwenden, aber das wollte ich auf keinen Fall. Jack war's und sonst keiner.

Ich erinnere mich, dass Tatjana damals Bedenken äußerte – Jack, der Landhund und ich, die Stadtmaus. Aber ich hatte ja viel Hundeerfahrung und weiß, dass Jack eine Menge Grün und Bäume braucht. Es ist für mich kein Problem, ihn zum Beispiel in der Mittagspause ins Auto zu packen und raus in die Natur zu fahren.

Die Zusammenführung zögerte sich hinaus, weil die von Nina und Emily länger dauerte, als geplant. Ich saß ein bisschen auf heißen Kohlen, weil ich ja auch Urlaub einreichen und alles mit meinen Vorgesetzten klären musste, aber dann ging es im März 2008 los. Damals war Jack gerade drei.

Die Trainingseinheiten bei der Zusammenführung habe ich genossen, insgesamt war die Zeit spannend, aber auch sehr schwierig. Ich hatte schon zuvor gehört, dass die Uhren in Hümmerich anders ticken, aber dieses Fließen, dieses von einem ins nächste Gleiten, war ich nicht gewohnt. Meine Tage im Job sind durchgetaktet, dort gelten ganz andere Regeln. Ich wollte in Hümmerich nicht alles akzeptieren, es waren viele Kompromisse nötig und ich kam mehrmals an meine Grenzen.

Doch das Durchhalten lohnte sich: Mitte Juni durfte ich Jack endlich mit nach Hause nehmen. Tatjana hatte kurz zuvor schon vier Tage bei mir verbracht. Jetzt inspizierte sie noch einmal Jacks neue Umgebung und wir besprachen, wo denn sein Körbchen stehen könnte. Beim Abschied hatte ich Jack an der Leine, doch statt ihn wieder ins Auto zu packen, wünschte Tatjana uns beiden eine gute Nacht. Geh Morgen um acht gleich mit ihm raus, sagte sie noch, und das war's. Ich war perplex. Ein bisschen hatte ich ja darauf gehofft, dass er jetzt bei mir bleibt, aber klar war das nicht. Ich weiß bis heute nicht, ob sich Tatjana spontan entschieden oder war ob sie das alles so geplant hat. Fest steht, sie brachte mir volles Vertrauen entgegen, das war ein schönes Gefühl.

Jack kam ganz selbstverständlich wieder mit in die Wohnung, legte sich ins Körbchen, als ich ins Bett ging, und schlief die ganze Nacht problemlos durch. Tatjana freute sich, als sie das hörte, aber sie hatte auch gar nichts anderes erwartet.

Im Job haben sich alle auf Jack gefreut. In meinem Büro steht ein zweites Körbchen und er ist den ganzen Tag bei mir. Ich sitze viel am Schreibtisch. Eigentlich werde ich mit meiner Arbeit nie fertig, etwas Interessantes zu ermitteln gibt es immer. Trotzdem kommt Jack nicht zur kurz. Ein großer Vorteil ist, dass ich keine festen Dienstzeiten habe. Ich muss zwar erreichbar sein, auch für die Polizeibeamten, die eine Anordnung der Staatsanwaltschaft brauchen, aber wann ich zu meinen Spaziergängen mit Jack aufbreche, kontrolliert niemand. Das gibt mir jede Menge Freiheit und nimmt mir den Druck.

Einmal pro Woche ist Verhandlungstag. Ich vertrete die Anklage, bin bei der Beweisaufnahme dabei und plädiere am Ende. Es geht um ganz unterschiedliche Delikte. Diebstahl, Betrug, Raub, Körperverletzung oder räuberische Erpressung. Ich war auch schon zuständig für Tötungsdelikte und organisierte Kriminalität. Neuerdings bin ich in einer Abteilung für Wirtschaftsstrafrecht. Die Abwechslung macht mir Spaß!

Jack ist immer mit dabei, betritt hoch erhobenen Hauptes den Gerichtssaal und legt sich unter meinen Tisch.

Ich bin der Meinung, dass seine Anwesenheit die Atmosphäre im Saal verbessert. Viele Angeklagten denken zwar erst, sie seien im falschen Film. Eine kleinwüchsige Staatsanwältin und dann noch der große Hund. Belästigt gefühlt hat sich aber noch keiner, die Reaktionen sind fast immer positiv.

Und unter den Anwälten, Richtern, den Schöffen und den anderen Bediensteten hat mein Jack seine Fans. Ich hab schon erlebt, dass ein Verteidiger regelrecht gemaßregelt wurde, weil er beinahe auf Jacks Schwanz getreten wäre

Nur eine Richterin war letztes Jahr ziemlich pikiert, weil Jack ab und zu lautstark Wasser schlabberte. Sie hat dann die Verhandlung jedes Mal demonstrativ unterbrochen. Mich hat ihr Naserümpfen nicht gestört. Ich darf meinen Assistenzhund mitbringen, niemand kann mir das verbieten, Punkt.

Einmal hatten wir einen Zeugen, der log, dass sich die Balken bogen. Ich ging mit ihm seine polizeiliche Vernehmung Punkt für Punkt durch, und er verstrickte sich ungerührt in tausend Widersprüche. Ich wurde immer ärgerlicher und das merkte man auch meiner Stimme an. Irgendwann stand Jack auf und wollte gehen. So hatte er mich noch nie gehört. Eine schrille Silke? Das gefiel ihm gar nicht.

Ein einziges Mal hat er im Gerichtssaal geknurrt. Ein Zeuge wurde in Hand- und Fußfesseln vorgeführt. Er saß wegen Gewaltdelikten im Knast. Ein ganz unangenehmer Typ, in Jogginghosen und Unterhemd, von oben bis unten tätowiert. Statt auf meine Fragen zu antworten, machte er sich über mich und die Richterin lustig. So ein Kaliber hatte ich in zehn Dienstjahren noch nicht erlebt. Und plötzlich war im Gerichtssaal laut und deutlich ein tiefes, bedrohliches Knurren zu hören. Hunde haben eben ein ganz feines Gespür.

Meistens fällt er aber gar nicht auf, weil er sich so vorbildlich verhält. Es passiert oft, dass ich aufstehe und sage, ich muss mal eine Pause machen, und die Leute sind ganz erstaunt: Sie haben ja einen Hund dabei!

Meine Mutter war anfangs gar nicht begeistert, weil sie dachte, ich übernehme mich. Mittlerweile liebt sie Jack von ganzem Herzen.

Jack bleibt ungern allein, das braucht er auch nicht, weil wir ihn fast überall mit hinnehmen. Er geht mit mir und Ecki in den Supermarkt, in den Kleiderladen, zum Physiotherapeuten, ins Restaurant und ins Kino. Im Schokoladengeschäft hält die Verkäuferin Jack schon die Tüte hin, und der trägt sie brav nach Hause. Sogar die Oper kennt er von innen. Dort waren alle sehr nett und haben mit uns während einer Probe überlegt, wo Jack denn am besten liegen kann. Dann haben wir uns ein Abo gekauft, und er hat mit uns alle bekannten Opern rauf und runter gehört, ohne ein einziges Mal zu jaulen.

Bei Fortbildungen ist er der Star und ich stelle uns in der Kennenlern-Runde immer gemeinsam vor: »Ich bin in Begleitung meines Assistenten Jack, der immer bei mir ist und mich unterstützt«, sage ich dann, und frage, ob jemand eine Allergie oder andere Probleme mit Hunden hat. Das kam bislang noch nie vor. Bei meiner ersten Fortbildung kam hinterher der Tagungsleiter auf uns zu, ein leitender Oberstaatsanwalt, und sagte »Jack, ich will ein Kind von dir!« »Geht leider nicht«, habe ich ganz trocken geantwortet, »er ist kastriert!«, und wir mussten herzlich lachen.

Obwohl er sich immer kringelig freut, wenn er mit darf, achte ich streng darauf, Jack nicht zu überfordern. Ich nehme überall Rücksicht auf ihn und würde nie zulassen, dass ihm ein Leid geschieht.

Was Jack für mich bedeutet? Er ist zum einen das, was meine früheren Hunde auch für mich waren: Freund und Seelentröster, das, was man immer so liest. Aber er ist noch so viel mehr. Durch Jack lache ich viel mehr, wir haben jede Menge Spaß zusammen und ich kann mich über all die kleinen Dinge freuen, die ich mit ihm erlebe. Schon wenn ich ihm das Halsband hinhalte und er ganz eifrig den Kopf durchsteckt, zaubert er ein Lächeln auf mein Gesicht.

Da ist so viel positive Energie.

Wenn im Job was schief läuft, wenn ich mich über jemanden ärgere oder mich unverstanden fühle, dann schaue ich nur den Jack an, und all das spielt keine Rolle mehr. Er fängt mich auf, ohne eine Pfote zu rühren, er erdet mich, holt mich zurück auf den Boden der Tatsachen, im wahrsten Sinne des Wortes. Im Berufsleben muss ich immer ganz tough sein, meine weiche Seite teile ich mit Jack. Die Staatsanwaltschaft ist zwar keine Männerdomäne mehr, trotzdem ist Schwäche zeigen nicht angesagt. Da ist es super, dass ich die Tür zumachen, durchatmen und meinen Hund in den Arm nehmen kann. Und wenn das nicht reicht, gibt es eben noch einen Spaziergang durch den Wald.

Niemand anderes kann das für mich leisten. Kein Ehemann, keine Mutter, keine Freundin, kein Kollege. Der Ecki sagt immer in seiner gutmütigen Art, erst kommt der Hund, dann komme ich, dabei hat er ihn selbst so gern.

Ganz wichtig ist für mich natürlich auch seine ›Assistenzhundseite‹: dass er mir alles aufhebt, was mir runterfällt, weil ich mich nicht bücken kann, und dass er es mir dann auch gibt. Dass er Dinge für mich trägt, Einkaufstaschen zum Beispiel, weil ich durch die Gehstützen immer die Hände voll habe. Ja, und dann ist es einfach nett, wenn er mir abends beim Ausziehen hilft und ich nicht mit dem Anziehstab rumfingern oder Ecki fragen muss. Der Jack macht das einfach, mit so viel Enthusiasmus und so viel Spaß, und wir freuen uns anschließend beide, dass wir es geschafft haben. Dann kommt er noch ein bisschen ins Bett zum Kuscheln und irgendwann kringelt er sich in sein Körbchen. Gute Nacht, sage ich dann, gute Nacht Jack.«

Tatjana erzählt:»Mein erster Eindruck von Silke: Wow, was für eine starke Persönlichkeit! Silke weiß genau, was sie will. Sie ist bewundernswert selbstbewusst, aufgeschlossen, engagiert und auch interessiert an VITA und an meiner Arbeit. Ihre Affinität für Hunde, ihr geschickter, liebevoller Umgang mit ihnen und ihre Fröhlichkeit dabei haben mich sehr beeindruckt. Gleichzeitig wusste ich aber auch bald, dass wir zu verschiedenen Themen unterschiedliche Meinungen haben und dass unsere Zusammenarbeit nicht ohne eine stattliche Anzahl von Kompromissen über die Bühne gehen wird. Für uns beide eine Herausforderung, die wir – so glaube ich – gut gemeistert haben.

Silke und Jack trafen sich zum ersten Mal im Mai 2007 beim Charity Working Test und ich dachte sofort, die zwei passen zusammen. Es war zunächst ein reines Bauchgefühl, aber es hat sich bestätigt. Ich glaube, es hat damals schon gefunkt zwischen den beiden. Silke lernte auch Malcom und Lynn kennen, bei denen Jack aufgewachsen ist, und hat sich mit ihnen angeregt unterhalten. Ich setzte Lynn und Malcom über meine Teambildungs-Idee in Kenntnis, sie waren begeistert.

Wenig später kam Silke nach Hümmerich, ohne etwas von meinen Plänen zu ahnen. Ich kann mich noch genau erinnern – Silke saß auf einem Stuhl, Jack lief sofort schwanzwedelnd auf sie zu, ließ sich ausgiebig streicheln und legte dann seinen Kopf ganz still hinter sie auf das Kissen. Ja, das ist es, dachte ich; es war ein magischer Moment. Am gleichen Abend teilte ich ihr meinen Eindruck mit, und Silke war sofort einverstanden mit Jack und total happy. Kannst Du Dir das wirklich vorstellen, fragte ich sie, Jack stammt aus einer Arbeitslinie. Er braucht die Dummyarbeit ganz regelmäßig als Ausgleich. Darüber musst Du Dir im Klaren sein. Ein Show-Golden ist in dieser Hinsicht nicht so anspruchsvoll. Aber sie ließ sich nicht abschrecken und kam von da an fast immer als Zuschauerin zu den Trainings. Ich muss sagen, sie war hart im Nehmen. Ich erinnere mich an einen eisigen Nachmittag, es hat gegossen wie aus Kübeln und Silke war halb erfroren. Ich wäre nicht böse gewesen, wenn sie gesagt hätte, mir reicht's, ich geh jetzt nach Hause, aber nein, sie hielt tapfer durch.«

Jack, dieser große, imposante Golden-Retriever-Rüde, hat wie Silke viel Selbstvertrauen, aber auch eine zarte, verletzliche Seite. Ein ausgesprochen sensibler Hund, mit viel »will to please«, der aber andererseits auch seine Freiheit genießt und gerne eigene Wege geht. Jack möchte gefordert werden, braucht eine klare Führung und verlangt seinem Menschen viel Konsequenz ab, sonst trifft er seine Entscheidungen für sich selbst. Und das ist oft nicht prickelnd, zum Beispiel, wenn er die Essensreste anderer Leute aufspürt und sie mit Genuss verschlingt.

Jack ist ein untypischer VITA-Hund, denn er wurde nicht in Deutschland sozialisiert. Er wuchs als Jagdhund in England auf und hatte in seiner Jugend mit überfüllten Städten, Lärm und Autos wenig zu tun. Malcolm und Lynn Stringer erkannten seine Eignung zum Assistenzhund.

Im Januar 2007 war Tatjana Kreidler nach England gereist, um sich Jack anzuschauen und hatte ihn gleich mitgenommen. Jack war zu diesem Zeitpunkt zwei Jahre alt. Er brauchte eine ganze Weile, um in Hümmerich richtig »anzukommen«. Für ihn war alles neu, im Haus zu leben, ständig andere Menschen kennenzulernen, der Verkehr, die Stadt.

Tatjana Kreidler erzählt: »Es war für uns beide ein Abenteuer, dieser großrahmige, stolz schreitende Hund, den sein eigenes Spiegelbild in einem Schaufenster fast zu Tode erschreckte und der sich in der Stadt mehr oder weniger hinter mir versteckt hat. Obwohl ich ihm für alles viel Zeit ließ und ihn behutsam an Neues heranführte, tat er sich mit manchen

Dingen sehr schwer. Anfangs reagierte er auf viele meiner Kommandos nicht und schnell war klar, dass er, der Engländer, mich schlicht nicht verstand. Und das lag nicht nur an der Sprache. Obwohl Malcolm und Lynn ebenfalls ausschließlich mit positiven Methoden arbeiten, sich auf ähnliche Weise mit Respekt und Wertschätzung in die Köpfe ihrer Hunde hineindenken, unterscheidet sich unser Vorgehen in Details wie Gesten, Mimik und dem Einsatz der Stimme. Diese Hürde mussten Jack und ich erst einmal gemeinsam überwinden.«

Langsam aber spielt sich alles ein und Jack gewöhnt sich an die neue Umgebung. Über ein Jahr dauert seine Ausbildung in Hümmerich und Tatjana Kreidler merkte in dieser Zeit immer wieder, dass sie es mit einem außergewöhnlichen Hund zu tun hat. »Je schwerer die Aufgaben sind«, notiert sie, »desto konzentrierter ist er dabei. Er braucht die Herausforderung – auch beim Dummytraining. Einfache Markierungen und kurze ›Vorans‹ findet er offensichtlich langweilig, und – so scheint es – als seiner ›nicht würdig‹. Das ist auch heute noch so.«

Jack liebt seine Freiheit und fordert sie auch ein, aber er hört gut, hat sehr viel Charme und »will to please«. Zur Begrüßung nimmt er den Arm seines Menschen ganz sanft ins Maul. Eine ungewöhnliche, aber tief verwurzelte Eigenschaft, die Teil seiner Persönlichkeit ist.

Ein anderes Detail hingegen macht bei seiner Ausbildung zunächst Sorgen. Jack knurrt manchmal, wenn ihm etwas unheimlich ist. Eigentlich ist das bei Assistenzhunden ein Ausschlusskriterium. Jack würde aber nie schnappen oder gar beißen, er weicht aus, wenn ihm eine Situation zu viel wird. Tatjana Kreidler testet das mit unterschiedlichen Methoden.

So schafft sie beispielsweise Situationen, in denen sich Jack unwohl fühlt, weil sich ihm entsprechend instruierte Personen bedrohlich nähern. Anfangs knurrt Jack und weicht nach hinten aus, bald aber reagiert er gelassen. Nie ergreift er die Flucht, sondern sucht Schutz bei Tatjana Kreidler. Nach und nach verschärft sie den Schwierigkeitsgrad der Übungen, sucht Orte auf, die Jack aus unterschiedlichen Gründen unheimlich sind. Die letzte Stufe sind dann schreiende, grölende Kinder, die auf ihn zu laufen. Diese Situation ergibt sich zufällig: »Wir standen beide in einer Ecke und Jack konnte nicht ausweichen. Er blieb ganz ruhig – ruhiger als ich, denn ich muss gestehen, dass mir ein Stein vom Herzen fiel, als der Spuk vorbei war. – Kinder okay, Hund okay, nun konnten wir uns wieder gelassen unserer Ausbildung widmen. Danach war ich sicher, dass Jack absolut zuverlässig ist.«

Tatjanas Prognose, dass Jack nicht mehr knurrt, sobald er eine konstante Bezugsperson hat, trifft zu. Seit Jack bei Silke ist und die Sicherheit spürt, die sie ihm gibt, das Vertrauen, das sie ihm entgegenbringt, grummelt er nicht mehr. »Oft sehe ich ihn heute neben Silke sitzen, wie ein Fels in der Brandung. Diese Momente sind wunderschön«, sagt Tatjana, »ich genieße sie immer wieder aufs Neue.«

Die Zusammenführung von Silke und Jack beginnt im März 2008. In der ersten Woche ist Kuscheln und Füttern angesagt. In der zweiten Woche geht es um eine seiner Lieblingsaufgaben, das Apportieren: Gehstützen aufheben. Jack kennt das natürlich schon, aber er mag ihr die Metallstöcke nicht geben. »Arbeite mehr mit Deiner Stimme«, rät Tatjana Kreidler, »wechsle die Tonlagen, reagiere schneller. Mach ihm die Regeln klar. Du bist es, die ihm Struktur, die Richtung vorgeben muss, überlass die Entscheidung nicht ihm!« Silke tut sich schwer damit. Beide betrachten ihr gemeinsames Projekt »Wir werden ein Team« eher als Spiel. Obwohl die Chemie zwischen ihnen absolut stimmt und ihre Affinität zueinander immer spürbar ist, verweigert sich Jack ihren Kommandos und entzieht sich. Dummy apportieren, sein Lieblingssport? Nicht mit Silke. Kuscheln und herumalbern ist für ihn okay, mehr aber nicht.

Silke muss sich umstellen. Sie findet Jack einfach toll und glaubt, ihr Zusammenspiel müsse von alleine funktionieren. Sie, diese zielstrebige, kleine Person, die es in ihrem Job gewohnt ist, den Ton anzugeben und im Mittelpunkt zu stehen, muss lernen, dass kein Hund »einfach so« tut, was sie will und wann sie es will. »Begib Dich auf seine Ebene und lass Dich auf ihn ein« ermahnt sie Tatjana. »Nur wenn Du die Welt mit seinen Augen siehst, kannst Du ihn verstehen und motivieren. Das gilt auch für die Zeit, in der ihr beide nicht zusammen arbeitet. Du darfst

Dein Interesse an ihm nicht einfach ausschalten und ihn ›machen lassen‹. Das heißt, wenn sich der Hund auf dem Sofa breit macht, obwohl
er genau weiß, dass er das nicht soll, wartet er auf einen entsprechenden
Hinweis. Auch das ist eine Form von Wertschätzung, denn es bedeutet:
›Es ist mir nie egal, was du tust.‹

Eigentlich fällt es Silke ja überhaupt nicht schwer, sich auf ein anderes Lebewesen einzustellen. Sie hat ein Händchen, ein absolutes Feeling
für Hunde. Gleichzeitig ist sie unglaublich aufgeschlossen und auf eine
liebenswerte Art neugierig und unternehmungslustig. In ihrem Leben
außerhalb des Jobs liebt sie das Abenteuer. Das Schlimmste sind für sie
Gleichförmigkeit und Langweile. Und konsequent an einer Sache dran
zu bleiben – das oberste Gebot während der Zusammenführung – ist
manchmal eben nicht so prickelnd. Es bedeutet, die gleichen Dinge
immer wieder zu tun, auf Nuancen zu achten, und sich über winzige
Erfolge zu freuen. Wenn jemand so viel Temperament hat wie Silke,
ist das nicht leicht. Andererseits, wenn sie etwas ›packt‹, dann setzt sie
sich zu hundert Prozent ein. Sie schafft es, mit dem Hund hunderte von
Metern über den Acker, durch Sand und quer durch den Wald zu laufen.
Sie kämpft sich durch, mit bewundernswerter Haltung und ohne zu
jammern. Geht nicht, gibt's nicht, heißt es in solchen Momenten. Silke
liebt die Herausforderung – sie möchte aber auch am Ende eines Tages
Ergebnisse sehen. Doch die stellen sich manchmal nicht so schnell ein,
und Jack spürt dann ihre Ungeduld. Das Tolle ist: Silke weiß das und
nimmt meinen Rat an. Auch wenn sie mal übers Ziel hinausschießt,
lässt sie sich bereitwillig bremsen. ›Ja, Mensch, Du hast ja recht‹, sagt
sie dann.«

Es gibt während der Zusammenführung auch viele lustige Situationen. »Jack sollte lernen, Silke ihre wadenhohen Spezialschuhe auszuziehen«, erzählt Tatjana Kreidler. »Anfangs hatte er noch kein Gefühl
dafür. Es war nicht einfach, Silkes zarte Füße ohne Blessuren für Leder
und Haut von diesen Ungetümen zu befreien – da musste man schon
hinter ihr stehen, damit er sie nicht umwirft. Aber die beiden haben
gemeinsam eine Technik entwickelt, mit der das klappt. Silke hatte das

Gottvertrauen, dass dieser große Hund immer weiß, was er tut, ›das kriegen wir schon hin‹, pflegte sie zu sagen – und sie hatte recht!

Zusammenfassend war es vor allem anfangs eine mühevolle Zusammenführung mit Auseinandersetzungen, aber auch mit vielen tollen Gesprächen und wunderschönen Augenblicken. Irgendwann lief es dann und am Ende waren alle mit dem Ergebnis zufrieden. Mich haben das Verständnis und die Toleranz beeindruckt, die Silke den Menschen und Hunden im Trainingszentrum entgegenbrachte. Sie war die meiste Zeit fröhlich, auch wenn sie immer aufpassen musste, dass sie vom Hunderudel nicht umgerannt wird.«

Anfang Juli 2008 zieht Jack zu Silke und ihrem Mann Ecki nach Frankfurt – in eine schöne Eigentumswohnung, direkt am Main. Die Übergabe vor Ort dauert fünf Tage. Tatjana kennt die Wohnung ja schon und lässt Jack dort erst einmal zur Ruhe kommen. Dann starten die drei zu gemeinsamen Erkundungstouren in der näheren Umgebung. Jack lernt alle Orte kennen, die für Silke von Bedeutung sind. Den Supermarkt, den Gemüsehändler an der Ecke, den Änderungsschneider, die Reinigung, die Drogerie, die Post, das Einkaufszentrum, Silkes Lieblings-Klamottenladen und natürlich das Büro, die Arbeitskollegen, den Gerichtssaal.

Parallel dazu werden verschiedene Spaziergangs-Routen getestet. Welcher Weg eignet sich bei Regenwetter, welche Route ist für Jack im Alltag am besten, wo findet sich ein Kompromiss, wenn es mal schnell gehen muss, welche Probleme könnte es bei den gemeinsamen Streifzügen geben und wie soll Silke darauf reagieren?

Der tägliche Gang zum Büro, den Silke mit ihrem dreirädrigen Fahrrad absolvieren will, führt am Main entlang in Sichtweite der vielen Wolkenkratzer. Denk dran, Jack braucht auch Wiesen, Bäume und Wald, sagt Tatjana zum wiederholten Mal zu Silke.

»Schon damals, als ich sie lange vor der Zusammenführung das erste Mal besuchte, hatte ich Bauchschmerzen bei dem Gedanken, dass sich Jack an all die Menschen gewöhnen soll, an Abfall, Scherben, Lärm und Dreck. Es gibt so viele dunkle Ecken in Frankfurt, die für mich ein Gräuel sind, auch wegen der Leute, die dort herumhängen. ›Das ist kein Problem‹, hatte mich Silke damals beruhigt, ›ich fahre in der Mittagspause mit ihm in den Wald‹. Meine Alarmlampen gingen nicht aus, aber ich hatte und habe großes Vertrauen in ihre Worte.«

Am dritten Tag dann, als die drei erschöpft nach Hause kommen und Jack noch gemeinsam füttern, beschließt Tatjana, den völlig relaxten Hund bei Silke zu lassen. Und verabredet sich für den nächsten Nachmittag noch einmal zum Training.

»Es ist immer ein großer aufregender Moment für die Teams, wenn ich Sie dann mit Ihren Hunden alleine voranschreiten lasse – die Hunde in ihren Besitz übergehen. Auch wenn ich sie darauf vorbereite, sind sie stets sehr überrascht, dass der magische Zeitpunkt nun gekommen ist und ich sie alleine lasse. Ich muss da immer schmunzeln, weil sich alle immer so sehr auf mich verlassen und sich nicht vorstellen können, dass ich plötzlich nicht mehr so ohne weiteres greifbar bin. Es gibt doch Telefon, sage ich dann immer.

Was Silke und Jack betrifft, so weiß ich, dass wir alles richtig gemacht haben. Ich sehe die große Liebe, die die beiden verbindet, und bin sicher, dass Silke alles für ihn tut. Party machen, on tour sein, shoppen gehen, Frühstücken im Straßencafé, was für ein Recht habe ich, das schlecht zu reden? Ab und zu muss Silke ohne ihn verreisen. Dann freue ich mich, dass Jack zu mir kommt und wieder ein richtiger Landhund sein darf. Aber er vermisst Silke und sie vermisst ihn, und wenn sie ihn holt, ist beider Glück mit Händen greifbar.

Ich freue mich immer, wenn ich die beiden zusammen sehe. Es ist einfach ein tolles Bild, der große Jack und die kleine Silke – und ich bin immer wieder davon beeindruckt, mit welchem Feingefühl er sich ihr anpasst, dieser ungestüme Hund. Es wäre so leicht für ihn, sie umzuwerfen, aber nie gab es auch nur ansatzweise eine solche Situation. Es ist so schön zu beobachten, mit welcher Würde er ihre Tasche trägt und mit welcher Freude er ihre Gehstützen anreicht. Silke hat grenzenloses Vertrauen zu ihm und er ist glücklich, wenn er für sie arbeiten darf. Was will ich, was will VITA mehr?«

Theoretische Hintergründe

Können Hunde sprechen?

Nein, natürlich nicht – oder vielleicht doch? Fest steht: Der Hund stellt für viele Menschen einen echten »Gesprächspartner« da, weil er die Stimmungslage seiner menschlichen Bezugsperson intuitiv erfasst. Die wissenschaftliche Erklärung dafür ist einfach: Er achtet auf den Ton der Stimme, unbewusste Körpersignale und Körpergerüche. Das Wichtige dabei: Hunde sind wahrhaftig; sie lügen nicht. Sie behalten Geheimnisse für sich, sind vorbehaltslos und loyal. Wer einen Hund an sich bindet, wird mit einer Gefühlsintensität und Stabilität der Beziehung belohnt, die in unserem Alltag sonst kaum anzutreffen ist. Ein Gefühlsanker in einer ansonsten oft unberechenbaren Welt.

Das Kommunikationsverhalten unserer vierbeinigen Partner hat sich durch das Zusammenleben mit dem Menschen stark verändert. »Hunde kommunizieren anders als ihre Vorfahren, die Wölfe«, schreibt die Verhaltenswissenschaftlerin Dorit Feddersen-Petersen, »und sie kommunizieren mit Menschen anders als mit ihren Artgenossen. Es gibt Ausdrücke, Gesten und Lautäußerungen, die spezifisch an den Menschen gerichtet sind«. Während das Mienenspiel des Wolfes über 60 verschiedenen Varianten umfasst, ist das Repertoire des Haushundes beträchtlich geschrumpft. Stattdessen drückt er sich über die Stimme aus. Belegt sind viele Dutzend verschiedener Laute, mit denen er seinen Willen, seinen Gemütszustand und seine Wünsche kundtun kann – vom halblauten Hecheln, über Bellen und Jaulen bis hin zum bedrohlichen Knurren.

Ein einfaches »Wau«, nicht zu laut und eher in tiefer Tonlage, ist meist freundlich gemeint. Hochfrequentes, lautstarkes Bellen hingegen als ausdrückliche Warnung. Knurren bedeutet: komm mir bloß nicht zu nahe, Winseln signalisiert Unsicherheit, gefiept wird bei Schmerzen, Langeweile oder als Signal (»Ich muss mal raus!«).

Für Norbert Sachser, Verhaltensbiologe aus Münster, ist das alles eine typisch menschliche Adaption: »Wer in der Natur zu viel Lärm macht, wird gefressen.« In Gegenwart des Menschen ist es umgekehrt: Wer Futter will, muss sich bemerkbar machen.

Auch in der Qualität seiner Gefühlsäußerungen ist der Hund dem Menschen viel ähnlicher als angenommen. Jeder Hundebesitzer weiß, wie sein Vierbeiner Freude, Furcht oder Nervosität ausdrückt.

Sogar das Lachen hat der Hund von seinem Menschen gelernt, sagt der schwedische Verhaltensforscher Erik Zimen. Unter Wölfen ist es ein Zeichen von Aggression, die Zähne zu blecken. Viele Haushunde hingegen haben sich inzwischen so an den Menschen angepasst, dass das Zähnezeigen ein Begrüßungsritual ist. Umgekehrt haben Hunde – anders als Wölfe – »die Mimik und Körpersprache des Menschen ›lesen‹ gelernt, verstehen seine Gesten und seinen Ausdruck« (Dorit Feddersen-Petersen).

Analoge Kommunikation

Der Psychologe Erhard Olbrich ist sicher. Wenn wir uns von Tieren ein paar Dinge abschauen, klappt es auch im menschlichen Miteinander besser. Zum Beispiel können wir von ihnen lernen, wie man über Körpersprache, Blicke, Mimik und Gestik vernünftig miteinander kommuniziert. »Die Psychologie unterscheidet zwischen digitaler und analoger Kommunikation«, erklärt der Erlanger Professor. »Menschen verständigen sich im Alltag über die Sprache, also digital. So geben wir Fakten, Wissen und Informationen weiter. Aber das Miteinander von Lebewesen baut auch auf einer anderen, viel schlichteren Kommunikation auf, der analogen.« Sie verkümmert in unserer von Handytelefonaten, Mails und Chatrooms geprägten Welt, obwohl sie im direkten Kontakt rund 90 Prozent der Signale überträgt. »Analog ist die elementare Sprache zwischen Mutter und Kleinkind. Sie ist die Sprache der Liebenden, aber auch der Trauer, der Wut und des Kampfes«, sagt Olbrich. »Sie wird beim Ausdruck einer intensiven, rational nicht kontrollierten Beziehung relevant.« Die analogen Signale basieren auf archaischen Kommunikationsformen und besitzen daher eine allgemeinere Gültigkeit als die viel jüngere digitale Kommunikation. Bei der analogen Verständigung haben Vielschichtigkeiten, unausgesprochene Vorwürfe, Verstellung oder Spott keinen Platz – eine entlastende Erfahrung.

Einer Frau, die mit strahlendem Lächeln verkündet, dass es ihr heute gut geht, glaubt man aufs Wort. Sie vermittelt ihre Nachricht nicht nur mit Worten, sondern mit ihrer ganzen Ausstrahlung. Sie kommuniziert sozusagen »ganzheitlich«. Analoge und digitale Kommunikation ergänzen sich zu einem stimmigen Ganzen.

Anders der Mensch, der seinem Freund mit einem breiten Grinsen mitteilt: Du hast im Lotto gewonnen! Der Freund wird die Nachricht auf der Basis des Gesichtsausdrucks einschätzen und wissen, dass er gerade auf den Arm genommen wird, weil die »Inhalts«- und die »Beziehungsebene«, wie das der österreichische Kommunikationswissenschaftler Watzlawick nennt, nicht übereinstimmen.

Erhard Olbrich nennt die Frau aus dem ersten Beispiel authentisch und schreibt ihr zu, dass sie mit sich selbst mehr im Reinen ist. »Solche Personen verfügen über eine bessere Abstimmung zwischen innerem Erleben, Bewusstsein und Kommunikation als andere.«

Bei unserer alltäglichen Verständigung ist von einem harmonischen Zusammenspiel von digitaler (bewusster, verbaler) und analoger (unbewusster, nonverbaler) Kommunikation manchmal allerdings wenig zu spüren. Allzu oft widersprechen sich die beiden Bereiche. Beim Gegenüber entsteht Verwirrung, weil er nicht weiß, ob er seinen Augen oder seinen Ohren trauen soll.

Hunde machen in so einem Fall kurzen Prozess. Wenn unsere Signale nicht absolut eindeutig sind, ignorieren sie uns einfach. Und das wirkt hervorragend. Der Hundebesitzer lernt schnell, sich klar und unmissverständlich auszudrücken, die Sprache seines Hundes und damit auch die nonverbalen Signale anderer Menschen besser zu deuten. In diesem Punkt sind sich viele Wissenschaftler einig: Der Umgang mit Haustieren ist ein optimales Training für das zwischenmenschliche Miteinander. Mehr noch: Tiere verbessern unsere Fähigkeit zur Empathie, stellt der Verhaltensbiologe Kurt Kotrschal fest. Das gilt auch und vor allem für Kinder. Im Umgang mit ihrem Hund lernen sie Wahrhaftigkeit.

Oder anders ausgedrückt: Der Hund hilft Kindern, sich selbst als einfach und wahr zu erfahren und zu lernen, sich einfach und wahr mit ihrem Gegenüber auszutauschen. Das kann den Zugang zu tiefen Emotionen öffnen. Durch kleine Botschaften des Hundes (anstupsen, Hand lecken) erfahren sie Zuneigung, Zärtlichkeit und Akzeptanz und wachsen zu sozialkompetenten Teenagern heran.

Den meisten Menschen fehle eine gute Portion Training in der wortlosen Verständigung, schreibt das englische Wissenschaftsmagazin »New Scientist«. Wenn wir uns darauf zurückbesinnen, könne Empathie wieder zum »ultimativen sozialen Bindemittel unserer Gesellschaft« werden. Was zu dem Schluss führen könnte, dass wir Haustiere brauchen, damit es zwischen uns Menschen besser klappt.

VITA-Pate Wolfgang Schneider berichtet

Ich wurde im November 2008 durch einen Infostand auf VITA aufmerksam und hatte sofort den Impuls, diese Sache zu unterstützen. Da ich selbst einen Hund besitze, lag eine Welpen-Patenschaft nahe. Aber natürlich gab es auch Bedenken. Wie schwer würde es uns fallen, einen liebgewordenen Hund nach einem guten Jahr wieder abzugeben, und wie sollten wir das vor allem unserer Enkelin Emily erklären, die bei uns lebt? Also schoben wir die Sache erst einmal auf. Ziemlich genau ein Jahr später sahen wir einen Fernsehbericht über das VITA Team Nina und Emily.

Als unsere Enkelin realisierte, dass der Hund ja ihren Namen trägt, verfolgte sie gebannt, was dieser Hund für Nina tut und wie er ihr hilft. Auch Welpen-Pate Dieter kam im Film vor, und »unsere« Emily fragte spontan: »Kann nicht auch so ein Hund bei uns wohnen, bis er dann jemandem im Rollstuhl hilft?« Damit waren all unsere Bedenken beseitigt, ich nahm Kontakt zu VITA auf. Im Juli 2010 zog unser Patenhund Fluke bei uns ein.

Die Patenschaft erwies sich als ein recht intensives und aufwändiges Unternehmen, ein Assistenzhund ist eben doch kein »normaler« Hund. Man ist sich stets der immensen Verantwortung bewusst, die man hat und will es unbedingt »gut machen«. Leider stellt man sich da so manch selbst gemachtes Hindernis in den Weg. Ich war sehr dankbar für die jederzeit verfügbare Hilfe von Tatjana Kreidler und Dr. Ariane Volpert. Nicht alles, was ein Pate mit seinem Patenhund anstellt, läuft immer wunschgemäß, und schnell klingt einem dann auch einmal das zum VITA-Jargon gewordene »Das geht aber gar nicht!« im Ohr. Sofort wird die Sache erneut angegangen und eine Korrektur in die Wege geleitet. Wenn sich dann trotzdem auf meinem Gesicht eine Miene zeigte, die anscheinend Ausdruck meiner Ratlosigkeit war oder vielleicht Zweifel signalisierte, so folgte bald ein Blick in die Augen und ein eher sanftes, beruhigendes, aber vor allem bestätigendes und unterstützendes: »Alles wird gut!«

Als dann Anfang Februar 2012 die Zeit kam, dass Fluke nach Hümmerich wechseln sollte, stellte sich schon ein wenig Wehmut ein. Sie verflog aber schnell, als wir wenig später die Nachricht erhielten, dass es mit Fluke »vorangeht« und auch weiterhin die Zeichen auf »Alles wird gut!« stehen.

Noch wird es ein wenig dauern, aber wir sind dankbar und voll froher Erwartung, dann miterleben zu können, wie Fluke seine Aufgabe als Assistenzhund erfüllt und ein weiterer »VITA-Bote auf 4 Pfoten« ist, dem nach erfolgreich bewältigter Aufgabe ein fröhliches »Priiiima!« entgegenschallt.

Als Pate hatte ich gute und schwierige (nicht »schlechte«) Phasen und bin dankbar für die Möglichkeit, die sich mir geboten hat, auf diese Weise einem anderen Menschen, aber auch dem Verein VITA, einen Dienst zu erweisen und zu einer »Prima!« Sache beizutragen.

Außerdem sind meine Familie und ich sehr dankbar für das Vertrauen, das uns VITA entgegenbringt, denn seit Ostern 2012 haben wir wieder einen VITA-Welpen bei uns. Auch da wird es (hoffentlich nur selten) das vertraute »Das geht aber gar nicht!« geben, aber ganz sicher auch das ach so wichtige und schöne »Alles wird gut!«.

Ein Blick in die Hundeseele

Haben Hunde Persönlichkeit?

Stellen Sie sich einfach an den Rand einer Wiese, auf der Hunde miteinander spielen, und da sehen Sie sie, die verschiedensten Temperamente in Aktion. Da ist zum Beispiel ein vor Selbstbewusstsein strotzender Jack Russel, der sich ohne zu zögern mitten ins Gewühl stürzt, ein zögerlicher Setter, der sich lieber hinter Frauchen klemmt, ein quirliger Westie, der die Meute bellend umrundet, ein sanftmütiger Mischling, der potentiellen Feinden demütig die Schnauze leckt, ein melancholischer Basset, der seinen tobenden Kollegen tieftraurig zuschaut, ein erhabener Afghane, der vorbeistolziert und das Rudel keines Blickes würdigt, oder ein freundlicher Labrador, der alle schwanzwedelnd begrüßt.

Für Hundebesitzer ist das Persönlichkeit, keine Frage, für die Wissenschaft hingegen waren Individualität, Wesen und Temperament bei Tieren jahrzehntelang kein Thema. »Vor 15 Jahren wäre ich auf einem verhaltensbiologischen Kongress ausgebuht worden, wenn ich von verschiedenen Verhaltensphänotypen gesprochen hätte,« sagt Kurt Kotrschal, Leiter der Konrad-Lorenz-Forschungsstelle Grünau in Österreich in einem Interview. Viele seiner Kollegen hielten sich bei ihrer Forschungsarbeit zurück, aus Angst, Tiere zu vermenschlichen und sich damit lächerlich zu machen. Statt auf seriösen Studien fußten die wenigen Ergebnisse auf Gelegenheitsbeobachtungen.

Erst in den 90er Jahren des letzten Jahrhunderts hat sich das geändert. Seither finden Biologen immer überzeugendere Belege dafür, dass es bei Tieren, ganz ähnlich wie bei uns Menschen, deutliche Charakterunterschiede gibt.

Doch was genau ist Persönlichkeit, lässt sie sich messen und damit wissenschaftlich beweisen? Definitionen gibt es viele, und Psychologen, die sich mit dem Thema beschäftigen, noch mehr. Die meisten betrachten Persönlichkeit als die Summe unserer Eigenschaften, der angeborenen und der erworbenen. Sie macht Gemüt und Charakter eines Individuums aus, ist relativ zeitstabil, und sie unterscheidet uns von anderen.

Dr. Samuel Gosling von der University of Texas in Austin erforscht schon seit vielen Jahren das Wesen von Hunden, indem er gängige Persönlichkeitsmodelle der Psychologie auf sie überträgt. So wendete er beispielsweise einen vielfach bewährten Test aus der Humanpsychologie auf die Vierbeiner an. Dieser »Big-Five-Test«, charakterisiert Menschen anhand fünf grundlegender Eigenschaften. Vier davon fand er auch bei Hunden: Extraversion (das Energielevel), Neurotizismus (emotionale Stabilität), Offenheit und Verträglichkeit. Nur den Wesenszug »Gewissenhaftigkeit« konnte der Psychologe bei Hunden nicht entdecken. Gosling kam nach vielen weiteren Tests zu dem Schluss, dass der Charakter der Vierbeiner genauso komplex und vielschichtig ist wie der von uns Menschen. So ist ein »extrovertierter Hund« eher gesellig, unternehmungslustig und durchsetzungsfähig; ein emotional instabiler eher ängstlich, launisch und gestresst. Auch innerhalb der gleichen Rasse variieren die Persönlichkeiten stark. Der Wissenschaftler geht sogar davon aus, dass Hundebesitzer grundlegende Charakterzüge mit ihren Hunden teilen. So gibt es »selbstbewusste« und »schüchterne«, »neugierige« und »vorsichtige« Hunde-Persönlichkeiten mit einem entsprechenden Pendant am anderen Ende der Leine. »Es scheint so, dass Menschen ein ihnen ähnliches Tier haben möchten«, schreibt der Wissenschaftler. Außerdem konnte Gosling nachweisen, dass die Halter den Charakter ihrer Hunde präzise einschätzen und damit das Verhalten der Tiere generell sehr gut vorhersagen können. »Diese Ergebnisse und aktuelle Studien mit anderen Tierarten legen nahe, dass Tiere sehr wohl eine Persönlichkeit haben und dass diese vom Menschen beschrieben werden kann«, erklärt Gosling. Ein Hund könne genauso präzise charakterisiert werden wie ein Mensch.

Bei VITA ist diese Überzeugung Arbeitsgrundlage, denn genau wie bei den Bewerbern, wird auch für jeden Hund ein Persönlichkeitsprofil angelegt, das mit darüber entscheidet, welches Tier zu welchem Menschen passt und umgekehrt.

Without you …

Without you … I'd never have seen the holes in the fields by our home made by the mice and the moles, nor have noticed the ½ eaten pretzel on the ground at the market, nor the rabbit looking for shelter from the hawk circling above her, nor the deer in the meadow looking for a spot to settle down for a rest with her new-born fawn!

When I stopped trying to train you why you should ignore all these things and stay by me and instead began to listen to you and understand why you found all these things more interesting than me, that's when we both started to learn! You taught me to be humble … thanks.

Eine Patin und ihr VITA-Hund

Haben Hunde Gefühle?

Nein, sagte vor fast 400 Jahren der französische Philosoph René Descartes, Denken und die Fähigkeit, das Denken für sinnvolle Tätigkeit einzusetzen, unterscheide den Menschen vom Tier. Tiere seien ohne Verstand und Gefühl und damit ein biologischer Automat. »Ihre Schmerzensschreie bedeuten nicht mehr als das Quietschen eines Rades.«

Zum Glück gehört dieses Denken der Vergangenheit an. 1872 vertrat der britische Naturforscher Charles Darwin die Gegenposition. Ihm wollte es nicht einleuchten, dass der evolutionäre Auslesekampf Mensch und Tier zwar physiologisch ähnlich geformt habe, nicht aber, was ihre Gefühle betrifft – obwohl doch Angst und Aggression wichtige Techniken beim Überlebenskampf sind. Mensch und Tier, so das revolutionäre Fazit des Begründers der Evolutionstheorie, haben ähnliche Emotionen, sie sind in vielerlei Hinsicht wesensgleich.

Und tatsächlich: Je mehr man über Tiere weiß, desto geringer wird anscheinend der grundsätzliche Unterschied zwischen ihnen und dem *Homo sapiens*.

»Woher wissen Sie, dass Tiere Gefühle haben«, wurde der Evolutionsbiologe Marc Bekoff einmal gefragt. »Ich kann ihre Gefühle fühlen«, antwortete er. Wer sich mit Hunden beschäftigt, braucht keine wissenschaftlichen Beweise für ihr reiches Gefühlsspektrum. Die Zahl anrührender Tiergeschichten füllt Bücher und Internetforen. Bei der Interpretation des Seelenlebens ihres Vierbeiners schießen Hundebesitzer allerdings manchmal weit übers Ziel hinaus. Ein Hund, der Verstimmung zeigt, weil man seinen Geburtstag vergessen hat, gehört sicher ins Reich der Legenden.

Dass Hunde aber Gefühle wie Schmerzen, Ärger und Angst empfinden können, steht außer Frage. Zu deutlich sind die körperlichen Anzeichen: das Winseln bei Schmerz, das Knurren oder die hochgezogenen Lefzen bei der durch Ärger hervorgerufenen Aggression, die geduckte Haltung und die eingezogene Rute bei Angst. Eine Überlebensstrategie, denn das Signalisieren solcher Gefühle ist für jedes höher entwickelte Tier wichtig, das in einer sozialen Gemeinschaft lebt.

Auch Kummer, Leid, Aufregung, Eifersucht und natürlich Freude sind keine spezifisch menschlichen Emotionen. Hunde erleben sie höchstwahrscheinlich auf ähnliche Weise. Freude kann zudem – genauso wie Furcht – über Hormone im Blut der Tiere nachgewiesen werden. Selbst psychische Störungen wie Depressionen, Zwangshandlungen und Neurosen können bei ihnen auftreten. Wenn Tierärzte auf anderem Wege nicht weiterkommen, verordnen sie häufig Psychopharmaka aus der Humanmedizin, die dann ähnlich wirken wie bei Menschen.

Aber auch zu sehr komplexen Gefühlen wie zum Beispiel Eifersucht sind Hunde, so scheint es, in der Lage. Eine Studie der Universität Portsmouth in Großbritannien ergab, dass sich die Tiere manchmal wie ein vernachlässigter Partner in einer Dreiecksbeziehung gebärden. Wollen Herrchen oder Frauchen mit dem Partner alleine sein, übernimmt der Hund der Studie zufolge gerne die Rolle eines »Anstandswauwaus«: Er stört das Paar in seiner Zweisamkeit, angeblich weil er sich nicht genug beachtet fühlt. Für die Untersuchung wurden 1.000 Hundebesitzer im Süden Großbritanniens befragt. In mehr als 80 Prozent der Fälle berichteten die Hundebesitzer in »bemerkenswerter Übereinstimmung« vom eifersüchtigen Verhalten ihrer Vierbeiner.

Tiere, da ist sich die Mehrzahl der Menschen in unserem Kulturkreis mittlerweile einig, sind also eigenständige Wesen mit einer jeweils einzigartigen Ausstattung von Intelligenz und Gefühlen. Und diese Wahrnehmung fordert eine besondere Achtsamkeit gegenüber Tieren, vielleicht sogar eine neue Demut.

Die Geschichte von Andrea & Jay

Andrea berichtet: »Ich heiße Andrea, bin 43 Jahre und an einer rheumatischen Autoimmunerkrankung mit multipler Organ-, Gelenk- und ZNS-Beteiligung erkrankt. Weil mein zentrales Nervensystem betroffen ist, bin ich auf einen Rollstuhl und nächtliche Beatmung angewiesen.

Jay lebt seit dem 31. Januar 2012 bei mir in Bochum. Wir sind also ein sehr »junges Team«, das sich noch im Alltag erproben muss. Obwohl ich durch meine kleine Malteserdame Sandy, die auch noch bei uns wohnt,

Hundeerfahrung habe, ist jeder Tag zu einem Abenteuer geworden. Ich sehe die Welt mit anderen Augen und fühle mich mit meinen beiden manchmal wie ein Kind, das in seiner Phantasie Drachen und Piraten besiegt. Vita und Jay haben nicht nur mein Leben sondern auch mich verändert. Der Alltag wird komplizierter, aber das Leben, einfacher. Ich könnte jetzt aufzählen, auf welche vielfältige Weise mich Jay Tag für Tag unterstützt, aber so dankbar ich dafür bin, so sind es doch meist Dinge, die viele Hunde mehr oder weniger gut lernen können. Es ist praktisch und macht das Leben bequemer. Aber das ist es nicht, was mich an meinem Assistenzhund fasziniert.

Wie bereits erwähnt, sind Jay und ich noch nicht sehr lange zusammen und müssen in vielen Dingen noch lernen, miteinander zu kommunizieren. Trotzdem würde ich sagen, dass uns eine Art Seelenverwandtschaft verbindet, und viel zu oft vergesse ich, dass Jay ein Hund ist und kein Mensch. Durch seine ungeheure Sensibilität weiß er genau, ob ich in Not bin oder nicht. Ende März/Anfang April (sieben Wochen nach unserer Zusammenführung) habe ich mir eine üble Lebensmittelvergiftung zugezogen. Natürlich an einem Wochenende. Da es mir nicht so gut ging, legte ich mich ins Bett, meine Nachtassistenz würde ihren Dienst erst in drei Stunden antreten, ich war also allein.

Vor Erschöpfung und Fieber schlief ich sofort ein. Nach etwa einer Stunde wurde ich plötzlich wach und musste mich übergeben. Durch das Fieber war ich so geschwächt, dass ich einfach nicht hochkam und das Erbrochene einatmete. Ich bekam keine Luft mehr und war nicht mehr in der Lage, meinen Körper koordiniert zu bewegen. Jay merkte sofort, dass etwas nicht stimmt, und fing an, mich aus dem Bett zu ziehen. Mit seiner Hilfe gelang es mir, auf der Bettkante zum Sitzen zu kommen. Nun begann er tatsächlich, mir in den Rücken zu springen, so dass ich endlich husten konnte und wieder Luft bekam. Ich weiß nicht, wie ich anschließend ins Bad kam, ich weiß nur, dass da etwas Schwarzes an meiner Seite war, mich immer wieder anstupste und verhinderte, dass ich umkippte. Irgendwann war dann meine Nachbarin da. Jay hatte anscheinend die Wohnung verlassen und sie zur Hilfe geholt.

Ohne Jay hätte ich die Nacht vermutlich nicht überlebt. Nach diesem Ereignis waren beide Hunde sehr vorsichtig im Umgang mit mir, und haben ihre Bedürfnisse so weit wie möglich zurückgeschraubt. Erst als ich ganz auf dem Damm war, forderten sie ihr Recht wieder ein. Die Frage, ob ich ins Krankenhaus gehe, stellte sich wegen der beiden nicht. Und einen besseren Trainingspartner als einen treuen Hund, der mich wieder in Form bringt, gibt es nicht.«

Können Hunde mitfühlen?

Auch diese Frage werden Hundebesitzer ohne zu Zögern bejahen. Ein Hund, der seinem in Tränen aufgelösten Menschen sanft den Kopf aufs Knie legt und ihn mit dunklem Blick lange anschaut, spürt die Emotion und handelt instinktiv richtig, auch wenn er nicht weiss, warum jemand weint und er kein Bild mit diesem Gefühl verbindet. Trotzdem tröstet und erreicht diese unmittelbare Form der Anteilnahme selbst Menschen, die in ihrem Leid völlig gefangen sind.

Ähnlich zuverlässig erfassen viele Hunde gefährliche Situationen, denn sie leben in einer Sinneswelt, die uns verschlossen ist. Es gibt unzählige Berichte über wahre »Heldentaten«, die nur dann zu erklären sind, wenn das Tier die missliche Lage des Menschen erkannt hat.

Für die VITA-Teams ist dies eine ganz alltägliche Erfahrung: Wenn sie Hilfe brauchen, erfassen die Hunde den Ernst der Lage intuitiv und reagieren sofort.

Tatjana Kreidler erzählt: »Ich erinnere mich an ein Erlebnis mit Mr. Winter, diesem prachtvollen Golden-Retriever-Rüden. Er steckte mitten in der Ausbildung und war noch recht jung, als ich mit ihm und meiner 11-jährigen Hündin Mighty zu einem Spaziergang aufbrach. Wir kamen an einen Bach, und ehe ich sie zurückhalten konnte, hopste Mighty voller Übermut hinein. Doch sie hatte sich überschätzt. Ihr fehlte die Kraft, das steile Ufer wieder zu erklimmen. Da gab es nichts zu überlegen: Sekunden später stand ich neben ihr in der kniehohen Flut, half ihr hinaus und schob sie nach oben. Ich wollte ihr folgen, doch auch ich rutschte auf der abschüssigen Böschung aus. Außer Brennnesseln gab es nichts, woran ich mich festhalten konnte. Mr. Winter hatte die ganze Aktion aufmerksam beobachtet. Er sah meinen Blick nach oben, kam mir ein Stück entgegen, stellte sich vor mich und schaute mich an. Plötzlich verstand ich, was er wollte. Ich dachte noch, das kann gar nicht sein, doch er bot mir seinen Nacken zum Festhalten und ich sah, wie sich seine Krallen in den Boden gruben. Er war wild entschlossen, also probierte ich es aus – und tatsächlich: Es funktionierte. Wie ein Fels in der Brandung hielt Winter meinem Gewicht stand, und wenig später stand ich neben Mighty. Wir waren »gerettet« und Mr. Winter ein stolzer Held. Dies war wieder einer jener Momente in meinem Leben, die kaum zu beschreiben sind. Überraschung, Freude, Zweifel, was ist hier gerade geschehen, habe ich mir das nur eingebildet? Bestimmt nicht, denn das ist es, was Hunde so besonders macht. Mitfühlen, eine Situation erfassen und das Richtige tun. Bellen nutzt nichts, wenn niemand da ist. Hunde können so unglaublich kreativ sein. Man muss sie nur dazu ermutigen.«

Lange Zeit hat die Wissenschaft Hunden das Vermögen abgesprochen, sich in das Seelenleben eines Menschen einzufühlen. So schreibt der deutsche Neurobiologe und Hirnforscher Gerald Hüther, die Fähigkeit zur Empathie würde das menschliche Gehirn von allen anderen Nervensystemen unterscheiden. Dabei haben unter anderem kanadische Forscher gezeigt, dass sogar Mäuse eine Art Mitgefühl zeigen können: Wenn sie sich aus einem gemeinsamen Käfig kennen, reagieren sie auf den durch Stromstöße ausgelösten Schmerz ihrer Genossen viel sensibler, als auf den von fremden Mäusen. Die Wissenschaftler schlussfolgern daraus: Wenn Mäuse empathisch sind, sind es Hunde allemal. Denn Hunde und Menschen leben seit Jahrtausenden auf engem Raum zusammen und die evolutionäre Anpassung hat sie im Laufe der Zeit zu verlässlichen Partnern gemacht. Kein anderes Haustier ist dem Menschen heute so nahe und im Sozialverhalten so ähnlich wie der Hund.

So lässt sich ein Vierbeiner beispielsweise von Verhaltensweisen seines Herrchens anstecken. Der britische Psychologe Atsushi Senju ließ einen Menschen in Gegenwart eines Hundes laut gähnen. 21 von 29

Vierbeinern gähnten im Experiment mit. Damit wirkt das menschliche Gähnen auf Hunde sogar noch ansteckender als auf den Menschen selbst. Denn während die Mitgähnquote unter den Hunden im Experiment 72% betrug, liege sie bei Menschen nur bei 45-60%, schreiben die Forscher in den »Biology Letters« der britischen Royal Society. Das könnte sogar belegen, dass Hunde über Empathie verfügen, denn in anderen Studien hat sich herausgestellt, dass Menschen, die sich nur schwer in andere hineinversetzen können, auch schwer mit Gähnen anzustecken sind.

Längst bewiesen ist hingegen, dass Hunde sehr gut in der Lage sind, Hinweise des Menschen wie Blicke oder Fingerzeige zu verstehen. Bei sogenannten Objekt-Wahl-Tests wählen sogar schon Welpen zielsicher den Becher mit dem darunter versteckten Futter aus, wenn der Mensch mit dem Finger darauf deutet. Wölfe und Affen schaffen das nicht.

Durch ihre lange Zugehörigkeit zum Menschen haben Hunde also gelernt, in seinem Gesicht zu lesen, seine Gesten zu deuten und ihr Verhalten danach auszurichten. Selbst ihre große Bandbreite an Lautäußerungen scheint ein Ergebnis Jahrtausende langer Anpassung zu sein, ihre Antwort auf unsere menschliche Sprache, meinten schon Anfang der 70er Jahre namhafte Kanidenforscher wie der 2003 verstorbene schwedische Biologe Erik Zimen.

Hunde erkennen unsere Gefühle am Klang unserer Stimme, an unserer Mimik und an unserem Geruch. Denn der Hormoncocktail, den wir ständig ausschütten, wechselt mit unserer Stimmung. Wenn es darum geht, menschliches Verhalten zu deuten, kommt kein Tier an die Fähigkeiten von Hunden heran. Dieses Wissen geben sie offenbar in ihren Genen weiter – anders als der Mensch, der in der Hundeschule erst mühsam lernen muss, was ihm sein Hund mit seiner Körpersprache sagen möchte.

Können Hunde aber noch mehr, können sie Unheil vorausahnen, ihren Menschen vor Gefahren warnen, die in der Zukunft liegen, erspüren sie Krankheit oder Tod, haben unsere vierpfotigen Gefährten einen sechsten Sinn? Viele Geschichten sind im Umlauf, die dem besten

Freund des Menschen sogar telepathische Fähigkeiten zuschreiben. Manche gehören ins Reich der Phantasie, andere kann die Wissenschaft vielleicht in der Zukunft enträtseln, für viele gibt es aber schon jetzt plausible Erklärungsmodelle. So warnen beispielsweise entsprechend ausgebildete Hunde ihre Menschen zuverlässig vor einem nahenden epileptischen Anfall. Ein Drittel der bei Diabetikern lebenden Hunde spürt eine Unterzuckerung ihrer Halter, schrieben Forscher der Universität Liverpool im »British Medical Journal«. In den USA werden Hunde bei der Hautkrebsdiagnose zu Rate gezogen, in England wird mit ermutigenden Ergebnissen untersucht, ob die Vierbeiner Blasen-, Brust- oder Lungenkrebs durch Schnüffeln am Urin oder der Atemluft von erkrankten Personen aufspüren können. In all diesen Fällen ist es die extrem empfindliche Nase der Hunde, die sie zu diesen Leistungen befähigt. Sie riechen millionenfach besser als der Mensch und sind deshalb in der Lage, die winzigen Geruchsmoleküle zu erschnuppern, die Patienten bei bestimmten Krankheitsbildern absondern.

Lotte holt Hilfe

Miriam Schneiderhan erzählt: »Ich war voller Freude, als ich nach der sechswöchigen Zusammenführung im September 2009 meine Golden-Retriever-Hündin Lotte endlich zu mir nehmen durfte. Am Anfang war noch alles sehr neu, und ich hatte natürlich gewisse Ängste, mit ihr alleine rauszugehen. Ich weiss es noch genau, es war der 5. November und bei uns im Schwarzwald lag schon ein wenig Schnee, als ich mit Lotte das erste Mal alleine loszog. Sie war an der Leine, und am Anfang ging alles prima, bis ich an einen holprigen Weg kam, der sich seitlich leicht bergab senkte. Plötzlich drehten die Räder meines Rollstuhls durch und ich fiel mit ihm eine kleine Böschung hinunter. So, da lag ich nun und konnte mich nicht mehr selbst drehen. Ich war so ›dumm‹ gefallen, dass ich nicht einmal mein Handy erreichen konnte. Natürlich schaute ich gleich nach Lotte, die ganz verdutzt neben mir saß, so als wollte sie sagen: ›Kann ich Dir helfen?!‹ Ich musste sie etwas beruhigen, da auch sie sehr aufgeregt war. Lotte ließ mich keinen Augenblick aus den Augen.

Ich schrie um Hilfe, doch es war kalt und schneite, deshalb war kein Spaziergänger unterwegs. Auf einmal schien Lotte etwas zu hören. Sie rannte los, noch bevor ich, ein paar hundert Meter entfernt, auf einem anderen Feldweg einen Jogger entdeckte. Der Mann konnte mich nicht sehen, doch Lotte lief zu ihm hin, blieb vor ihm stehen und machte ihm bellend deutlich: ›Bitte komm doch mit!‹ Und er verstand. Lotte führte ihn auf dem direkten Weg zu mir. Glücklicherweise war es mein Nachbar, der Lotte kannte und somit keine Angst vor ihrem Gebell hatte.

Ja, das war eine kleine, aber sehr feine Geschichte, die mir gleich am Anfang sagte: Lotte und Du, ihr seid ein unschlagbares Team. Seither weiß ich, Lotte wird mir immer helfen. Das ist ein wunderschönes Gefühl.«

Haben Hunde eine Seele?

Nein, sagte der amerikanische Arzt Duncan Mac Dougall im Jahr 1907. Er hatte sich eine Gemüse-Balkenwaage besorgt und wog damit einen sterbenden Tuberkulosekranken. Als der Tod eintrat, sei der Körper um eine dreiviertel Unze leichter geworden, schrieb MacDougall in der Fachzeitschrift »American Medicine«. Genauso viel wiege also die Seele. Zur Gegenprobe mussten sterbende Hunde ihre letzten Minuten auf der Waage verbringen. Bei deren Ableben habe sich der Balken nicht im Geringsten bewegt, erklärte der Forscher. Damit sei der Beweis erbracht, dass Menschen eine Seele haben und Hunde keine.

Zum Glück macht man die Beantwortung dieser Frage heute nicht mehr von Gemüsewaagen abhängig.

Der Hund als Therapeut

Gib dem Menschen einen Hund, und seine Seele wird gesund.

Hildegard von Bingen

Ein Blick in die Geschichte

Schon seit der Antike weiß man um die wohltuende und »heilende« Wirkung von Tieren auf Menschen. In belgischen Klöstern wurden im 8. Jahrhundert psychisch gestörte Waisenkinder mit Hilfe von Hunden erfolgreich therapiert. 1000 Jahre später gründeten Quäker in England eine Anstalt für »Geisteskranke«, in der die Patienten voller Hingabe Kleintiere versorgten. Und die Mönche im Kloster York empfahlen: »den in der Seele und am Körper Beladenen hilft ein Gebet und ein Tier.« Anfang des 19. Jahrhunderts war es Florence Nightingale, die Wegbereiterin der modernen Krankenpflege, die gezielt Hunde einsetzte, um kranke Menschen schneller gesund zu machen. In Deutschland nutzte das Epileptiker-Zentrum der Heilanstalt Bethel wenig später ähnliche Therapieformen, um die Patienten zu beruhigen und zu beschäftigen; dann aber gerieten diese Initiativen in Vergessenheit.

Erst in den 60er Jahren des vergangenen Jahrhunderts befasste man sich wieder mit der heilsamen Wirkung von Tieren auf kranke und einsame Menschen. Vor allem in England, Amerika und Australien setzten sich Ärzte und Psychologen mit dem Hund als Co-Therapeut auseinander. Der Durchbruch kam 1969 mit Veröffentlichungen des amerikanischen Psychiaters Boris M. Lewinson. Er nahm ab und zu seinen Hund Jingles in die eigene Praxis mit und stellte eher durch Zufall fest, welchen gravierenden Einfluss die Anwesenheit des Vierbeiners auf den Behandlungs- und Heilungsprozess seiner kleinen Patienten hatte. 1969 erschien sein richtungsweisendes Werk »Pet oriented Child Psychiatry«.

In den angelsächsischen Ländern entwickelt sich ein neuer Forschungszweig, der sich mit der Mensch-Tier-Beziehung befasst. Wissenschaftler aus ganz verschiedenen Disziplinen und Angehörige verschiedener

Heilberufe begannen mit Experimenten, Versuchsreihen, Dokumentationen. 1977 gründete sich in Amerika dann die Stiftung »Delta Society« (heute: »Pet Partners«.) Sie hat die tiergestützte Therapie in den USA flächendeckend bekannt gemacht.

Nur in Deutschland stieß die Erforschung dieser Zusammenhänge lange Zeit auf wenig Interesse. Erst in den letzten Jahren hat sich das geändert.

Dabei kommt die Praxis schneller voran als die Theorie. Immer mehr Schulen und Seniorenheime öffnen sich für Tiere. Aber noch fehlen Ausbildungsrichtlinien und der interdisziplinäre Erfahrungsaustausch.

Regina Jung erzählt über ihren Patenhund
August war mein erster Patenhund. Ich kannte die VITA-Ziele, als ich mich entschied, diese ehrenvolle Aufgabe zu übernehmen, und wollte alles dafür tun, dass aus August ein toller Assistenzhund, ein wunderbarer Helfer auf vier Pfoten, ein treuer Freund und ein liebevoller Begleiter wird.

Mit großer Freude und Verantwortungsbewusstsein öffnete ich mein Herz und meine Arme, bereit, dieses lebendige Wesen als ebenbürtig anzuerkennen und es in seiner Ganzheit anzunehmen. Ich schloss eine Freundschaft mit einem Geschöpf, das dazu fähig ist, eine von Vertrauen und Zuneigung geprägte Bindung einzugehen. Die tiefe Bedeutung dieser Beziehung war mir bewusst und somit sollten Einfühlungsvermögen, Verständnis, Respekt und Kommunikation immer die Richtschnur für mein Verhalten im Umgang mit diesem wundervollen Hund sein.

Voll gegenseitiger Wertschätzung lernten wir beide, die Fähigkeiten zu schätzen, die jeder von uns dem anderen anzubieten hatten.

Aus einem acht Wochen alten, schwarzen, tollpatschigen Welpen mit Ohren in »Engelsflügel-Länge« wurde neben mir, seiner Patin, ein wunderschöner, großer und gelehriger Labrador-Rüde.

August und ich lernten und erlebten sehr viel miteinander. Er gab mir Kraft und Zuversicht in einer Zeit, in der ich eine Krankheit niederkämpfte, er half mir über den schmerzlichen Verlust meiner eigenen

Hündin hinweg und meine zweite Patenhündin Elsa durfte ihre ersten vier Monate bei uns zu Hause neben einem vorbildlichen »großen Bruder« verbringen.

Natürlich wusste ich, dass wir uns irgendwann voneinander verabschieden müssen und August ins Ausbildungszentrum ziehen wird, um dort auf seine zukünftige Arbeit als Assistenzhund vorbereitet zu werden. An dem Tag, als ich August nach Hümmerich bringen würde, um ihn von dort nicht mehr mit nach Hause zu nehmen, brannte schon in den frühen Morgenstunden in unserer Küche Licht. Der Duft von frisch gekochtem Hühnchen zog durchs Haus, und August saß hellwach und in freudiger Erwartung neben mir am Herd. Ich hatte ihm versprochen, dass er seine Leibspeise mit nach Hümmerich nehmen dürfte, um sie dort – sozusagen als Einstand – bei der Abendmahlzeit mit seinen vierbeinigen Freunden zu teilen,

Wie immer, wenn wir Hühnchen zubereiteten, saß August dicht neben mir und wartete aufmerksam und geduldig auf eine erste Kostprobe aus meiner Hand.

Er sah glücklich aus. In mir jedoch machte sich tiefe Traurigkeit breit und ich spürte, dass ich bei jedem Stück Fleisch, das ich in die große, vorbereitete Tüte legte, all meine Liebe zu August mit verpackte. Sie sollte ihn begleiten auf seinem neuen Weg.

Durch die Hundeküche im Ausbildungszentrum in Hümmerich zog an diesem Abend ein besonderer Duft. Alle Hühnchenfleisch-Stücke waren, wie versprochen, gerecht in die zahlreichen Hundenäpfe der Vierbeiner verteilt. August war angekommen und feierte seinen Einstand.

Es machte mich glücklich, teilhaben zu dürfen an diesem besonderen Moment, als alle Hunde ihre Töpfe leerten. Gemeinsam nahmen sie all die Traurigkeit über den Abschied von August von mir und verwandelten sie in eine stille Freude.

Ich vermisse August. Doch Elsa, für die ich ebenfalls die Patenschaft übernommen habe, hat seinen Platz eingenommen. Es ist ein Segen, dass ich sie bei mir haben darf, sie bringt mir Freude in jeden Tag. Heute haben wir beschlossen, ein großes Hühnchen zu kochen. Wir werden das zarte Fleisch wieder zusammen mit viel Liebe, außerdem noch versehen mit den herzlichsten Grüßen, in einer großen Tüte verstauen und diese mit Packpapier und Paketschnur verpacken. August wird Post bekommen. Eine Briefmarke, zurechtgeschnitten aus einem Foto von Elsa, wird das Päckchen zieren. »Für August und seine Freunde« wird darauf stehen und beim heutigen nachmittäglichen Training werden wir das Päckchen für ihn abgeben.

Gerade hat Elsa eine erste Kostprobe aus meiner Hand erhalten. Sie sieht glücklich aus.

Liebe Tatjana und Ariane, VITA hat meinen weiteren Lebensweg geprägt. Durch die vielen persönlichen tiefgreifenden Erfahrungen und Erlebnisse während meiner Patenschaft für August habe ich erfahren, dass das Leben manchmal stärker ist als das, was wir Menschen mit ihm vorhaben.

Ich habe gelernt, einen Verlust anzuerkennen, ihm einen Platz zu geben und ihn zu akzeptieren. Ich bin auch dafür gut ausgerüstet und gleichsam anpassungsfähig.

Und deshalb ist es gut, dass ich nun ein »blondes« Labrador-Mädchen an meiner Seite habe und mit ihr eine neue VITA-Patenschaft ihren Anfang nimmt. Ich danke euch von ganzem Herzen.

Der Einfluss des Hundes auf die Gesundheit des Menschen

Was hat ein Hund, was ein Mensch nicht hat?

Die meisten Studien, die den »Wirkstoff Tier« erforschen, stammen aus den USA. Erst in den letzten zehn Jahren begannen auch deutsche Wissenschaftler, sich intensiver mit diesem Thema zu befassen.

Die Praxis ist der Forschung teilweise ein ganzes Stück voraus: Heute werden in einer wachsenden Anzahl von Krankenhäusern und Rehazentren Tiere therapiebegleitend eingesetzt. In Kinderkliniken zum Beispiel, bei Menschen im Wachkoma oder Schlaganfallpatienten auf der Intensivstation. High-tech Medizin und tiergestützte Therapien schließen einander nicht mehr aus. »Der Hund verschafft den Patienten Erfolgserlebnisse, weil er schon auf Gesten, Berührungen und Blickkontakt reagiert«, berichtet eine neurologische Spezialklinik in München auf ihrer Internetseite, und sieht keine Hygieneprobleme. Alle Richtlinien und Verordnungen würden beachtet, und die Therapiehunde stünden »unter strenger tierärztlicher Betreuung«.

Sogar das Robert Koch Institut, zuständig für die landesweite Krankheitsüberwachung und -prävention, steht der Tierhaltung in Pflegeeinrichtung und Besuchshunden in Krankenhäusern mittlerweile positiv gegenüber. »Wägt man … Risiken und Nutzen gegeneinander ab,« ist auf der Homepage des RKI zu lesen, »ist der positive Einfluss auf das Wohlbefinden durch Heimtierhaltung eindeutig höher zu bewerten. Daher ist es sinnvoll … Tiere unter definierten Bedingungen auch in Pflegeeinrichtungen und Krankenhäusern zuzulassen«.

Verglichen mit dem, was auf manchen Beipackzetteln steht, dürften Hunde definitiv weniger »Nebenwirkungen« haben.

Die tieferen Ursachen für den Heilfaktor Tier sind ein Feld für Spekulationen. Tierbesitzer, so vermuten Psychologen, schätzen an ihren vierbeinigen Freunden, dass sie nicht werten oder kritisieren, sondern »ihrem Menschen« gegenüber immer positiv eingestellt sind. Sie lieben ihn, egal ob er nun ein Genie oder ein totaler Versager ist. Wer eine enge Beziehung zum Tier hat, fühlt sich als ganze Person angenommen. Die Kommunikation erfolgt mit eindeutigen, direkten (analogen) Signalen. Unausgesprochene Vorwürfe, Falschheit, Erwartungen, Spott oder Sarkasmus haben da keinen Platz.

Für den Begründer der klientenzentrierten Gesprächstherapie, Carl Rogers, bilden drei Faktoren die Grundlage für einen Therapieerfolg: Akzeptanz, Empathie und Echtheit. Doch was ein guter Therapeut erst lernen muss, tut ein Hund ganz automatisch: Hunde akzeptieren »ihren Menschen« so, wie er ist, sie zeigen Mitgefühl und sie sind vollkommen authentisch.

Zahlreiche Untersuchungen legen nahe, dass Tiere im Allgemeinen und Hunde im Besonderen zum Wohlbefinden ihrer Besitzer beitragen. So fanden Bruce Heady und Markus Grabka in einer vom Bundesministerium für Bildung und Forschung finanzierten Studie heraus, dass die Zahl der Arztbesuche bei Menschen ohne Haustiere um 18,5 Prozent höher liegt als bei jenen mit Tieren im Haushalt – vielleicht, weil ein Tier seinen Menschen für die alltägliche Stressbelastung unempfindlicher macht? Mit dem Verlust ihres Haustiers, so stellten die beiden Wissenschaftler fest, benötigten die Tierhalter sofort ebenso oft ärztliche Hilfe.

Entscheidend für die Wirksamkeit des »Medikaments Tier« sei eine positive emotionale Beziehung zu ihm, schlussfolgert der Psychologe Prof. Dr. Erhard Olbrich von der Universität Erlangen-Nürnberg aus seinen Studien. Diese Einstellung, gepaart mit einem Verantwortungsgefühl für den Vierbeiner, könnte auch dafür verantwortlich sein, dass Haustierbesitzer deutlich kürzer im Krankenhaus bleiben und dass die Rehakosten für Schlaganfallpatienten mit Hund um ein Drittel niedriger liegen.

Eine eindimensionale Betrachtung dieser Phänomene wäre allerdings zu einfach. Physische und physiologische Wirkungen dürfen nie unabhängig von sozialen und psychologischen Einflüssen betrachtet werden.

Genauso wichtig ist es im Auge zu behalten, dass viele der hier beschriebenen positiven Effekte, die Hunden zugeordnet werden, oftmals offensichtlich, aber nicht immer im strengen Sinne wissenschaftlich »bewiesen« sind, denn so manche Studie auf diesem Gebiet ist methodisch durchaus angreifbar. Zahlreiche Fragestellungen wurden außerdem noch gar nicht untersucht.

Dieses Buch wurde aber auch nicht als wissenschaftliches Werk konzipiert. In die Aussagen der zitierten Experten mischen sich die praktischen Erfahrungen, die Tatjana Kreidler im Laufe der vielen Jahre mit Menschen und Hunden gesammelt hat. Sie spricht manchmal von kleinen »Wundern«, die die vierbeinigen Therapeuten bei »ihren Menschen« bewirken – wer die Geschichten der Teams liest, weiß, was sie damit meint.

Physiologische und kognitive Wirkungen

Dass Hunde »Medizin« sein können für ihre Menschen, ist mittlerweile vielfach belegt. So ist schon seit Jahrzehnten bekannt, dass das Zusammenleben mit einem Tier blutdrucksenkend und kreislaufstabilisierend wirkt. Zu dieser Entdeckung führte ein Zufall: In den späten 70er Jahren untersuchte die amerikanische Soziologin Erika Friedman die Überlebenschancen von Herzinfarktpatienten nach ihrer Entlassung aus dem Krankenhaus. Nach ärztlichem Ermessen hatten alle die gleichen Aussichten zu gesunden. Trotzdem starben 14 von 92 Patienten schon im Laufe des darauffolgenden Jahres. Friedmann wollte nun ergründen, welche Faktoren im Alltag der Patienten dafür möglicherweise mit verantwortlich waren. Grundlage ihrer Untersuchung waren die umfangreichen Fragebögen, die alle Patienten ausgefüllt hatten. Sie gaben Auskunft über die häusliche Situation, das Familienleben, die Beziehung zu den Kindern, die Qualität der Ehe, über Wohnverhältnisse, Interessen und Hobbys. Eher beiläufig hatte die Wissenschaftlerin auch nach Haustieren gefragt. Wie von Friedmann vermutet, zeigte sich ein klarer Zusammenhang zwischen schwacher sozialer Integration und dem frühen Tod der Probanden. Verblüffend war aber der zweite Faktor, den der Computer auswarf: Tierbesitzer besaßen signifikant bessere Überlebenschancen als Patienten ohne Haustier. Friedmann und ihre Kollegen vermuteten einen Rechenfehler und überprüften noch einmal alle Daten. Das Ergebnis änderte sich nicht. Nun suchte das Forscherteam nach plausiblen Erklärungen. Besaßen die Tierhalter Persönlichkeitseigenschaften, die sie stabiler machten? Waren sie von Anfang an gesünder? Bewegten sie sich mehr an der frischen Luft? Eine zweite Studie lieferte dafür keine Anzeichen, denn auch Fische sorgten bei ihren Besitzern für mehr Wohlbefinden. Es blieb dabei: Der Besitz eines Haustiers als solcher musste sich positiv auf den Gesundheitszustand ihrer Besitzer auswirken.

Auch eine zweite richtungweisende Studie kam damals ungeplant zustande. Das Psychologen-Ehepaar Sam und Elisabeth Corson wollte das Stressverhalten von Versuchstieren erforschen. Die beiden wählten Hunde, die in einem Zwinger im Seitentrakt einer Klinik untergebracht wurden und deren Gebell in anderen Gebäudeteilen verblüffende Reaktionen provozierte. Kranke, die vorher kein Wort gesagt hatten, erkundigten sich nach den Hunden und baten, sie sehen und füttern zu dürfen. Die Corsons änderten das Ziel ihrer Untersuchung. Sie erschien 1975 mit dem Titel »Tiere als Mediatoren bei der Therapie«.

Heute weiß man, dass das Streicheln, ja sogar die bloße Anwesenheit eines Tieres stressreduzierend wirkt. Ein Team von Wissenschaftlern, zu denen die Psychologen Henri Julius und Andreas Beetz von der Universität Rostock und der Österreichische Verhaltensbiologe Kurt Kotrschal gehören, haben das in einer international beachteten Studie belegt.

Ihre Versuchspersonen waren 88 Schüler, die aus schwierigen Familienverhältnissen stammten und keine verlässliche Beziehung zu Erwachsenen kannten. Sie sollten vor Publikum eine Geschichte zu Ende erzählen und Rechenaufgaben lösen. Ein Auftrag, der ihnen normalerweise Stress bereitet: Der Blutdruck steigt, das Herz schlägt schneller.

Eine Gruppe der acht- bis zwölfjährigen »Prüflinge« bekam als Beistand einen Therapiehund an die Seite, die andere einen Stoffhund. Bei der dritten Gruppe bot eine nette Studentin Rückendeckung. Bei allen drei Gruppen nahmen die Wissenschaftler anschließend Speichelproben, um das Stresshormon Cortisol zu messen. Das Ergebnis ist eindeutig: Die Kinder, die den Hund streicheln durften, hatten mit Abstand den geringsten Cortisolwert im Speichel. Der Pegel des Stresshormons stieg während des Versuchs kaum an und sank anschließend sogar unter den Anfangswert. Offenbar hatten die Kinder in dem Hund einen Unterstützer gefunden, der ihren Stresspegel senkte.

Je länger und je intensiver sie sich mit dem Tier befasst hatten, desto deutlicher war das Resultat. Der Hund half den Kindern also nicht nur durch seine bloße Anwesenheit. Er »wirkte« umso mehr, je aktiver und vertrauensvoller sich die kleinen Prüflinge auf ihn bezogen. In einer ähnlichen Studie war auch die soziale Kontaktaufnahme Gegenstand der Untersuchung: Kinder mit einem Hund als Begleiter lächelten öfter, suchten mehr Blickkontakt und reagierten emotionaler.

Je mehr Körperkontakt Kinder in solchen Situationen mit dem Tier aufnehmen, je aktiver sie sich ihre soziale Unterstützung bei ihm abholen, stellte der Verhaltensforscher Kurt Kotrschal fest, desto besser kommen sie mit der Situation zurecht. »Der Hund vermittelt den Kindern ein Gefühl von Sicherheit und Vertrautheit«, schrieb er bei der Analyse seiner Experimente.

Auch andere Studien berichten, dass eine halbe Stunde Haustier-Streicheln mehr entspannt, als ein Buch zu lesen. Dafür gibt es eine neurobiologische und hormonelle Erklärung: Beim Berühren eines Hundes wird das Bindungshormon Oxytozin ausgeschüttet, ganz wie es auch in einer gesunden Eltern-Kind-Beziehung geschieht. Gleichzeitig reduziert sich der Stress, weil das autonome Nervensystem im Wechselspiel von Sympathikus und Parasympathikus auf Entspannung schaltet und der Cortisolspiegel sinkt.

Hunde helfen dabei, einen Menschen für neue Erfahrungen zu öffnen. Vor allem bei Kindern, die wenig oder gar kein Vertrauen zu Erwachsenen haben, ist dies eine Möglichkeit, die üblichen Verteidigungsmechanismen in Sozialbeziehungen zu umgehen. Der Hund aktiviert sie nicht, und es gelingt mit seiner Unterstützung viel leichter, zu einem misstrauischen Kind eine gute, tragfähige, sichere therapeutische Beziehung herzustellen, fand das Rostocker Team um Henri Julius und Andrea Beetz heraus.

Schon Jahre zuvor hatte Karen Allen von der Medizinischen Fakultät der University New York die beruhigende, stressreduzierende und entspannende Wirkung von Haustieren nachgewiesen. In einem Experiment mit 240 Ehepaaren – die Hälfte davon Hundebesitzer – wurde jeweils ein Partner mit schwierigen Rechenaufgaben konfrontiert. Saßen Ehemann oder Ehefrau daneben, stieg der Blutdruck rasant. War hingegen der Hund dabei, blieben die Testpersonen ruhig. Außerdem lösten sie die Aufgaben schneller und besser als unter »Partnerbeobachtung«. »Wenn Sie schon heiraten,« schlussfolgerte die Wissenschaftlerin scherzhaft, »dann schaffen Sie sich bitte gleichzeitig ein Haustier an!« Inzwischen nutzen verschiedene Institutionen den beruhigenden Effekt von Tieren, zum Beispiel solche, die mit Legasthenikern arbeiten: Kinder lesen einem Hund gern vor, weil er ihnen scheinbar interessiert zuhört und keine Zwischenfragen stellt. Zudem baut paralleles Streicheln Spannungen ab, was der Leseleistung ebenfalls zugute kommt.

Physiologische und kognitive Wirkungen
- Die Abwehrkräfte und das Immunsystem werden gestärkt.
- Hundebesitzer verfügen über ein stabileres Herz-Kreislaufsystem. Blutdruck und Herzfrequenz sinken.
- Schon die bloße Anwesenheit eines Hundes baut Stress ab (verminderte Ausschüttung des Stresshormons Cortisol), die Muskulatur entspannt sich.
- Das Schmerzempfinden verringert sich (durch Freisetzen von Endorphinen).
- Sensomotorische Wahrnehmung, Koordination Grobmotorik werden durch die Interaktion mit dem Hund gefördert.
- Greifen, Streicheln, Bürsten, das Spielen mit dem Hund und die vielen kleinen Bewegungen (Leine umlegen, Leine halten, Dummy werfen usw.) verbessern die Feinmotorik.
- Der Körperkontakt, das Erspüren von Herzschlag und Atmung, der Geruch und das Äußere des Hundes, aktivieren eine Wahrnehmung mit allen Sinnen.
- Durch die verbale Interaktion mit dem Hund (Kommandos) und die Anforderungen, die die Pflege des Tieres stellt, werden Konzentration und Gedächtnis, Sprache und Aussprache trainiert. Vor allem Kinder profitieren ungemein. Sie lernen außerdem Zusammenhänge zu verstehen und sie wiederzugeben und sie bleiben viel länger bei der Sache.
- Aktivität und Bewegung in der Natur verbessern Körpergefühl, Beweglichkeit und Allgemeinbefinden.

Gehört ein Hund zur Familie, so verbessert sich ganz von alleine die Kommunikationsfähigkeit und Sprechfreude der kleinen Hundebesitzer. Sie werden angeregt, sich angstfrei mit und über ihren vierbeinigen Gefährten zu unterhalten und sich klar und verständlich auszudrücken, wenn sie etwas von ihm wollen.

Andererseits kennen und nutzen sie auch, ohne groß darüber nachzudenken, viele Facetten der nonverbalen (analogen) Kommunikation, mit denen sich der Hund verständigt, und werden darin geschult, feinfühliger auf andere Lebewesen zu reagieren.

Mit einem Hund an seiner Seite entdeckt das Kind andere Wahrnehmungsbereiche. Es spürt den Herzschlag des Hundes, fühlt sein weiches Fell, erschnuppert, wie er riecht, wenn er nass ist, sieht sein Ohrenspiel und hört, wie es klingt, wenn er im Schlaf fiept, wenn er bei warmem Wetter hechelt oder wenn seine Pfoten über Steinboden tapsen.

Die Geschichte von Levin & Ashley

Levins Mama schreibt am 30. November 2009: »Hallo Ihr Lieben, hier ein kurzer Bericht über Levin und Ashley: Die beiden werden ein immer noch tolleres Team. Ashley ist unser ein und alles!!! Vieles läuft nun sehr routiniert ab. Es ist selbstverständlich geworden, dass Levin seine Ashley um Hilfe bittet, wenn etwas heruntergefallen ist. Ashley liebt ihren Levin, will abends oft nicht mehr aus seinem Zimmer gehen, wenn er ins Bett geht. Nur fürs nächtliche Pipi machen und Brötchen geben kommt sie heraus, steht danach aber schon wieder vor seiner Zimmertür.

Der tägliche Weg in die Schule läuft sehr gut. Beide sind so eingespielt. Nur manchmal kommt noch unser Träumer Levin durch und das nützt die süße Äschi dann auch aus und macht, was sie will. Aber wehe, ich weise Levin darauf hin und schimpfe ihn ein wenig, wenn er so gar nicht mitbekommt, wo Ashley sich gerade aufhält. Was macht die Maus dann, sie läuft ganz schnell zu Levin, setzt sich neben ihn, guckt ihn an … und beide grinsen … frei nach dem Motto: »War was? Ist doch alles so, wie es sein soll!« Niemals zuvor habe ich eine so tolle nonverbale Kommunikation erlebt.

Levin ist so aufgeschlossen geworden, weiß, was er will und geht nun sehr selbstbewusst durchs Leben. In seiner Klasse ist er deshalb voll integriert und hat viele Freunde. Er erklärt allen Leuten, die ihm begegnen, auf Nachfrage selbst, was seine Ashley alles für ihn tut, was sie ihm bedeutet. Wenn Kinder ängstlich auf seinen Hund reagieren, macht er ihnen Mut und schafft es immer wieder, dass die Kinder ihre Angst überwinden. Ich glaube, sie bewundern ihn oft für seinen Mut und seinen tollen Hund.

Seit Levin seine Ashley hat, wurde er so gut wie gar nicht mehr bedauert oder gar auf seine Behinderung reduziert. Er erlebt dadurch durchweg positive Begegnungen ...

Neulich waren wir bei Ikea; das war ein Bild. Er hatte dank seines neuen Rollstuhls nun die Möglichkeit, diese tollen Behinderten-Einkaufswagen vor den Rolli zu spannen. Dies könnt ihr Euch nun folgendermaßen vorstellen: Levin fuhr durch den ganzen Ikea selbständig, lud alle Sachen ein, die wir gebraucht haben. Seine Ashley immer dabei. Ashley sah genauso stolz aus wie Levin. Apportierte, wo dies nötig war ... viele Leute bewunderten dieses tolle Gespann und Levin erlebte den besten Einkaufstag aller Zeiten.

Ashley ist sooo verschmust und passt deshalb einfach perfekt zu uns. Nie kann sie genug kriegen ... und wir kuscheln doch auch so gerne mit Ihr.

Toll, dass es Euch gibt, toll, dass es VITA gibt ... nichts auf der Welt hätte Levin sonst zu dem machen können, was er nun ist, was ihn ausmacht!

Bis ganz bald, liebe Grüße, Andrea«

Emotionale und psychische Wirkungen

Hunde sind äußerst sensibel und erfassen die Stimmung »ihres Menschen« intuitiv. Als soziale Wesen sind sie sehr gut in der Lage, Stimme, Körpersprache, Körpergerüche und weitere nonverbale Signale zu interpretieren, und kommunizieren ihrerseits mit uns. Das Wichtige dabei: Sie sind loyal und lügen nicht, und sie geben Halt und Sinn im Leben.

Besonders bei Kindern können sie kleine Wunder bewirken – es scheint, als besäßen sie einen Schlüssel zu ihren Seelen.

»Wenn es mir gelingt, den Wunsch eines verständigen Kindes nach einem Tier bei den Eltern durchzusetzen, so weiß ich, dass ich eine wirklich gute Tat vollbracht habe.« Dieses Zitat stammt vom Mitbegründer der Verhaltensforschung und Nobelpreisträger Konrad Lorenz. Und er hat recht. Zahlreiche neue Forschungsarbeiten aus dem In- und Ausland zeigen, wie positiv Tiere die kindliche Entwicklung beeinflussen können. Das Thema »Kinder brauchen Hunde« ist längst keine Randdebatte mehr, sondern rückt immer mehr ins Zentrum der gesellschaftlichen Aufmerksamkeit. Die steigende Anzahl von Schulhunden ist ein Beleg. Bei fachkundiger Betreuung sorgen sie in den Klassenzimmern für eine entspannte Atmosphäre, in der es sich leichter lernen lässt. Sie verbessern den sozialen Zusammenhalt, lenken die Aufmerksamkeit der Kinder auf den Lehrer und dämpfen lautes und aggressives Verhalten. Österreich ist weltweit das erste Land, das diese Effekte anerkennt, den Einsatz von Schulhunden fördert und den Lehrern ab Herbst 2012 eine entsprechende Ausbildung anbietet. Die Inhalte wurden von einer internationalen Expertengruppe erarbeitet.

Für Kinder sind Hunde Verbündete, aufmerksame Zuhörer, die immer Zeit haben, ein Gefühl von Geborgenheit und Sicherheit vermitteln, Trost spenden, die Einsamkeit verscheuchen und ihnen helfen, mit belastenden Situationen besser fertig zu werden. Sie suchen die Nähe zum Tier, erzählen ihm von ihren Problemen und wissen gleichzeitig um die Verschwiegenheit ihres Zuhörers.

Tugenden wie Pünktlichkeit oder Verlässlichkeit, die ein Hund einfordert, lernen die Kinder meist schnell und gern, da sie den Grund dafür kennen. Regeln hingegen, die ihnen ohne vernünftige Erklärung auferlegt werden, akzeptieren sie nicht so ohne weiteres. Hinzu kommt, dass die Verantwortung für den Hund das Selbstbewusstsein des Kindes stärkt; es empfindet eine individuelle Wichtigkeit. Umgekehrt spiegelt der Hund das kindliche Verhalten wider. Wendet sich das Kind nach einer Interaktion von dem Tier ab, reagiert der Hund ebenso und stellt seine Kontaktversuche ein. Versucht das Kind, den Hund zu etwas zu zwingen, zum Beispiel zum Ausführen eines Kommandos, schaltet das Tier auf stur und lässt den kleinen Menschen an seine Grenzen stoßen. Gelenkt und geleitet zum Beispiel von den Eltern, setzt das Prozesse in Gang, die die emotionale Selbststeuerung des Kindes positiv beeinflussen.

Kinder, die einen Hund an ihrer Seite haben, können sich besser in andere Lebewesen hineinversetzen, verfügen also über mehr Empathie, sie sind sensibler für nonverbale Signale und wachsen zu sozial kompetenten Erwachsenen heran, sagt Prof. Dr. Kurt Kotrschal, der als Verhaltensforscher die Nachfolge von Konrad Lorenz angetreten hat. Gleichzeitig entwickeln sie mehr Verantwortungsgefühl und Selbständigkeit; sie sind kontaktfreudiger, hilfsbereiter, zeigen sich nach außen mutiger und fröhlicher und nehmen mehr Rücksicht. Insbesondere schüchterne Kinder, die sich nur selten trauen, sich mitzuteilen oder sich gegen andere zu behaupten, profitieren ungeheuer von einem vierbeinigen Gefährten.

Kotrschals Fazit: »Die Zahlen sind so deutlich, dass man nach amerikanischem Recht seine Eltern auf soziale Deprivation verklagen könnte, wenn sie einem zugemutet haben, ohne Hunde aufzuwachsen.«

Das gilt allerdings nur, wenn die Atmosphäre in der Familie »stimmt« und Kinder und Eltern den Hund wie ein vollwertiges Familienmitglied behandeln. Also mit Respekt und um sein Wohlergehen besorgt. »Das ist bei weitem nicht immer der Fall«, sagt Tatjana Kreidler. »Uns begegnen auch Eltern von behinderten Kindern und erwachsene Rollifahrer, die sich intensiv, aber sehr rational mit dem Thema ›Hund‹ beschäftigt haben und mit der völlig falschen Erwartung zu uns kommen, dass ein Hund einfach so, und ohne dass man viel Mühe darauf verschwendet ›gut tut‹. Oft handelt es sich dabei um Unwissenheit, und die falschen Vorstellungen lassen sich in Gesprächen korrigieren. Manchmal fehlt aber auch die Einsicht. Der Vierbeiner wird als ›Gebrauchsgegenstand‹ betrachtet, den man sich ›anschafft‹ und der funktionieren soll, ohne dass man sich wirklich mit ihm befasst. Das kann fatale Folgen haben.

Ein unausgelasteter Hund, der nicht genug Ansprache in der Familie hat, lässt sich allerlei einfallen, um sich zu beschäftigen: Er jagt beispielsweise Kaninchen und Jogger oder er schlägt Briefträger in die Flucht.«

Wenn ein Hund spürt, dass es die Menschen nicht »gut« mit ihm meinen, wenn sie gleichgültig, launisch oder unecht sind, dann spiegelt sich das in seinem Verhalten wider; es entsteht keine Bindung, kein Geben und Nehmen, sondern wenn überhaupt eine Zweckgemeinschaft.

Jeder Hund, der kein artgerechtes Leben führt, hat Stress, der sich auf sein ganzes Umfeld auswirkt; das kann niemand wollen.

Wo die »Schmerzgrenze« eines Hundes liegt, hängt von seinem Wesen ab, von seiner Stabilität, seiner Sozialisation und seinen bisherigen Erfahrungen. Manche Hunde sind so robust, dass sie auch mit einem Minimum an Zuwendung auskommen, andere ziehen sich verstört zurück und entwickeln Ängste, wieder andere werden aggressiv.

Tatjana Kreidler: »Bei fast allen Gesprächen und vor allem später, bei der Zusammenführung, stellen wir fest, dass sich die Bewerber das Erarbeiten einer tragfähigen Beziehung zu ihrem Assistenzhund nicht so zeitaufwändig und nicht so intensiv vorgestellt haben. Sie wissen oft nicht, wie viel Verantwortung so ein Hund bedeutet, denn verglichen mit Hundebesitzern, die sich für ein vierbeiniges Familienmitglied entscheiden, weil es ihr Leben bereichern soll, die im Vorfeld Bücher wälzen, sich über Rassen informieren, mit dem Winzling eine Welpenschule besuchen, Höhen und Tiefen erleben und so in ihre Aufgabe hineinwachsen, ist die Motivation bei Menschen mit Behinderung eine andere. Auch sie werden ihr Tier innig lieben, doch bis dahin ist es ein weiter Weg. Ihrem zukünftigen Assistenzhund weisen sie zunächst gedanklich konkrete Aufgaben zu, die ihr Leben leichter machen sollen, und gehen davon aus, dass er das ›kann‹. Schließlich wurde er dazu ausgebildet. Bei der Zusammenführung, so ihre Erwartung, wird dann die entsprechende ›Gebrauchsanweisung‹ geliefert. Wie falsch diese Annahme ist, erschließt sich ihnen erst nach und nach«. Für viele ist die Erkenntnis zunächst ein kleiner Schock, dann aber spüren sie langsam, dass sich ihnen mit wachsendem Verständnis für ihren Hund ein neues Universum erschließt. Je mehr sie in die Beziehung investieren, desto mehr kommt auch zurück.

Tatjana Kreidler: »Wir wissen um diese Problematik und betrachten es als unsere Aufgabe, den Menschen mit dem nötigen Respekt und Verständnis entgegen zu kommen und sie dort abzuholen, wo sie innerlich stehen. Oft müssen sie den Umgang mit einem Hund von Grund auf lernen, das braucht seine Zeit, und die bekommen sie. Ein Mensch mag sich auch noch so ungeschickt anstellen, ich habe höchsten Respekt, solange er sich wirklich und mit allen Konsequenzen auf den Hund einlässt.

Emotionale und psychische Wirkungen
- Hunde vermitteln Geborgenheit, Wärme, Zuneigung und Freude; sie stärken das emotionale Wohlbefinden und die Fähigkeit zur Empathie.
- Sie steigern das Vertrauen in die eigenen Fähigkeiten.
- Sie fördern Selbständigkeit, Selbstwertgefühl und Selbstbewusstsein.
- Sie fördern die Sensibilität für eigene Ressourcen und die Bereitschaft, Verantwortung zu übernehmen.
- Sie sorgen für mehr Lebensfreude (Lachen, Spielen, Zärtlichkeit, Spazierengehen im Freien).
- Sie vermitteln Sicherheit und das Gefühl, gebraucht zu werden.
- Sie sind ein Mittel gegen die Einsamkeit und bauen Ängste ab.
- Sie reduzieren Stress, beruhigen und entspannen.
- Sie verringern das Gefühl von Einsamkeit.
- Sie werten und urteilen nicht.
- Sie verleihen dem Alltag Struktur.
- Sie geben Sinn und Halt im Leben.
- Sie sind eine Stütze in Krisensituationen.
- Und sie verlangen für all das keine Gegenleistung.

Niemand blamiert sich bei mir. Es gibt keine falschen Fragen. Ich erkläre einen schwierigen Sachverhalt gerne zehn Mal. Wenig Verständnis habe ich allerdings, wenn die Emotionen fehlen, wenn zwar viel verlangt, aber nichts ›investiert‹ wird. Das sage ich dann auch sehr deutlich.«

Hundetrainer Martin Rütter schreibt über den langwierigen Prozess, der Mensch und Hund zu einer Einheit macht: »Es gibt keinen leichten Weg dort hin – dieser Weg muss von Neugier und Wissensdurst geprägt sein, es wird eine spannende, jedoch zugleich auch arbeitsintensive Reise für den Menschen werden, der die Hunde wirklich verstehen lernen will. Wissen ist der Schlüssel zum Erfolg. Respekt die Basis für einen vertrauensvollen Umgang.«

Tobias gibt nicht auf

Tobias Vater erzählt: »Unser Golden-Retriever-Rüde Jonas lebt jetzt seit dreieinhalb Jahren bei uns und macht unserem 15-jährigen Sohn Tobias das Leben leichter. Tobias hat eine fortschreitende Muskelerkrankung und büßt immer mehr von seinen körperlichen Kräften ein. Jonas leistet ganz praktische Hilfe, die nicht messbaren Dinge, die er so nebenbei bewirkt, sind aber manchmal viel wichtiger. Dieser Hund hat aus unserem Sohn einen selbstbewussten und durchsetzungsfähigen Teenager gemacht. Es gibt ein Erlebnis am Ende der Zusammenführung – Tobias war damals elf – das ich nie vergessen werde. Wir waren mit vielen Menschen und Hunden beim Dummytraining in Wolfskehlen – das ist ein Baggersee in der Nähe von Darmstadt. Tobias war damals noch sehr schüchtern. Er sprach nicht viel, gab schnell auf und ließ sich selten aus der Reserve locken. Jonas liebt das Dummytraining über alles, aber er hasst nasse Dummys, an denen Sand klebt. Die findet er einfach widerlich. Um es kurz zu machen: Das Dummy flog in hohem Bogen in den See, klatschte aufs Wasser und Jonas sprang hinterher. Er ist ein guter Schwimmer und kehrte flugs zurück ans Ufer, das kleine Leinensäckchen im Maul. Und da passierte das Unglück: Er ließ das Dummy fallen und es landete in einer kleinen Kuhle mit feinstem weißen Sand. Igitt. Jonas zog leicht die Lefzen hoch. Der ganze Hund drückte Ekel aus.

Oh je, dachte ich, das wird wohl nichts. Doch zu meinem Erstaunen hörte ich die überraschend kräftige Stimme meines Sohnes: »Jonas. Dummy Apport«. Jonas stand wie ein Denkmal, doch Tobias gab nicht auf. Er gab uns ein deutliches Zeichen, dass wir ihm bitte nicht helfen sollten. Gefühlte 30 Minuten lang kämpfte er mit sich und seinem Hund. Tränen liefen ihm dabei über die Wangen. Er forderte, flötete, bat, rief, klopfte auf seine Knie, gestikulierte, motivierte, lobte, pfiff. Mittlerweile hatten sich alle Kursteilnehmer um uns geschart und beobachteten fasziniert das Schauspiel. Tobias nahm das alles nicht wahr. Die Welt schien um ihn herum nicht mehr zu existieren. Für ihn gab es in diesem Moment nur seinen Hund. Und das Dummy. Was soll ich sagen – er schaffte es tatsächlich. Am Ende legte ihm Jonas das sandige Säckchen in die Hand.

Alle applaudierten und Tobias brach in Tränen aus. »Ich bin so glücklich, dass ich weinen muss«, sagte er. Dann schaute er mich an: »Du, Papa, wenn ich mit dem Jonas jetzt noch mehr übe, dann holt er mir das Dummy am Ende der Welt«. Dieser Satz wird bei VITA seither oft zitiert.

Abends gingen wir gemeinsam in der Frankfurter Innenstadt essen. Ich wollte es ihm und mir einfach machen und mit dem Auto fahren, aber Tobias bestand auf der U-Bahn. »Ich schaff das noch, Papa«, sagte er, »und außerdem müssen wir dann keinen Parkplatz suchen«. Verwundert stimmte ich zu, aber Tobias hat mich an diesem Abend weiter überrascht. »Ich guck mal nach einem Tisch«, erklärte er, als wir das Lokal betraten, und rollte voraus. Das hatte er noch nie getan. Der Kellner kam – und reichte mir die Speisekarte. Hund und Kind übersah er geflissentlich. »Ich hätte auch gerne eine Karte. Bitte!« War das wirklich mein Sohn, der das eben gesagt hatte? »Selbstverständlich«, murmelte der Kellner und holte eilig das Gewünschte. Doch damit nicht genug, Tobias, der sonst den Mund nicht aufbekam, bestellte an diesem Abend, ohne mich um Rat zu fragen, mit fester Stimme ein komplettes Menü und danach noch einen alkoholfreien Cocktail. Ich konnte es kaum glauben. Von jetzt auf gleich war dieser elfjährige Knirps selbständig. Ich kraulte Jonas den Kopf. Es war nicht schwer, die Verbindung zu den Erlebnissen am See herzustellen, und diese Entwicklung setzt sich bis heute fort.«

Soziale Wirkungen

Jeder, der regelmäßig mit einem Hund an der Leine spazieren geht, macht die gleiche Erfahrung: Fast automatisch kommt man mit andern Menschen ins Gespräch. Eine Studie des Kölner Rheingold-Instituts hat das wissenschaftlich belegt: Für 77 Prozent aller befragten Hundebesitzer ist die beste, natürlichste und fröhlichste Art, unbefangen Kontakte zu knüpfen, ihr Hund. Bei jedem zehnten führte dies sogar zu einer festen Partnerschaft.

In Seniorenheimen mit Tierhaltung zeigt sich, dass sich Bewohner, Pflegepersonal und Besucher viel häufiger miteinander unterhalten als in herkömmlichen Heimen. Statt über die aktuelle Lebenssituation zu klagen, tauscht man Erinnerungen über Erlebnisse mit Tieren aus. Familienangehörige kommen häufiger, bleiben länger und bringen auch öfter kleine Kinder mit, die sich den Tieren zuwenden können, wenn sie sich langweilen.

Überhaupt sind Hunde für Kinder ein Segen, wenn die Eltern ganz bestimmte Regeln beachten und ihr Kind entsprechend anleiten. Wer mit einem Freund auf vier Pfoten aufwächst, trainiert tagtäglich sozial verantwortliches und sozial verträgliches Verhalten. Hunde fungieren als »Miterzieher«, über die Kinder zu mehr Selbständigkeit, Verantwortungsbewusstsein und Pflichtgefühl angeleitet werden. Sie erleben Freude, Nähe und Freundschaft und können das im Umgang mit Gleichaltrigen weitergeben. Weil sie ihr Gegenüber genauer wahrnehmen, seine Bedürfnisse und Wünsche erkennen und respektieren, sind sie auch beliebter als andere.

Außerdem zwingen Hunde zu Disziplin, denn sie wollen bei Wind und Wetter Gassi gehen. Menschen mit Handicap, die sonst vielleicht dazu neigen, sich in den eigenen vier Wänden zu verkriechen, müssen jetzt mehrmals am Tag hinaus an die frische Luft und sie entdecken, dass ihnen das gut tut.

So berichtet die 29-jährige Johanna, dass sie morgens gerne aufsteht, damit sie mit ihrem goldfarbenen Golden-Retriever-Rüden Homer einen langen Spaziergang machen kann. Früher war das Gegenteil der

Fall. Ähnlich Tom, der es liebt, von einer kalten Hundeschnauze geweckt zu werden und sich auf jeden neuen Tag freut.

Genauso beglückend ist die Erfahrung, dass ein VITA-Hund die Tür zur Normalität öffnet, eine Brücke ist zur Welt der »Nicht-Behinderten«. »Ich weiß aus eigener Beobachtung«, sagt Tatjana Kreidler, »dass Menschen im Rolli gar keine Beachtung finden oder – schlimmer – ein verschämtes Wegschauen auslösen. Sobald wir Hunde dabei haben und fröhlich mit ihnen agieren, werden wir angelächelt und in Gespräche verwickelt.« Dabei machen die Rollifahrer die wohltuende Erfahrung, dass nicht mehr die Behinderung im Mittelpunkt steht, sondern ihr Begleiter, der sozusagen als »Eisbrecher« wirkt. Er stellt Vertrautheit her, wo ansonsten nur Unsicherheit ist, und liefert die unterschiedlichsten Gesprächsthemen.

Soziale Wirkungen
- Hunde wirken als sozialer Katalysator und Eisbrecher.
- Sie bieten Nähe, Intimität und Körperkontakt.
- Sie erleichtern Kontakt »nach draußen«, holen den Menschen aus seiner Einsamkeit und Isolation und öffnen die Tür zur Gesellschaft.
- Menschen mit Handicap werden nicht mehr auf ihre Behinderung reduziert und erleben ein Stück »Normalität«.
- Kinder übernehmen Verantwortung für ihren Hund, entwickeln Empathie und ein hohes Maß an sozialer Kompetenz.
- Auch bei ihnen fördern Hunde die Integration; sie erleichtern den Kontakt und die Kommunikation mit Gleichaltrigen und steigern die Reputation des Kindes (Kinder mit einem ausgebildeten Hund haben mehr Freunde!).
- Ein Hund wirkt sich günstig auf das Familienklima aus.

Was mir mein Hund bedeutet

Der 15-jährige Jakob schreibt: »Mein Hund bedeutet mir sehr, sehr viel und ich habe ihn sehr lieb. Er ist mein bester Freund, der immer an meiner Seite ist und der für mich da ist. Er ist immer fröhlich und sehr sensibel. Das mag ich sehr an ihm. Es ist ein wunderschönes Gefühl, wenn Watson mich so freudig begrüßt, wenn ich von der Schule nach Hause komme. Das gibt mir sehr viel Selbstvertrauen, denn Watson akzeptiert mich so, wie ich bin, und hat mich lieb.

Auch hilft er mir im Alltag sehr. Es ist schön, die Verantwortung für so einen tollen Hund tragen zu dürfen. Es ist eine wunderbare Aufgabe. Mit Watson kann ich viel Spaß haben und glücklich sein. Und ich kann mich bei ihm auch einmal ausweinen. Er baut mich auch nach unschönen Erlebnissen wieder auf. Seine Zuneigung und Freude helfen da wunderbar.

Ich lerne meinen Hund jeden Tag besser kennen. Wir sind ein Team und wachsen immer enger zusammen. Es warten stets neue Herausforderungen auf uns, die wir meistern. Es ist schön, zusammen Fortschritte zu machen. Man muss aber auch lernen, wie man zusammen mit Rückschlägen umgeht.

Es macht Spaß, Watson neue Dinge beizubringen. Neuerdings holt er mir beispielsweise meine Schuhe aus meinem Zimmer, das sich in der unteren Etage befindet. Das ist sehr praktisch, da ich meine Schuhe oft unten vergesse. Das fällt mir dann aber erst oben auf. Ich bin sehr froh, wenn mir Watson meine Schuhe apportiert, weil mir das Laufen auch bei kurzen Strecken sehr schwer fällt.

Ich freue mich riesig, dass ich so einen tollen und fröhlichen Hund bekommen habe. Ich habe mit Watson ein großes Glück. Es ist wirklich eine Freude zu sehen, wie viel Spaß Watson daran hat, mir zu helfen. Durch ihn macht alles viel mehr Spaß als vorher. Ich bin oft stundenlang mit meinem Hund draußen. Man vergisst dann einfach die Zeit. Ich kann es mir nicht mehr ohne ihn vorstellen. Ich hatte mir schon lange einen Hund gewünscht! Das Beste ist, dass ich den süßesten, liebsten und fröhlichsten Hund überhaupt habe. VITA ist für mich wie ein zweites

Zuhause und ich fühle mich sehr, sehr wohl dort. VITA ist wie eine große Familie und jeder ist für jeden da. Diese Erfahrung mache ich bei jedem Besuch bei VITA erneut. Das mag ich besonders. Bei VITA hilft jeder jedem – nicht nur, was die Hunde betrifft, sondern generell. Diese Erfahrung habe ich gemacht, als ich Probleme mit meinen Klassenkameraden hatte. Viele bei VITA haben mir einfach zugehört oder mich beraten.

Wir sind oftmals sehr viele Leute im Ausbildungszentrum, eine richtige Gemeinschaft. Der Zusammenhalt ist sehr groß. Wenn viele Menschen in Hümmerich sind, ist es immer lustig. Die ganze Atmosphäre ist toll. Es ist ganz besonders, wie Kinder, die das erste Mal Hümmerich besuchen, auf die Hunde reagieren. Sie lächeln automatisch und wollen die Hunde streicheln. Es macht Spaß, den Kindern Tipps zu geben und ihnen zu helfen.«

Warum zahlen die Krankenkassen nicht?

So hilfreich die VITA- Assistenzhunde für ihre Besitzer auch sind – Staat und Krankenkassen erkennen sie (anders als die Blindenführhunde) nicht als »Hilfsmittel«, wie es in der Behördensprache heißt, an. Ein Grund: die völlig ungeregelte Ausbildung der Begleithunde. Jeder, der sich berufen fühlt, kann zumindest auf dem Papier aus einem Hund einen »Behindertenbegleiter« machen. Wie die Hundetrainer sich ihr Wissen aneignen, ob durch Studium und eine fundierte Ausbildung, in ein paar Wochenendkursen oder durch Bücher, bleibt ihnen überlassen.

»Learning by doing« lautet leider allzu oft das Motto. Einige raten zu Welpen bestimmter Rassen und wählen sie sorgfältig aus, andere holen die Hunde aus dem Tierheim. Manchmal dauert die Ausbildung ein paar Wochen, manchmal zwei Jahre. In einigen Fällen bekommen Menschen mit Behinderung die Leine eines völlig fremden Hundes in die Hand gedrückt, in anderen ist die Zusammenführung eine hochkomplexe Angelegenheit. Für einige Vereine hat sich die Angelegenheit mit der Abgabe des Hundes erledigt, andere kümmern sich ein Hundeleben lang um die Teams.

Dass bei diesem Durcheinander auch schwarze Schafe zum Zuge kommen, die ohne Skrupel in den lukrativen Markt drängen, ist nicht verwunderlich.

Bislang hat der Gemeinsame Bundesausschuss von Ärzten, Zahnärzten, Psychotherapeuten, Krankenhäusern und Krankenkassen (G-BA) erst einmal über eine Therapieform entschieden, bei der Tiere involviert sind – und zwar Ende 2006 über die Hippotherapie, eine Form der Physiotherapie auf dem Pferd. Der G-BA lehnte es im Zuge dieses Verfahrens ab, die Hippotherapie in den Leistungskatalog der gesetzlichen Krankenversicherung aufzunehmen: »Aufgrund der mangelhaften inhaltlichen und methodischen Qualität der vorliegenden wissenschaftlichen Literatur ließ sich keine zuverlässige Aussage zur Wirksamkeit oder zum Nutzen der Hippotherapie aus den Studienergebnissen ableiten«, hieß es im Abschlussbericht des G-BA. Den 18 vorliegenden Untersuchungen bescheinigte der Ausschuss eine »unzureichende Studienplanung, -durchführung und -dokumentation«.

Tiergestützten Therapie mit Hunden im allgemeinen und die Arbeit von Assistenzhunden im speziellen wurden vom G-BA bislang noch nicht bewertet. Aber auch bei ihnen sind Einwände gegen die vorhandenen Studien zu erwarten. In den letzten Jahren wurden allerdings gezielt Forschungsvorhaben geplant und durchgeführt, deren Aufbau auch strengen wissenschaftlichen Kriterien standhält (zum Beispiel am Institut für Sonderpädagogische Entwicklungsförderung und Rehabiltation der Universität Rostock. Auch der neu gegründete Berufsverband tiergestützte Therapie und Pädagogik kann hoffentlich etwas bewegen.

Was ist was?

Hilfshunde, Partnerhunde, Alzheimerhunde, Servicehunde, Schulhunde, Behindertenbegleithunde, Signalhunde, Assistenzhunde, Therapiehunde, Besuchshunde – wer findet sich bei diesem Begriffswirrwarr noch zurecht? Es gibt 20 verschiedene Begriffe für die tiergestützte Therapie und 12 verschiedene Termini für den Einsatz von Hunden als Helfer. Das Problem: Keine dieser Bezeichnungen ist genau definiert oder gar gesetzlich geschützt, es fehlt ein konzeptioneller Rahmen, und die Ausbildung von Hunden, Hundeführern und Trainern ist völlig ungeregelt. Wie der jeweilige Ausbilder arbeitet, bleibt komplett ihm überlassen. Aber nur wenn man klar beschreiben kann, mit welchem Ziel, bei welcher Aktivität, welcher Methode und zu welchem Zeitpunkt ein Hund als Helfer eingesetzt wird, sind Erfolge überprüfbar, kann sich Professionalität entwickeln.

In den USA hat man dieses Problem schon vor vielen Jahren erkannt. Dort wurde der therapeutische Einsatz von Tieren bereits 1977 von der Delta Society definiert, der weltweit größten Organisation, die sich mit Tieren als Helfer beschäftigt.

Auch in Deutschland setzt sich allmählich eine Kategorisierung durch, in der Praxis sind die Grenzen aber fließend.

Da gibt es zum einen jene Hundebesitzer, die sich voll guten Willens und meist ehrenamtlich auf dem weiten Feld der »**tiergestützten Aktivität**« (TGA) betätigen: Sozial engagierte Menschen, die mit ihren **Besuchshunden** Freude ins Leben von beispielsweise alten oder kranken Menschen bringen wollen.

Bei der »**Tiergestützten Therapie**« (TGT) sind es entsprechend ausgebildete Fachleute, die – so sollte es zumindest sein – professionell und mit genau definierten Zielsetzungen an die Sache herangehen: Mediziner nutzen die Hilfe von **Therapiehunden** bei Koma-Patienten, Psychologen arbeiten mit vierbeinigen Co-Therapeuten im Jugendstrafvollzug und »knacken« hartgesottene Mehrfachtäter, Logopäden erreichen ihre sprachgestörten Patienten mit tierischer Unterstützung auf einer ganz anderen Bewusstseinsebene, Pädagogen sorgen mit Schulhunden für ein angenehmeres Klassenklima.

Eine weitere Gruppe helfender Hunde sind die **Assistenzhunde**. Während **Therapiehunde**, »geführt« von einer dritten Person, als sogenannte Co-Therapeuten durch ihre reine Anwesenheit »wirken«, werden Assistenzhunde ganz gezielt für einen speziellen, körperlich behinderten Menschen ausgebildet, um bestimmte Tätigkeiten für ihn zu übernehmen und seine Lebensqualität zu erhöhen. Der bekannteste Vertreter ist der Blindenführhund.

Leider hat sich in den letzten Jahren in Deutschland neben vielen beispielhaften Initiativen auch ein Besuchs- und Therapiehund-Unwesen entwickelt. Immer mehr Menschen sehen Hunde als »Wundermittel« an, und jede Aktivität mit Vierbeinern wird als »Therapie« verkauft. Zahlreiche »schwarze Schafe« haben ihre Chancen auf diesem lukrativen Markt entdeckt. Geschäftemacher, die ohne jede therapeutische Vorbildung saftige Honorare kassieren – für Hundestunden im Kindergarten zum Beispiel, zur »Prophylaxe gegen psychische Erkrankungen« oder für »tiergestützte Behandlung bei ADHS«. Unseriöse Züchter werben mit einer »Therapiehund-Zucht«, Selfmade-Hundeausbilder versprechen das Blaue vom Himmel und bleiben jeden Nachweis ihrer Qualifikation schuldig. Selbsternannte »Therapie«- oder »Schulhundbesitzer« folgen dem modischen Trend und verbreiten manchmal – ohne Ausbildung, ohne medizinische Kenntnisse und ohne kynologisches Wissen – mehr Unheil als Nutzen. Und sie schaden, ohne es zu wissen, auch ihrem Tier, weil sie oft seine Stress-Signale nicht erkennen.

Die Unübersichtlichkeit der Szene ist ein Argument für Krankenkassen, die außer Blindenführhunden keine tierischen Therapeuten als »Hilfsmittel« anerkennen.

Tatsächlich heißt es in diesem Metier leider allzu oft »Learning by doing«, sagt auch Tatjana Kreidler, »bei dem ganzen Durcheinander kann das aber auch gründlich schief gehen, wie viele Beispiele zeigen, die an uns herangetragen werden. Da bekommen Eltern von Kindern mit Behinderung Hunde angeboten, die sie nur vom Foto kennen. Die

Übergabe des Hundes an die Familie soll nach einem zweiwöchigen Crashkurs stattfinden, was in meinen Augen absolut unqualifiziert ist.

Ein weiteres Beispiel ist die Email eines verzweifelten Vaters, der uns um Hilfe bat. Die Eltern hatten für ihr Kind mit Handicap einen 15.000 Euro teuren, angeblichen ›Assistenzhund‹ erworben, der aber absolut ungehorsam sei und sich überhaupt nicht für das Kind interessiere. Der sogenannte ›Ausbilder‹ hatte der Familie mehr oder weniger die Leine in die Hand gedrückt und fühlte sich für die Probleme nicht mehr zuständig.

Und noch ein Fall: Einer Frau mit Behinderung wurde ein Tier angeboten, an dem der Vorbesitzer – ebenfalls ein Rollifahrer – das Interesse verloren hatte. Der Hund war traumatisiert, da der Mann ihn mit brennenden Zigaretten gequält hatte. Mit dem Statement, das Tier sei nun eben mal ängstlich und auch etwas schwierig, aber entweder sie wolle es nun oder es kämen andere Bewerber zum Zug, sollte sich die Frau entscheiden.

Solche unglaublichen Dinge kommen uns immer wieder zu Ohren und lassen uns ratlos zurück. Aus meiner Sicht ist es unabdingbar, dass sich tiergestützte Therapien und die Arbeit von Assistenzhunden an hohen Qualitätsstandards orientieren und die Einhaltung der Regularien regelmäßig durch einen Dachverband geprüft wird.

Alles andere ist sowohl den Hunden als auch den betroffenen Menschen nicht zuzumuten.

Um ein wenig Klarheit in die Diskussion zu bringen, sollen an dieser Stelle ein paar Begriffe geklärt werden:

Assistenzhunde

Ein Assistenzhund (oder Behinderten-Begleithund) ist ein Hund, der bestimmte Aufgaben für einen Menschen mit Behinderung übernimmt und ihm dabei hilft, seinen Alltag besser zu bewältigen. Dazu gehören die von VITA ausgebildeten Behindertenbegleithunde, die Blindenführhunde, Hunde für gehörlose Menschen und sogenannte »Anfallshunde«, die zum Beispiel Diabetiker vor einer drohenden Unterzuckerung warnen.

Jeder Assistenzhund ist gleichzeitig auch ein **Therapiehund**, hat aber ein wesentlich größeres Aufgabenspektrum und wird für eine ganz spezielle Person ausgebildet.

Auch bei Behinderten-Begleithunden ist die Qualität der Ausbildung sehr unterschiedlich. Im besten Fall werden die Hunde – so wie bei VITA – ganz speziell und personenbezogen für einen bestimmten Menschen mit körperlicher Behinderung geschult. Der Hund verhilft seinem menschlichen Partner dann auf vielfältige Weise zu mehr Lebensqualität, Unabhängigkeit und Selbstständigkeit. Er bringt Gegenstände auf Zuruf, öffnet Türen, Schubladen und Schränke, holt Hilfe, wenn es nötig ist, räumt Waschmaschinen leer oder hilft beim An- und Auskleiden. Gleichzeitig ist er Freund, Gefährte, Seelentröster und fördert als sozialer Mittler die Integration von Menschen mit Handicap in die Gesellschaft. Ein solcher Hund trägt nachweislich zu Verringerung von Pflege-, Heil- und Therapiekosten bei und zur Steigerung der Lebensqualität der Betroffenen.

Bei der Entwicklung von Kindern und Jugendlichen mit Handicap kann ein solcher Hund eine besondere Rolle spielen. Er vermittelt Geborgenheit und emotionale Sicherheit. Er ist Partner und Spielkamerad und macht unabhängiger von den Eltern. Er tröstet und ist ein guter Zuhörer. Ein Hund akzeptiert »sein Menschenkind«, so wie es ist, egal welche körperlichen Probleme es hat. Er wird niemals werten, immer an der Seite seines kleinen Partners stehen und hingebungsvoll lieben, vorausgesetzt, er wird auch geliebt. Er hilft einem Kind, eigene Kompetenzen zu erlangen und zunehmend Verantwortung für sich und seinen vierbeinigen Begleiter zu übernehmen. Er fördert die Entwicklung des sozialen Verhaltens und unterstützt die soziale Integration seines jungen Menschen.

Blindenführhunde sind speziell ausgebildete Assistenzhunde, die blinden oder hochgradig sehbehinderten Menschen Orientierung in vertrauter und fremder Umgebung geben und sie vor Gefahren schützen. Sie suchen für »ihren Menschen« nach Türen, Treppen, Zebrastreifen, Briefkästen, freien Plätzen im Bus, umgehen alle Arten von Hindernissen und führen ihn sicher von A nach B. Droht Gefahr, muss der Hund selbständig handeln und dazu in der Lage sein, einen Befehl ausnahmsweise zu verweigern. »Intelligenter Ungehorsam« wird dieses Problemlöseverhalten von Fachleuten genannt, das dem Hund ein hohes Maß an Eigeninitiative abverlangt. Ein gut ausgebildeter Blindenhund beherrscht über 40 Hörzeichen (zum Beispiel »suche Tür« oder »überquere Straße«), kann aber bei entsprechendem Training noch wesentlich mehr erlernen.

Signalhunde ersetzen schwerhörigen oder gehörlosen Menschen das Gehör und melden alle wichtigen Geräusche: von der Türglocke über Babyschreien, piepsende Waschmaschinen oder Wecker bis hin zum Martinshorn.

Epilepsiewarnhunde können einen epileptischen Anfall minutenlang zuvor erspüren und so den Epileptiker warnen. Der kann sich dann zum Beispiel hinlegen oder andere Maßnahmen treffen, um sich und andere während eines Anfalls nicht zu verletzen. Außerdem kann der Hund Hilfe holen, wenn sich sein Mensch nicht mehr selbst helfen kann.

Diabetikerwarnhunde übernehmen ähnliche Aufgaben, wenn sie ihre menschlichen Partner vor einer drohenden Unterzuckerung warnen. Anders als bei Epilepsiehunden, bei denen noch nicht genau geklärt ist, wie sie einen bevorstehenden Anfall erkennen, können Diabetikerwarnhunde den Geruch einer Unter- oder Überzuckerung in Atem und Schweiß ihres Besitzers riechen.

Alle diese hervorragend ausgebildeten Hunde haben eines gemeinsam: Sie werden auf ihre speziellen Aufgaben von Fachleuten vorbereitet und intensiv geschult, um danach an die betroffenen Menschen abgegeben zu werden. Assistenzhunde leben dann als Partner an der Seite des Hilfsbedürftigen und teilen ihr Leben mit ihm.

Therapiehunde (TGT)

Therapiehunde dagegen verbleiben als ausgebildete Hunde bei ihrem ebenfalls geschulten Besitzer, der als Mediziner, Psychologe, Pädagoge, Sozialarbeiter, Logopäde, Ergotherapeut oder Pflegekraft zusätzliche Qualifikationen mit einbringt. Die beiden bilden ein Team und können an unterschiedlichen Orten eingesetzt werden.

Therapiehunde-Teams werden in vielen Einrichtungen stundenweise zu therapeutischen Zwecken eingesetzt; sie arbeiten in Schulen, Kindergärten, Krankenhäusern, Alten- und Pflegeheimen, Behinderteneinrichtungen oder Arztpraxen und zeigen beim Umgang mit Demenzkranken, Jugendlichen aus schwierigen sozialen Verhältnissen, Suchtpatienten oder Inhaftierten neue Wege auf.

Sie können in sich zurückgezogene Kinder aus ihrer Isolation holen, Motorik und Sprachentwicklung fördern, Aggressionen abbauen, Emotionen hervorrufen, die Fähigkeit zur Empathie unterstützen und das Verantwortungs- und Gemeinschaftsgefühl stärken

In den angelsächsischen Ländern hat diese Form der Therapie insbesondere bei Kindern und älteren Menschen bereits eine lange Tradition.

Hunde für demenziell erkrankte Menschen sind speziell ausgebildete Hunde, die in Senioreneinrichtungen zum Einsatz kommen. Wenn sich demenziell erkrankte Menschen in ihre eigene Welt zurückziehen, zu der Pflegekräfte und Angehörige kaum Zugang finden, können solche Tiere Vermittler sein. Hunde äußern ihre Zuneigung ganz direkt – durch Schwanzwedeln, Anstupsen oder Anschmiegen. Sie reagieren auf Gesten, Augenkontakt und andere nonverbale Signale und erfassen Stimmungen und Gefühle intuitiv. Die Verständigung zwischen Mensch und Tier erfolgt auf einer tiefen emotionalen Ebene, die von der Krankheit nicht betroffen ist.

Oftmals löst der vierbeinige Therapeut bei demenziell Erkrankten den Wunsch nach Fürsorge und Pflege aus. Ein Bedürfnis, das tief im Gedächtnis verankert ist. Die Erfahrung, gebraucht zu werden, wichtig zu sein und eine sinnvolle Aufgabe zu haben, stärkt das Selbstwertgefühl der Betroffenen und ermuntert sie zur Aktivität.

Ein Hund weckt Erinnerungen und knüpft ein Band zur Wirklichkeit. Damit kann er zum Anker werden in einer Welt, die immer fremder wird. Auch für das Pflegepersonal und die Angehörigen öffnet er Türen. Gemeinsames Beobachten, Streicheln, Gespräche mit oder über das Tier verbinden und sorgen für eine heitere, entspannte Atmosphäre.

Sozial- oder Besuchshunde (TGA)

Diese Hunde sind von Natur aus menschenfreundlich und wesensfest und haben einen ruhigen, ausgeglichenen Charakter. Sie werden von ihren Besitzern geführt, sind jedoch nicht an einer gezielten Behandlung beteiligt, lassen sich aber gerne anfassen und streicheln. Und das genau ist auch ihre Aufgabe in Schulen, Kindergärten oder Seniorenheimen: schmusen, kuscheln, mit Kindern spielen, sich zu bettlägerigen Patienten legen, Menschen zuhören, sie aufheitern, von ihren Sorgen ablenken und einfach nur »da sein«. Anders als in den USA müssen Besuchshundbesitzer in Deutschland keine spezifische Ausbildung vorweisen. Viele besuchen auf freiwilliger Basis Kurse, in denen sie den kompetenten Umgang mit den unterschiedlichsten Situationen erlernen, die in Altenheimen, Krankenhäusern oder Schulen anzutreffen sind. Der Hund wird in Sachen Grundgehorsam trainiert und mit lauten Geräuschen oder ungewohnten Gerätschaften (Rollstuhl, Rollator usw.) konfrontiert. Extremsituationen lassen sich aber meistens nicht vorhersagen und auch schlecht üben, was im Ernstfall zu Problemen führen kann.

Die Geschichte von Jakob & Watson

Jakobs Eltern berichten: Jakob stand kurz vor seinem 15. Geburtstag, als »Dr. Watson«, ein großer schwarzer Labrador, zu ihm kam.

Die Vorgeschichte

Wir haben uns im Vorfeld lange und gründlich mit der Frage beschäftigt, ob ein Assistenzhund das Richtige für unsere Familie ist. Die beiden Geschwister würden sich zurückhalten müssen, denn die engste

Bindung sollte der Hund ja zu Jakob haben. Nach vielen Gesprächen, gründlichen Recherchen und Besuchen bei einem anderen VITA-Teams waren wir schließlich sicher: Wir werden uns um einen vierbeinigen Gefährten für Jakob bemühen. Heute ist sich die ganze Familie einig: Die Entscheidung war absolut richtig.

Als wir damals Kontakt aufnahmen, zu Tatjana Kreidler und Dr. Ariane Volpert, waren wir sofort beeindruckt von der Herzlichkeit, dem enormen Engagement für Kinder und Hunde und von der großen Sorgfalt, mit der die beiden arbeiten – hoch professionell und zugleich sehr den Menschen zugewandt. Sie wissen genau, was sie tun und zeigen einen unglaublichen und äußerst zeitintensiven Einsatz für ihre Vision. Bei mehreren Terminen und Besuchen bei uns zuhause loteten Ariane und Tatjana aus, ob sich ein Begleithund bei uns wohlfühlen kann. Schon beim ersten Kontakt zeigte Watson Interesse an Jakob – ja, man könnte sogar sagen, dass sich dieser große, temperamentvolle Hund mit dem samtigen, schwarz glänzenden Fell unseren Jakob ausgesucht hat – und der war auch gleich begeistert von ihm.

Die Zusammenführung

Endlich war es soweit, Jakob wartete schon sehnsüchtig auf den großen Tag. Ariane Volpert übernahm die Zusammenführung – sie hat Watson auch großgezogen und ausgebildet.

Zu seiner großen Freude durfte Jakob schon ein paar Tage vor der Zeugnisvergabe ins Ausbildungszentrum nach Hümmerich reisen, wo er dann die folgenden sieben Wochen verbrachte. Auch wir Eltern waren abwechselnd vor Ort. In dieser Zeit lernten wir alle viel über Hunde, Hundepflege, das richtige Führen und Leiten der Tiere und über den Umgang mit ihnen. Schritt für Schritt wurde Jakob in dieser Zeit an Watson herangeführt und die Beziehung zwischen den beiden wuchs. Das persönliche Engagement von Dr. Ariane Volpert und Tatjana Kreidler war ungeheuer groß.

Jakob musste sehr viel lernen, vor allem Geduld, denn ein Übergabetermin stand nicht fest. Alles hing von dem Verhältnis der beiden zueinander ab. Es war ein Auf und ein Ab, weil klar wurde, wie groß die Herausforderung für Jakob war. Endlich, Ende September, war es soweit. Dr. Ariane Volpert brachte Watson zu uns nachhause, zuerst für kurze Zeit, dann immer länger, bis er sich eingewöhnt hatte und blieb.

Die Wirkungen

Wenn wir auf das letzte dreiviertel Jahr zurückblicken, so steht fest: Jakob ist glücklicher, entspannter und ausgefüllter. Auf seinen treuen Begleiter Watson kann er sich blind verlassen.

Es hat sich viel bei ihm verändert: Jakob, der das Haus zuvor nur selten verlassen hat, geht freudig bei jedem Wetter, bei Nässe und Regen, Schnee und Kälte, mit Watson hinaus. Seither ist er nicht mehr erkältet. Den Rollstuhl bewegt er alleine und lässt sich nicht mehr schieben. Seine Muskeln im Oberkörper zeigen es.

Doch entscheidender sind die Veränderungen im Innern: Jakob übernimmt bereitwillig ein wachsendes Maß an Verantwortung für sich und für andere, zeigt Konsequenz, Verlässlichkeit und Fürsorge, indem er sich zum Beispiel um Futter und Pflege kümmert. Er wird gebraucht und achtet stets darauf, dass es Watson gut geht und dass sein Hund alles hat, was er benötigt. Wir Eltern bleiben im Hintergrund. Mit großer Selbstverständlichkeit unternimmt Jakob mit Watson mehrmals am Tag Ausflüge in Feld und Flur. Watson hat die erste Priorität.

Mit Watson wuchsen seine Selbständigkeit und sein Mut. Watson gibt ihm außerhalb des Hauses – gerade auch im Gewühl der Großstadt – die Sicherheit, die er als Rollstuhlfahrer in erhöhtem Maße benötigt. Ausflüge ins Feld, allein mit Hund und Rollstuhl, sind heute auch in der Dämmerung ganz normal und führen zu vielen neuen Kontakten.

Watson reflektiert Jakobs Stimmungen. Weil der Hund so überaus sensibel reagiert, überprüft Jakob auch sein eigenes Verhalten. Selbstdisziplin und soziale Kompetenz werden geschult.

Die Tage sind immer bis zum Rand ausgefüllt; es gibt keinen Leerlauf. Wenn Jakob Probleme bewältigen muss, ist Watson ein guter und sicherer Ausgleich. Die beiden wachsen ganz selbstverständlich zusammen.

Watson ist immer bei ihm. Verlässt Jakob den Raum, folgt ihm Watson auf dem Fuße.

Das Training

Die Dummyarbeit ist für die beiden mittlerweile zu einem echten Hobby geworden. Entscheidend dabei ist, wie gut die beiden Teampartner harmonieren, wie sehr sie aufeinander achten und wie geschickt Jakob Watson lenken kann. Gelassenheit muss aufgebracht, Loben gelernt und Konsequenz geübt werden. Im Training lernt Jakob, mit Frustrationen umzugehen und Geduld mit sich und Watson zu haben. Im Mai nahmen Jakob und Watson an ihrem ersten Working Test teil und schlossen in der Schnupperklasse mit »sehr gut« ab. Ein toller Erfolg!

Das VITA-Netz(werk)

Etwas äußerst Positives, das wir bei dem »Projekt VITA« zunächst gar nicht bedacht hatten, ist der so schöne Umstand, dass Hümmerich für Jakob auch sozial sehr wichtig geworden ist. Die familiäre Atmosphäre, der Austausch mit anderen Rollstuhlfahrern und den VITA-Mitarbeitern ist eine Bereicherung für ihn. In älteren Jugendlichen und jüngeren Erwachsenen kann er Vorbilder für ein erfülltes Leben als Rollstuhlfahrer finden.

Der Tagesablauf in Hümmerich ist geregelt und diszipliniert, was die Arbeit mit den Hunden betrifft, zugleich aber auch entspannt und fröhlich. Für Jakob war die Tatsache, dass er regelmäßig alleine, ohne Unterstützung durch uns Eltern, im Ausbildungszentrum ist, ein neuer Schritt in eine starke Gemeinschaft. Er verhilft ihm in der Pubertät zu dem so wichtigen Abstand zur eigenen Familie, der für einen Rollstuhlfahrer oft nur schwer zu erreichen ist.

Der Umstand, dass bei der Ausbildung der Begleithunde allein auf positive Verstärkung gesetzt wird, macht sich auch im Umgang der Menschen miteinander bemerkbar.

»Ja! Prima! Das hast Du gut gemacht« – das ist wahrscheinlich der Satz, der am häufigsten in Hümmerich ausgesprochen wird – mit hellen

Kinderstimmen aus dem Elektro-Rolli, den tiefer werdenden Stimmen der heranwachsenden Jugendlichen und den Erwachsenen, die zu ihrem Hund sprechen.

Wir sind sehr dankbar für VITAs Arbeit!

Bilanz und Ausblick

Beim Rückblick auf die letzten zwölf Jahre fällt es mir nicht leicht, ein Resümee zu ziehen. So viel ist in dieser Zeit passiert, zu widersprüchlich sind manche Gedanken und Emotionen, die sich mit VITA verbinden.

Da sind auf der einen Seite diese wundervollen Hunde, deren Ausbildung mir so viel Freude bereitet, die immer wieder für Überraschungen sorgen und im Mittelpunkt meines turbulenten Lebens stehen. Und die Bewerber: jeder mit seiner eigenen Geschichte, seinen ganz persönlichen Schwierigkeiten, Hoffnungen, Erwartungen und Vorstellungen. Welcher Hund könnte passen, was können wir erreichen, welche Ziele sollen wir anstreben und welchen Weg gemeinsam gehen? Die Zusammenführungen, die immer sehr berühren, aber auch Kraft kosten und allen Beteiligten viel abverlangen. Am »Ende« die überglücklichen Teams, neue Lebenswege, eine neue Lebensqualität.

Bei jedem Hund, der in die Ausbildung kommt, und bei jedem neuen Team lerne ich hinzu – welch große Bereicherung! Zutiefst befriedigend und zugleich äußerst motivierend. Das Lachen in Hümmerich, dem Landschulheim, wie Ariane zu sagen pflegt. Die Atmosphäre, das Miteinander und Füreinander, das ist so besonders und kostbar. Das Engagement der Paten, der Helfer und der aktiven Mitglieder. Wir arbeiten oft unter großem Zeitdruck Hand in Hand, und sie alle sind sofort dabei, zuverlässig und unermüdlich, wenn es Engpässe gibt, wenn es darum geht, den Team-Qualifikationstest zu organisieren, Events auf die Beine zu stellen oder den Teams beizustehen.

Da ist aber auch der Druck, der mir manchmal die Luft zum Atmen nimmt und die Sicht verstellt auf all das Schöne. Die weitreichenden Entscheidungen und vor allem die Verantwortung: für das Herzstück des Vereins (Hunde und Menschen), die Administration und Organisation, das Fundraising, das Sponsoring, die PR und jetzt, seit Kurzem, auch für die Mitarbeiter. VITA wächst stetig, und das ist phantastisch – aber es kann auch sehr belastend sein. Denn die Zeit reicht nie, immer bleiben Dinge auf der Strecke und oft kommt alles zusammen: organisatorische Probleme, finanzielle Engpässe, administrative Schwierigkeiten, Events, Zusammenführungen, Meetings, Nachbetreuungen und all die Erwartungen, die damit verbunden sind. Das lässt mich manchmal buchstäblich in die Knie gehen.

Es gab immer wieder Punkte in diesen zwölf Jahren, an denen ich ans Aufgeben dachte. Zum einen, weil 365 Arbeitstage im Jahr auf Dauer zu viel sind, und zum anderen, weil mich die ständige finanzielle Unsicherheit zermürbte. Doch es sind stets die Hunde, die mich wieder erden, die Menschen, die sich für VITA engagieren, und vor allem die Teams, die mir klar machen: Diese Arbeit ist sinnvoll und wichtig. Sie machen mir Mut und geben mir die Kraft zum Weitermachen.

Oft stelle ich mir die Frage, ob meine Einstellung zu Hunden und meine Methoden nicht zu kompromisslos sind. Das VITA-Konzept ist ungeheuer komplex, zeitaufwendig und dadurch auch kostenintensiv; die Ansprüche, die wir an die Bewerber und an uns selbst stellen, sind sehr hoch.

Sollten wir sie nicht ein wenig herunterschrauben, an der einen oder anderen Stelle ein paar Abstriche machen, ein bisschen mehr »Gas geben« bei der Ausbildung der Hunde, öfter mal »Nein« sagen, und »komplizierte Fälle« aussortieren? Warum immer dieses Gerede von Qualität, die ohnehin nicht messbar ist?

Meine Antwort darauf fällt immer ziemlich knapp aus: Ich arbeite so, weil es für mich anders nicht geht. Punkt. Ich würde sonst gegen meine inneren Überzeugungen handeln. Auf Quantität statt auf Qualität zu setzen, wäre für mich gleichbedeutend mit einem Verrat an den Hunden.

Auch deshalb haben wir dieses Buch geschrieben. Um den Lesern einen Blick hinter die Kulissen zu ermöglichen, um aufzuzeigen, wie viel Zeit, Mühe, Wissen, Einfühlungsvermögen, Fingerspitzengefühl, Geduld und Herzblut dahinter steckt, wenn ein VITA-Hund so leicht-füßig, gut gelaunt und aufmerksam neben »seinem« Rollikind hertrabt, wenn sich die beiden mit Blicken verständigen und dabei für eine Mil-lisekunde die Welt vergessen.

Es waren viele Monate harter Arbeit – für jede einzelne Hundeper-sönlichkeit, für jeden Rollifahrer mit seinem individuellen Schicksal, für seine Familie, für meine Mitarbeiter und für mich. Doch jede ein-zelne Minute war nötig und hat sich gelohnt. Wenn sich das beim Lesen des Buches erschließt, dann hat sich sein Zweck erfüllt.

Und noch eine Botschaft liegt mir am Herzen – sie ist in diesem Buch immer und immer wieder Thema: Wer sich entschließt, sein Le-ben mit einem Hund (oder einem anderen Tier) zu teilen, muss sich der Verantwortung bewusst sein, die er damit auf sich nimmt, und der Konsequenzen, die dieser Schritt hat.

Ein Hund ist ein weiteres Familienmitglied und verlangt »seinen« Menschen« viel ab. Sie müssen nicht nur Zeit aufbringen und bei jedem Wetter mit ihm spazieren gehen, sondern ihn auch seinem Wesen ent-sprechend auslasten, ihn lieben, versorgen und pflegen. Vor allem müs-sen sie lernen, ihn zu verstehen. Es gilt, die Balance zwischen Geben und Nehmen zu halten. Und wenn ein Tier für mich »arbeitet«, wie es die Assistenzhunde tun, muss ich noch mehr in die Waagschale werfen, damit seine Bedürfnisse erfüllt werden und er einen Ausgleich hat.

Für mich sind Respekt und Wertschätzung Schlüsselbegriffe, die für jedes Lebewesen gelten. Ich bin oft entsetzt, wenn ich höre, was Menschen mit Behinderung über sich ergehen lassen müssen an Vor-urteilen, Despektierlichkeiten und Ausgrenzung. In Hümmerich wird jeder mit offenen Armen in die Gemeinschaft aufgenommen und mit all seinen Stärken und Schwächen geschätzt, gefördert und auch gefordert, ob er nun im Rollstuhl sitzt oder nicht. Es ist schön, dass viele Teams nach der Zusammenführung gern ins Ausbildungszentrum zurückkehren, um aufzutanken und dort eine gute Zeit haben. Ich hoffe, mit VITA ein Stück dazu beitragen zu können, dass diese Menschen mit ihren Hunden gestärkt und mit vielen positiven Erlebnissen im Gepäck in ihren Alltag zurückkehren. Denn das haben sie mehr als verdient.

Heute, im Juli 2012, steht Ariane und mir ein tolles Team zur Seite. Ohne sie, die vielen helfenden Hände von Ehrenamtlern und aktiven Mitgliedern und immerhin fünf festen Mitarbeitern ginge nichts, aber auch gar nichts. Hinzu kommen jene, die uns bei einzelnen Projekten so toll unterstützen.

Bis heute hat VITA über 30 Teams ausgebildet, die ein Hundeleben lang weiter betreut werden. 15 davon sind Kinderteams. Bundesweit warten weit über 100 Bewerber auf einen VITA-Assistenzhund. Die berührenden und beeindruckenden Rückmeldungen und die nachweislichen Therapieerfolge sind immer wieder Motivation für die Mitarbeiter und eine Bestätigung des VITA-Konzeptes.

Jetzt gilt es, die Zukunft anzupacken: Die Pläne für das neue Ausbildungszentrum sind fertig, die Suche nach einem geeigneten Grundstück läuft. Irgendwo im Umfeld von Frankfurt oder Wiesbaden soll das neue Zentrum entstehen, mit der nötigen Nähe zur Natur, aber doch in zentraler Lage. In der Aufbauphase bot das »Landleben« im Westerwald viele Vorteile. Mittlerweile erweist sich die Entfernung zum Rhein-Main-Gebiet, in dem ein Großteil der Helfer und viele ehrenamtliche Unterstützer wohnen, aber als großes Hindernis für Organisation, Kommunikation und die regelmäßigen Meetings.

Mit dem Bau des neuen Kompetenzzentrums wollen wir die Voraussetzungen dafür schaffen, die Ausbildung der Hunde auf mehr Schultern zu verteilen, die Anzahl der Teams in den nächsten Jahren

kontinuierlich zu steigern und die Arbeit mit den vierbeinigen Therapeuten weiterzuentwickeln. Geplant sind zum Beispiel Therapiehunde
für Kinder mit geistiger Entwicklungsverzögerung und autistische Kinder oder auch Aufenthalte von Familien zur therapeutischen Kommunikation mit und über den Hund.

Ein kühner Plan, doch keine Utopie. Denn wir dürfen auf weitere
Unterstützung hoffen und blicken voll Zuversicht nach vorn.

Ich fühle mich gewappnet: Das Fundament, auf dem VITA steht,
trägt. Die Arbeit an diesem Buch und der Rückblick auf zwölf Jahre
VITA haben mich in diesem Wissen bestärkt.

Und so stellen wir uns den Herausforderungen, die die Zukunft für
uns bereithält. Im Bewusstsein der Verantwortung, die wir tragen, und
stets kritisch hinterfragend – aber gleichzeitig beherzt und voll Freude.

Danksagung

Dank zunächst an alle, die mich bei der Entstehung dieses Buches unterstützt haben.

Da ist zuerst meine Mutter. Wir, die beiden Autorinnen, haben viele Tage und Nächte in ihrem Haus verbracht und über dem Manuskript gebrütet. In all dieser Zeit hat sie uns liebevoll bekocht, unauffällig verwöhnt und nebenbei auch noch das ganze Hunderudel versorgt.

Bedanken möchte ich mich von ganzem Herzen bei Uli Eichin, die so viel Geduld mit mir hatte beim Schreiben dieses Buches. Uli mit ihrem einfühlsamen, spannenden und humorvollen Stil, der sich so flüssig liest. Stundenlange Gespräche, mitternächtliche Telefonkonferenzen, ein steter Informationsaustausch, Berge von Unterlagen, die es zu Sichten galt, und leidenschaftliche Diskussionen: Ist dies oder jenes fachlich richtig ausgedrückt, wäre es nicht besser, den »wuscheligen« wahlweise »freundlichen« Therapiehund einfach nur »Therapiehund« sein zu lassen, und warum darf beim Umgang mit einem fiependen Welpen im Buch nicht stehen »Sie beruhigte ihn und versprach sanft, dass alles gut wird.« (Das klingt zwar einfühlsam, wäre aber eine Bestätigung seiner Ängste). Wir hatten viel Spaß, tolle Gespräche und konstruktive Debatten. Ich danke Dir für Deine Geduld und Dein Engagement, das weit über das Schreiben des Buches hinausgeht. Aus der ersten Begegnung während eines Drehs im Jahr 2005 ist eine tiefe, ehrliche Freundschaft geworden.

Ohne ihn wäre das Buch vermutlich nicht zustande gekommen: Elmar Klupsch, Buchagent. 2008 kam er auf mich zu, überzeugte mich von diesem Gedanken, schob meine Einwände und Zweifel zur Seite und coachte uns mit bemerkenswertem Durchhaltevermögen bis zum Vertragsabschluss.

Dank auch an Angela Beck, unsere Lektorin, für die nette Zusammenarbeit, die hilfreichen Anregungen und vor allem für ihre Geduld.

Dank an Dich Nina, dass Du Dich in diesem Buch so sehr eingebracht hast. Die Gespräche, die sich zwischen uns ergaben, als unsere »Geschichten« zu Papier gebracht waren, haben es mir ermöglicht, manche Dinge aus ganz anderer Perspektive zu betrachten.

Auch Dir Kim, vielen Dank für Deine einfühlsamen Worte über Mighty und mich. Niemand hätte Mighty und meine Beziehung zu ihr treffender beschreiben können. Das denke ich jedes Mal, wenn ich Deine Zeilen lese.

Danke an Dunja, die sich trotz ihrer vielen Arbeit die Zeit genommen hat, ein einfühlsames Vorwort zu schreiben. Vor allem aber Danke, dass Du Dich für VITA so sehr engagierst.

Danke an Malcolm und Lynn Stringer, die sich, allen Sprachbarrieren zum Trotz, durch das Manuskript gearbeitet haben und nützliche Anregungen sowie ein beeindruckendes Vorwort beisteuerten.

Danke an Dr. Andrea Beetz für ihre kritischen Anmerkungen zum Theorie-Kapitel. Nicht zu vergessen Angelika Evans; auch sie hat Teile des Buches gelesen und gab uns etliche gute Tipps. Ebenso Günter Schenk, Kommaspezialist und Satzkünstler mit dem für seine Verhältnisse enthusiastischen Fazit: »Liest sich ganz gut«. Und schließlich Michael Eichin für seine mitternächtlichen Ratschläge bei Schreibblockaden.

Last but not least ein herzliches Dankschön an Martin Rütter und sein Team, für die ehrliche und wertschätzende Unterstützung sowie das unglaubliche Engagement.

Wertschätzung und Respekt haben in meinem Leben einen hohen Stellenwert, auch wenn ich das als introvertierter Mensch nicht immer so deutlich und überschwenglich zeigen kann. Es ist mir daher eine Herzensangelegenheit, mich an dieser Stelle bei all jenen zu bedanken, die mich seit vielen Jahren begleiten, mir ihr Vertrauen schenken und mich unterstützen, auf ihre ganz individuelle, persönliche und eigene Art.

An erster Stelle Du, Ariane: Ohne diese Frau wäre VITA ein ganzes Stück ärmer. Sie engagiert sich mit so viel Ausdauer, Zeit und Fachlichkeit, dass es mir ein Rätsel ist, wie sie das alles neben ihrer Praxis bewerkstelligt. Fakt ist, dass sie längst Teil des Vereins geworden ist und der Verein ein Stück von ihr: Ariane Volpert. Dir haben VITA und auch ich unendlich viel zu verdanken. Obwohl wir so verschieden sind, oder vielleicht gerade deshalb, ergänzen wir uns perfekt. Ich schätze Deine Geduld, Deinen Rat, Deine Freundschaft, Deine Strukturiertheit, Deine ständige Bereitschaft einzuspringen, wenn es brennt, Dein profundes tierärztliches Können, die umsichtige Betreuung der VITA-Hunde und die unzähligen großen und kleinen Opfer, die Du Tag für Tag bringst, beim Spagat zwischen Hümmerich und Bad Soden.

Danke an die Teams und ihre Familien für ihr Vertrauen und ihre Unterstützung: Thomas & Fay & Charly, Paul & Quincy, Pauline & Eve, Moses & Jule, Thorsten & Louis, Annette & Lenny, Hans & Cara, Silja & Camie, Esther & Stanley, Sabrina & Lotte, Janis & Vincent, Robin & Vitus, Jochen & Valentin, Silke & Jack, Tobias & Jonas, Kim & Birdie, Levin & Ashley, Frieda & Fellow, Miriam & Lotte, Can & Mr. Winter, Konstantin & Caspar, Dominique & Miss Sophie, Christian & Keck, Janina & Jessie, Jean-Luc & Yellow, Johanna & Homer, Jenson & Doreen, Jakob & Watson, Andrea & Jay, Robin & Connor.

Danke an die Züchter, von denen wir ganz wunderbare Hunde bekommen haben.

Danke an die Paten für ihr Engagement, ihre Zeit und die aufopfernde Betreuung der jungen Hunde: Pia Buchholz, Siegrid Boomgaarden, Cindy Cope, Marina Dahinten, Gabriele Dannemann, Angelika Evans, Dr. Doris Grabbe, Vesna Gutacker, Willi Hartel, Monika von Horstig, Constanze Jeske, Regina Jung, Ulrike Mittelbach, Linda Pastor Moreno, Dieter Protzmann, Dr. Hans Rachelsberger, Uli Reimann, Sabine Schäfer, Wolfgang Schneider, Marcia Solar, Martina Toyka, Anne Wittmann, Thomas Zinkand.

Danke an den Vorstand für eure viele Zeit, Geduld, »Kampfgeist«, die »spritzige« Zusammenarbeit und die konstruktiven Diskussionen: Marco Geck, Thomas Riehl, Dr. Ariane Volpert.

Danke an die aktiven Mitglieder, ohne die es VITA e. V. nicht geben würde: Bruno und Sybille Baumgarten, Ursula Bromm, Marina und Achim Dahinten, Oliver und Dr. Bini Engels, Inge Farber, Alex Göbel, Dr. Georg Mittelbach, Dr. Maria Wolfgruber, Ulrike Reimann, Silke Schönfleisch-Backofen, Marcia Solar, Gisela Pushmann, Peter Steiner, Dagmar Spill, Rainer und Rosi Sprenger, Bertram Prinz.

Danke an »mein« Team, das für VITA mehr tut als »nur« seine Arbeit, das sich überall mit Herz und Verstand und großem Engagement einbringt: Simone Beckert, Valerie Ficke, Dominique Kogut, Till Mootz, Linda Pastor-Moreno, Sandra Venohr, Heike Wesemann.

Danke an alle Fördermitglieder, Spender und Sponsoren für ihre so wertvolle Unterstützung. Stellvertretend seien jene aufgeführt, die uns schon lange Jahre kontinuierlich zur Seite stehen:

Stiftungen: Bild hilft e. V. – »Ein Herz für Kinder«, Hardtberg Stiftung, Metzler Stiftung, Stiftung der Tierärztliche Hochschule Hannover.

Spender: Rotary Clubs: Mühlacker/Enzkreis Usingen; Isny, Inner Wheel Club Bad Homburg, Leo Clubs, Lions Clubs: alte Oper, Römer Frankfurt; Untertaunus, drei Lilien Wiesbaden, Olpe Kurköln, Schlossgarten – Elisabeth Eversfield

Sponsoren: AWCT, Bembel-Agentur für Reklame, BMW Schäfer, Film Deluxe, FrontShop, Gelavet, Hakle, Humanis-Verlag für Gesundheit GmbH, Hund–unterwegs, Immo Herbst, MGS Gesellschaft mbH, oh22 data, Otto Bock, Priewe GmbH, Purina PRO PLAN, Talent x change, Schleuse 51, RehaKind, Poochy.

Danke an die Botschafter und diejenigen, die eine Schirmherrschaft für VITA übernommen, haben für ihr Vertrauen, ihr Engagement und ihre Zeit: Bernie Blanks, Elisabeth Eversfield, Dunja Hayali, Dr. Ursula von der Leyen, Nele Neuhaus, Wiesbadener Reit-und Fahrclub, Martin Rütter.

Danke all jenen, die »Grundsteine« gelegt und mir den Start ermöglicht haben: Dres. Konrad und Christine Blendinger, Tierarztpraxis Hofheim-Wallau, Christiane Eckelmann-Rathke, Helene Leimer, Christa Lindemann, Perdita Lübbe-Scheuermann, Henny Marcussen, Petra Klemba, Ingrid und Wolfgang König, Claudia Scharper, Cornelia Weiler-Wuttke, Dagmar Winter, Dick Lane, Helen McCain, Ian Young, Wolfgang Zoffel.

Danke an jene, die mir in Hümmerich zur Seite stehen, gute Feen, helfende Hände, hilfsbereite Nachbarn, hervorragende Handwerker und jene, die Gelände bereitstellen: Horst & Angelika Bodzian, Peter Brodesser, Thomas Dreher, Regina & Bernd Pfeiffer, Paul Pützfeld, Stefan Schneiderhan, Dr. Horst Springer, Siggi Väth.

Meinen Kursteilnehmer herzlichen Dank für ihr Interesse und auch die Geduld, wenn sich durch die Vereinsarbeit hin und wieder Kurse verschieben oder ausfallen.

Dank jenen Menschen, die VITA auf fantastische Weise in unterschiedlicher Form unterstützen oder nachhaltig unterstützt haben:

- Waldemar Allmeier, ÖRC Vorstand und Team, für die regelmäßige Organisation und Durchführung der tollen Trainingstage in Tirol.
- Vera Bauer für die kontinuierliche Hilfe.
- Manuela Bramer für ihre Arbeit im PR-Bereich.
- Glenn Bernstein und seinem Team von Film Deluxe für die tollen Image- und Werbefilme.
- Susanne Conrad für ihren kompetenten und liebevollen Beistand.
- Cindy Cope für ihre souveräne und unkomplizierte Hilfe und die Übernahme von bislang vier Patenhunden.
- Angelika Evans für die »Welpenspenden«, die Patenschaft, und den fachlichen Austausch.
- Miriam Frömming für ihre phantastische Grafik und die Visualisierung dessen, was VITA ausmacht.
- Tine Geier für ihren einfühlsamen Fernsehfilm.
- Dr. Susanne Gemmerich für ihr persönliches Engagement.
- Alexandra Göbel für ihren großen, unermüdlichen und einfühlsamen Einsatz.
- Werner Haag, CWT-Richter aus der Schweiz.
- Rupert Hill, ebenfalls CWT-Richter, danke für die tollen Hunde.
- Sandra Immoor, Chefredakteurin Bild der Frau, und ihr Team – Danke für die Wertschätzung, den Respekt und das Engagement.
- Jochen Jung für seine großartige Unterstützung und seinen Humor.
- Robert und Sylvia Kaserer für ihr sehr persönliches Engagement.
- Den Mitarbeitern der Kleintierpraxis Dr. Ariane Volpert.
- Udo und Leif Kopernik, VDH, für ihr großartiges Engagement.
- Walter und Eva Kreidler für ihren einzigartigen Beistand.
- Martina Krüger für ihr großartiges und aufrichtiges Engagement.
- Dick Lane, Tierarzt und Board of Trustees at Dogs for the Disabeld,

für seine Unterstützung und die Möglichkeit, in England bei Guide Dogs und Dogs for the Disabled zu lernen.

- Helen McCain, Director of Training and Development at Dogs for Disabled, danke für das Coaching.
- Peter Mand für die fundierten Artikel und guten Gespräche.
- Dr. Georg Mittelbach für sein organisatorisches Talent und seinen unermüdlichen Einsatz.
- Dr. Francesca Navratil für ihr persönliches Interesse und Engagement.
- Profes. Dres. Ingo und Martina Nolte für ihr kontinuierliches Engagement.
- Britta Peddinghaus für ihren persönlichen und kompetenten Einsatz.
- Dr. Uschi Plank für die Spende eines Welpen und das selbstverständliche Engagement.
- Erhard Priewe, ohne den es die VITA Charity-Gala nicht gäbe, er ist ein Fels in der Brandung, macht uns Mut, ist großzügig und kreativ und stellt sich dabei selbst in den Hintergrund.
- Martina Pfrommer für ihr persönliches Engagement.
- Birgit Rabe für ihr Vertrauen und ihre tollen Hunde.
- Marcus Roos für sein unermüdliches, sehr persönliches Engagement.
- Bernhard von Seelen für sein persönliches Engagement.
- Jörg Schäfer für sein unglaubliches Engagement und großartige, finanzielle Unterstützung.
- Dr. Dr. Manuela Schmid für ihr einzigartiges Engagement.
- Doris Schnupp für das Spenden eines Welpen.
- Gerda und Rolf Schopf für ihre großzügige, langjährige und unkomplizierte Unterstützung.
- Olaf Strasser für seinen tollen Einsatz.
- Ruth Stobbe für ihr unermüdliches Engagement.
- Simon Stobbe für die einfühlsamen Bilder.
- Bärbel Storch und Ralf Appelt für das große Engagement und tatkräftige Unterstützung.
- Malcolm und Lynn Stringer für ihr sehr persönliches Engagement,

ihre Freundschaft und die tollen Hunde.

- Dr. Markus Tassani, Tierklinik Hofheim.
- Lorenz und Lexa Klein von Wiesenberg für das persönliche Engagement und für das Spenden der tollen Welpen.
- Wolfgang Volpert, der uns bei besonderen Anlässen Autos zur Verfügung stellt und auch sonst unterstützt.
- Stephan Roosen für sein persönliches Engagement und beratende Unterstützung.
- Bertram und Bruni Prinz für ein sehr persönliches und von Beginn an ehrliches Engagement.
- Ian Young, Senior Instructor, Guide Dogs, UK, für die Hilfe beim Aufbau von VITA
- Heike Berends, Helga Demetz, Konstanze Flach, Andrea Meissner, Mechthild Hofmann, Uschi Kessner, Sabine Kimmel, Eliane Washburn, Valerie Ficke und Rolf Zipf-Marks für die tatkräftige Unterstützung.

… und wie es immer so ist, man fragt sich am Ende einer solch langen Liste, ob es nicht besser gewesen wäre, das »Danke sagen« allgemeiner zu halten. Ich würde es mir nicht verzeihen, wenn ich jemanden vergessen habe, und hoffe so sehr, dass das nicht der Fall ist. Wahrscheinlich ist es aber trotzdem passiert, und deshalb bitte ich vorab schon aufrichtig um Entschuldigung.

Quellenverzeichnis
Bücher

Beetz, A.: Hunde im Schulalltag: Grundlagen und Praxis. Reinhardt Verlag 2012.

Bergler, R., Hoff, T. und F. Kienzle: Warum Kinder Tiere brauchen. Informationen, Ratschläge, Tipps. Roderer 2011.

Bergler, R.: Heimtiere, Gesundheit und Lebensqualität. Roderer 2009.

Bloch, G.: Der Wolf im Hundepelz. Hundeerziehung aus unterschiedlichen Perspektiven. Kosmos 2004.

Bloch, G. und E. H. Radinger: Wölfisch für Hundehalter. Von Alpha, Dominanz und anderen populären Irrtümern. Kosmos 2010.

Csányi, V.: Wenn Hunde sprechen könnten. Verstand und Verstandsleistungen von Hunden. Kynos 2006.

Corson, S.A. und E.O.L. Corson: Pet animals as Nonverbal Communication Mediators in Psychotherapy in Institutional Settings. 1980.

Feddersen-Petersen, D.: Ausdrucksverhalten beim Hund. Mimik und Körpersprache, Kommunikation und Verständigung. Kosmos 2008.

Greiffenhagen, S. und O. Buck-Werner: Tiere als Therapie: Neue Wege in Erziehung und Heilung. Kynos 2007.

Julius, Beetz, Kotrschal, Turner, Uvnäs-Moberg: Attachment to Pets. Bindung zu Tieren. Hogrefe 2012.

Kreidler, T.: Der Hund als Helfer und Heiler. Die Beziehungsqualität zwischen Mensch und Hund im Hinblick auf die praktischen und therapeutischen Einsatzmöglichkeiten. Diplom-Arbeit 1999.

Messent, P.: Social Facilitation of Contact with other People by Pet Dogs. 1993.

Olbrich, E. C. und C. Otterstedt (Hrsg.): Menschen brauchen Tiere. Grundlagen und Praxis der tiergestützten Pädagogik und Therapie. Kosmos 2003.

Prothmann, A.: Tiergestützte Kinderpsychotherapie. Internationaler Verlag der Wissenschaften 2008.

Rütter, M.: Hundetraining mit Martin Rütter. Individuell, partnerschaftlich, leise, einfach. Kosmos 2006.

Zimen, E.: Der Hund. Abstammung, Verhalten, Mensch und Hund. Goldmann 2010.

Zeitungen, Zeitschriften und Magazine
BILD: Interview mit Frau Dr. Dr. hc. Schmid (17.12.2006)
dogs : »Mama, ich will einen Hund« (11/2011)
dogs: »Goldstück« (Golden Retriever) (4/2011)
dogs: »Freunde auf Zeit« (6/2011)
dogs: »Brav geboren« (Labrador Retriever)

dogs: »Mitten im Leben«
dogs: »Ein starkes Team«
dogs: »Haben Hunde eine Seele?«
dogs: »Der 6. Sinn«
Sonntags-FAZ: »Flippers Freunde, Black Beautys Patienten« (26.8.2007)
Frankfurter Neue Presse: »Jack und seine Staatsanwältin«
GEO Magazin: »Tiere als Therapeuten« (1.3.2011)
Natur & Kosmos »Hunde für Behinderte« (1.9.2000)
Natur & Kosmos: »Tiere als Therapeuten« (1.11.2011)
Psychologie heute: Ernst Heiko: »Was ist Kommunikationspsychologie?«
    (10/1976)
Rhein-Zeitung: »Ein Vierbeiner für alle Fälle« (25.6.2011)
Magazin der Süddeutschen Zeitung (5/2011)
Welt am Sonntag: »Warum Hunde traumatisierten Kindern helfen«
    (5.7.2010)

Pressemitteilungen
Pressemitteilung DIW »Haustierhalter sind seltener krank« (18.8.2004)
www.g-ba.de/institution/presse/pressemitteilungen/88/, *Bewertung der
    Hippotherapie als Heilmittel*

Internet
www.focus.de/gesundheit/news/haustiere, Focus online »Mieze macht
    munter« (12.8.2004)
www.rki.de/DE/Content/Gesundheitsmonitoring/Gesundheitsbericht-
    erstattung/Themenhefte/heimtierhaltung_inhalt.html zum Einsatz
    von Therapiehunden in Pflegeeinrichtungen und Krankenhäusern
www.bmukk.gv.at/schulen/unterricht/ba/hundeinderschule.xml und
    www.schulhund.at/wissenschaft/wissenschaft.htm zum Einsatz von
    Schulhunden in Österreich
www.sciencedaily.com, New Scientist: New Questions About Animal
    Empathy; ScienceDaily (8.12.2011)

www.schoen-kliniken.de, Homepage der SchönKlinik, München, zur Tierhaltung in Pflegeeinrichtungen

Zum Weiterlesen

Zum Weiterlesen finden Sie hier eine Auswahl an Hunde-Ratgebern aus dem Kosmos-Verlag.

Bekoff, Marc: Vom Mitgefühl der Tiere.

Bloch, Günther und Elli H. Radinger: Wölfisch für Hundehalter. Von Alpha, Dominanz und anderen populären Irrtümern.

Bloch, Günther: Der Wolf im Hundepelz. Hundeerziehung aus unterschiedlichen Perspektiven.

Feddersen-Petersen, Dr. Dorit: Ausdrucksverhalten beim Hund. Mimik und Körpersprache, Kommunikation und Verständigung.

Feddersen-Petersen, Dr. Dorit: Hundepsychologie. Sozialverhalten und Wesen, Emotionen und Individualität.

Führmann, Petra und Nicole Hoefs: Das Kosmos Erziehungsprogramm für Hunde.

Führmann, Petra und Nicole Hoefs: Erziehungsspiele für Hunde.

Führmann, Petra, Nicole Hoefs und Iris Franzke: Die Kosmos Welpenschule.

Handelman, Barbara: Hundeverhalten. Mimik, Körpersprache und Verständigung. Mit über 800 ausdrucksstarken Fotos.

Kaminski, Juliane und Juliane Bräuer: So klug ist Ihr Hund.

Krämer, Eva Maria: Der große Kosmos-Hundeführer.

Lübbe-Scheuermann, Perdita und Ulrike Thurau: Das Kosmos-Buch vom Apportieren.

Olbrich, Erhard und Carola Otterstedt (Hrsg.): Menschen brauchen Tiere. Grundlagen und Praxis der tiergestützten Pädagogik und Therapie.

Otterstedt, Carola: Tiere als therapeutische Begleiter. Gesundheit und Lebensfreude durch Tiere – eine praktische Anleitung.

Rütter, Martin: Angst bei Hunden. Unsicherheit erkennen und verstehen, Vertrauen aufbauen.

Rütter, Martin: Hundetraining mit Martin Rütter. Individuell, partnerschaftlich, leise, einfach.

Rütter, Martin: Sprachkurs Hund. Körpersprache verstehen, richtig kommunizieren.

Schöning, Dr. Barbara: Hundeverhalten. Verhalten verstehen, Körpersprache deuten.

Winkler, Sabine: Welpenkindergarten. Sozialisation und Erziehung.

Die Autorinnen

Tatjana Kreidler

hat nach dem Studium der Sozialpädagogik eine umfangreiche Ausbildung zur Assistenzhundetrainerin bei den beiden großen englischen Charity-Organisationen »Guide Dogs for the Blind« und »Dogs for the Disabled« absolviert. Im Frühjahr 2000 gründete sie nach britischem Vorbild VITA e. V. – einen gemeinnützigen Verein, der Menschen mit Behinderung einen vierbeinigen Partner zur Seite stellt, und leistete damit in Deutschland Pionierarbeit. Für die Spezial-Ausbildung der Hunde und die Zusammenführung von Mensch und Tier hat sie eine eigene, ganzheitliche Methode entwickelt, die auf Sensibilisierung, Wertschätzung und gegenseitigem Respekt basiert. VITA arbeitet nach internationalen Standards, finanziert sich ausschließlich durch Spenden und betreut seine Teams ein Hundeleben lang.

Weitere Informationen: www.vita-assistenzhunde.de

Ulrike Eichin

bekam die Liebe zur Sprache als Buchhändlerstochter gewissermaßen in die Wiege gelegt und schrieb schon als Schülerin für verschiedene Tageszeitungen. Bevor sie sich endgültig für den Journalismus entschied, studierte sie in Mainz Psychologie. Seit Mitte der 1980er Jahre arbeitet sie als Journalistin beim ZDF und befasst sich mit einem breiten Themenspektrum. Ihr besonderes Interesse gilt medizinischen und psychologischen Fragestellungen.

VITA lernte sie 2005 im Rahmen von Dreharbeiten kennen. Mit Tatjana Kreidler verbindet sie heute eine tiefe und vertrauensvolle Freundschaft. Der Hund an ihrer Seite heißt Belas und ist ein freundlicher Hovawart.

Register

Bildnachweis

Die Farbfotos stammen von VITA/Tatjana Kreidler (61 Aufnahmen) sowie BILD/
Goldene Bild der Frau (Seite 31 beide), Thomas Heilmann (Seite 12 oben, 14:
Bild 2; 25 oben), Franz Luthe (Seite 5 oben, 16, 25: vorletztes Bild; 29 unten), Dr.
Georg Mittelbach (Seite 28 alle; 29 oben), Larissa Monke (Seite 4 oben und Mitte,
5 unten, 10 unten, 14: Bild 1, 3 und 4; 21: Bild 3 und 4), Privat/Ulrike Eichin (S.
8 unten), Privat/Maria Wolfgruber (Seite 20 unten), Simon Stobbe (Seite 8 oben,
30 unten), Olaf Strässer (Seite 30 oben), VITA (Seite 4 unten) und VITA/Maria
Wolfgruber (Seite 7 unten).

Impressum

Die Veröffentlichung dieses Werkes erfolgt auf Vermittlung von BookaBook, der
Literarischen Agentur Elmar Klupsch, Stuttgart.

Umschlaggestaltung von eStudio Calamar unter Verwendung von Farbaufnahmen
von VITA/Tatjana Kreidler (Vorderseite) und VITA/Ariane Volpert.

Mit 91 Farbfotos.

Unser gesamtes lieferbares Programm und viele
weitere Informationen zu unseren Büchern,
Spielen, Experimentierkästen, DVDs, Autoren und
Aktivitäten finden Sie unter **kosmos.de**

MIX
Papier aus verantwor-
tungsvollen Quellen
FSC
www.fsc.org   FSC® C005833

Gedruckt auf chlorfrei gebleichtem Papier

© 2012, Franckh-Kosmos Verlags-GmbH & Co. KG, Stuttgart
Alle Rechte vorbehalten
ISBN 978-3-440-13250-0
Redaktion: Angela Beck
Gestaltungskonzept: Populärgrafik, Stuttgart
Satz: Kristijan Matić / Kullmann & Partner GbR, Stuttgart
Produktion: Eva Schmidt
Printed in The Czech Republic / Imprimé en République Tchèque